信息科学技术学术著作丛书

时滞动力学系统的分岔与混沌

（上册）

廖晓峰　李传东　郭松涛　著

科学出版社

北京

内 容 简 介

时滞动力学系统广泛存在于自然科学、工程和社会科学等诸多领域中。本书介绍了研究时滞动力学系统分岔的基本方法，同时涵盖目前研究的一些最近成果。本书从理论与数值模拟上系统地讨论了时滞动力学系统，尤其是时滞神经网络出现各种分岔及混沌产生的可能性，获得了一些新的理论结果。分上、下两册，共 7 章，上册包括研究时滞动力学系统 Hopf 分岔的几种方法、单个神经元时滞方程的分岔、两个神经元时滞系统的分岔等内容。

本书可作为高等院校电子工程、计算机、控制理论与应用、应用数学等相关专业高年级本科生、研究生的教材和参考书，也可作为相关教师和科研人员的参考用书。

图书在版编目（CIP）数据

时滞动力学系统的分岔与混沌. 上册/廖晓峰，李传东，郭松涛著. —北京：科学出版社，2015

（信息科学技术学术著作丛书）

ISBN 978-7-03-044917-7

Ⅰ. 时… Ⅱ.①廖… ②李… ③郭… Ⅲ. 时滞系统-动力学系统-研究 Ⅳ. TP13

中国版本图书馆 CIP 数据核字（2015）第 126968 号

责任编辑：魏英杰 / 责任校对：桂伟利
责任印制：张 倩 / 封面设计：陈 敬

科 学 出 版 社 出版

北京东黄城根北街 16 号
邮政编码：100717
http://www.sciencep.com

三河市骏走印刷有限公司 印刷
科学出版社发行 各地新华书店经销

*

2015 年 6 月第 一 版 开本：720×1000 1/16
2015 年 6 月第一次印刷 印张：14 1/4
字数：287 000
定价：95.00 元
（如有印装质量问题，我社负责调换）

前　　言

近年来,时滞动力学系统已广泛存在于自然科学、工程技术和社会科学等诸多领域。随着计算机技术、传感器测试技术、控制理论的迅速发展,时滞反馈控制技术已在工程领域得到广泛的应用,各种时滞动力学模型从实际工程中构建出来。本书的第一作者自攻读博士学位期间至今已进行了近二十年的研究,然而自感在非线性动力学领域,尤其是时滞动力学系统方面仍是初学者,有众多非线性现象值得继续研究。

在许多工程实际应用中,尽管时滞量很小,但常常会影响到整个系统的稳定性。因此,时滞对动力学系统的影响在许多实际工程问题中是必须考虑的重要因素。时滞动力学系统的基本特征是系统随时间的演化,不仅依赖于系统的当前状态,也依赖于其过去的状态,这就是通常所称的滞后型时滞动力学系统。当然,还有其他类型的时滞系统,如中立型时滞动力学系统和前向型时滞动力学系统。本书仅讨论滞后型时滞动力学系统,为方便起见,我们称它为时滞动力学系统。这是一类通常由时滞微分方程描述的无穷维动力学系统,而且不论时滞有多小,系统的状态空间均是无穷维的,其解空间也是无穷维的,也就是说相应的线性化系统的特征方程有无穷多个根。因此,使得时滞动力学系统与无时滞动力学系统相比在许多方面具有本质性差异,其动力学行为也完全不相同,呈现出非常复杂的现象。例如,在无时滞的一阶自治非线性系统,系统的行为或者收敛于稳定的平衡点、或者周期解、或者发散,但在有时滞的一阶自治非线性系统中,不仅有收敛于稳定的平衡点,而且可能出现各种分岔,或者混沌行为。这也表明,简单的时滞动力学系统可以具有非常复杂的动力学性质。目前,在神经网络系统动力学性质的研究中,一项非常重要的工作就是利用一些典型的人工神经网络模型来揭示时滞导致的各种复杂动力学行为产生的机理,以便更好地认清神经活动的规律,尽管这些带时滞的人工神经网络模型与真实世界的神经网络相比是非常简单的。

时滞常导致系统的运动失稳,产生各种形式的分岔。在非线性时滞动力学系统的分岔中,Hopf 分岔是普遍存在的,且是讨论得最为广泛的。研究 Hopf 分岔周期解的性质通常采用中心流形约化方法与规范型理论,中心流形约化方法在理论上比较完备,但过程繁琐且计算量大。Hopf 分岔对应于工程中的一种自激振荡现象,是非线性系统所特有的性质。产生这种机理的条件是,系统平衡点随着某个系统参数变化发生稳定性切换,而系统非线性将受扰后发散的运动制约在有限范围内。因此,Hopf 分岔存在的必要条件可由特征根分布的分析得到,即存在某个系统参数值,使得系统特征方程除了一对单重共轭纯虚根外,其余特征值具有负实部,并且该参数值在对应的特征根曲线满足横截性条件时,该参数值为 Hopf 分岔点。对动力学系统而言,发生 Hopf 分岔是导致系统失稳的主要原因之一。由于系统在平衡点处线性化相应的特征方程有无穷多个根,因此特征根有三对共轭纯虚根,或者两对共轭纯虚根,或者有一对纯虚根和一个零根,或者零根是重根的情况下,在这些临界值的附近,系统可能产生复杂的余维 3、余维 2、Takens-Bogdanov分岔等。这也是本书讨论的重点。

从 20 世纪 80 年代中期到 20 世纪末,混沌理论迅速吸引了数学、物理、工程、生态学、经济学、气象学、情报学等诸多领域学者的广泛关注,更由于混沌保密通信及混沌密码学的兴起,引发了全球的混沌热。根据英国的《不列颠百科全书》注释,英文中的"chaos"一词源于希腊的"xaos",本意是指在万物出现之前就存在无限广阔的空虚宇宙,这一名词翻译成中文就变为"混沌",也可写作"浑沌"。自然科学中讲的混沌运动是指确定性系统中展示的一种貌似随机的行为。这里我们仅研究几种简单的时滞系统产生混沌现象的机理。

本书深入研究了时滞动力学系统,尤其是时滞神经网络出现各种分岔,以及混沌产生的可能性,并从理论与数值模拟上详细进行讨论,获得了一些新的理论结果。全书共 7 章,包括研究时滞动力学系统 Hopf 分岔的几种方法、单个神经元时滞方程的分岔、两个神经元时滞系统的分岔、三个神经元时滞系统的分岔、高阶时滞神经网络模型,以及在工程中的其他时滞动态模型和时滞混沌系统等内容。

第 1 章主要给出研究时滞动力学系统 Hopf 分岔的几种方法。首先,介绍目前研究使用最多且方便的 Hassard 提出的方法。Hassard 的方法借助中心流形定理和规范形式理论讨论 Hopf 分岔和分岔周期解的稳定性,这种方法的结果等价于平均方法、Poincaré-Lindstedt 方法、Fredholm 选择方法和隐函数定理方法,但Hassard 方法的优点对研究者来说在概念上更清晰明了。随后,我们讨论在科学和工程领域内已广泛应用的平均法,这里仅讨论泛函微分方程的平均法,尤其适应于非自治微分和差分方程的分析。研究在工程中广泛应用的多尺度方法,我们利用 Fredholm 选择来获得多尺度串行计算方法,将研究常微分方程周期解的Poincaré-Lindstedt 方法推广到时滞动态系统的周期解;讨论在工程领域,尤其是研究含时滞的非线性反馈系统振荡现象的频域方法,频域方法的优点在于可以迅速和准确发现周期轨道的振幅。最后,讨论带参数的时滞泛函微分方程的规范形式,并应用于 Hopf 分岔研究中,直接计算带参数的时滞泛函微分方程的规范形式,并不计算预先的奇异性的中心流形。该方法并不需要繁琐的计算。

第 2 章研究单个神经元时滞方程产生分岔的机理。首先,给出一般的时滞神经网络模型。然后,讨论单个时滞神经网络模型,引入了单个 Gopalsamy 神经元系统,进而讨论 Gopalsamy 模型的收敛性,并获得收敛性的充分必要条件。随后,研究带非线性激和函数的单时滞神经元系统产生 Hopf 分岔的机理,并且讨论一个典型时滞系统的 Hopf 分岔,以及带分布时滞 Gopalsamy 神经元方程的 Hopf 分岔,讨论具有反射对称性的一阶非线性时滞微分方程的分岔,进而获得一些特殊系统,如标准的双稳系统、海洋-大气耦合模型的分岔。同时,研究更一般的纯量时滞微分方程的局部和全局 Hopf 分岔并应用于一些具体例子中。最后,研究带两个时滞的纯量时滞微分方程的 Hopf 分岔。

第 3 章系统研究两个神经元时滞系统产生分岔的机理。首先,讨论一个简单的、带两个神经元时滞系统的稳定性与分岔。然后,研究时滞怎样诱导一对兴奋与抑制神经元系统产生周期性的条件。进一步讨论带分布时滞是怎样诱导兴奋与抑制神经元系统产生周期性的条件及全局 Hopf 分岔;讨论根据神经活动而建模的时滞微分系统的分岔,即模型化神经活动的时滞微分系统的分岔,重点研究 Bog-danov-Takens 分岔和 Hopf 分岔。研究带两个不同时滞的神经系统模型的稳定性与分岔,分别利用 Hassard 方法和 Poincaré-Lindstedt 方法研究上述模型产生 Hopf 分岔的条件。深入研究带多个时滞的两个耦合神经元系统的稳定性与分岔,以及分岔的相互作用,如 Hopf-Hopf 相交、Hopf-Pitchfork 相交、Takens-Bog-danov 相交等。前面均讨论的带离散时滞的情形,随后我们研究带分布时滞两个神经元系统的 Hopf 分岔,讨论带两个时滞调和振荡器的 Hopf 分岔及余维 2 分岔。最后,讨论更一般的时滞微分方程中余维 2 和余维 3 的零奇异性。

第 4 章系统研究三个神经元时滞系统的分岔。首先,讨论三个神经元且带单时滞系统的局部稳定性和 Hopf 分岔;进而讨论具有环形联接的三个神经元时滞系统的分岔;在单时滞情形,研究三个 Gopalsamy 神经元系统的 Hopf 分岔与余维 2 分岔。然后,研究具有自联接的三个神经元模型的 Hopf 分岔以及分岔周期解的稳定性。讨论在单时滞情形三个神经元模型产生 Hopf 分岔的充分必要条件。详细研究多时滞三个神经元模型的分岔,尤其是 Pitchfork 分岔、Hopf 分岔,以及它们之间的相互作用;最后,研究更一般的三个神经元时滞网络模型的稳定性与分岔。

第 5 章详细研究高阶时滞神经网络模型。首先,利用频域方法获得时滞递归神经网络产生 Hopf 分岔的条件。然后,研究时滞相互作用的神经网络产生振荡模式的条件;进而研究时滞对环形神经网络的动态行为及学习的影响,尤其是收敛性的影响、产生振荡的条件、多层网络与同步和时滞相互作用的学习等。利用 Lyapunov 泛函、时滞微分方程的对称局部 Hopf 分岔理论等研究有记忆的神经元网络的同步和稳定的锁相,包括绝对同步与多稳定性、稳定的锁相和不稳定波。

第 6 章给出在工程中的一些典型时滞动态模型。首先,给出基因调控网络模型,然后对几种基因调节网络进行了分岔分析,包括引入一个常时滞基因调节网络,并进行稳定性与 Hopf 分岔分析;随后讨论几种其他基因调节网络的分岔。详细讨论了网络拥塞控制模型,包括带弃尾的 TCP 的局部稳定性与 Hopf 分岔、某个对偶拥塞控制算法的局部 Hopf 分岔分析等。讨论带时滞生物病毒模型的稳定性与分岔分析,CD_4^+ T-细胞的 HIV 感染的时滞模型的分岔。讨论具有政策时滞的宏观经济动态模型的动态行为,尤其是它的稳定性及 Hopf 分岔(经济周期振荡产生的条件)。同时,讨论具有时滞的情感动态模型的稳定性与分岔。

第 7 章详细讨论几种典型的时滞系统产生混沌的机理。首先,对混沌研究的历史进行回顾,然后给出混沌的几种定义,以及混沌的判据与准则。讨论带分段线性函数的一阶时滞系统产生混沌的机理;带分段线性函数的时滞系统产生多涡卷混沌的机理。讨论带连续函数的一阶时滞系统产生的机理,包括带非单调激和函数的单个神经元时滞方程的混沌,以及一个原型时滞动态系统的混沌。讨论惯性时滞神经网络产生混沌现象的机理,包括带时滞的单个惯性神经元模型和带时滞两个惯性神经元系统的混沌行为。讨论时滞经济动态模型以及带分布时滞 Chen 系统产生混沌的机理。

本书的编写工作得到了国家自然科学基金项目"无线传感器网络定位算法鲁棒性及安全性研究"(61170249)、"云计算框架下大规模科学计算安全外包协议研究"(61472331)、"脉冲时刻依赖状态的脉冲时滞控制系统的分析与设计"(61374078)、"基于优化协作的可充电传感器网络的能量分配和移动数据收集机制研究"(61373179)、"基于优化协作与绿色计算的无线传感器网络感知数据的可控移动收集机制研究"(61170248),高等学校博士学科点专项科研基金(优先发展领域)"移动计算环境下数据收集、分发及其安全性研究",长江学者奖励计划经费和重庆大学输配电装备及系统安全与新技术国家重点实验室基金(2007DA10512711206)资助,在此表示感谢!

第一作者感谢他的博士生导师电子科技大学的虞厥邦教授,是虞教授把作者引入了非线性动力学的研究领域,从虞教授那里作者学到了严谨的治学态度和不断追求的精神,多年来虞老师一直都关心着作者的成长,并鼓励鞭策作者不断努力。对于恩师,学生从内心深处感谢他,并祝他健康长寿!

感谢加州大学伯克利分校的蔡绍棠教授,他对作者多篇论文的审阅与指导。感谢香港城市大学的陈关荣教授(IEEE Fellow、欧洲科学院院士)、冯刚教授(IEEE Fellow)、党创寅教授和黄国和副教授的邀请访问及合作研究。感谢香港中文大学王钧教授(IEEE Fellow)多年的支持帮助! 感谢国内外的同行的支持帮助!

在本书的完成过程中,硕士毕业生赵樵、田勇、任晓霞、李华青、解咪咪、雷新雨、王小鉴、穆南锟为书的初稿输入做了大量工作。另外,书中参考了很多国内外专家和同行学者的论文,在此一并表示衷心感谢!

特别感谢我的夫人冉玖宏女士以及儿子廖星冉的支持、理解与帮助! 谨以此书献给他们！

　　由于作者学术水平及能力的限制，书中错误与不足之处在所难免，敬请专家和读者批评指正！

2014 年 12 月于重庆

目　录

上　册

下　　册

第1章　研究时滞动力学系统 Hopf 分岔的几种方法

1.1　时滞系统的 Hopf 分岔:Hassard 方法

1.1.1　引言

本节讨论一般的时滞系统,即

$$\dot{x}(t) = L_\mu x_t + f(x_t, \mu) \tag{1-1}$$

其中,$\cdot = \mathrm{d}/\mathrm{d}t$;$x_t = x(t+\theta)$;$L_\mu$ 是一个单参族的线性算子;f 是一个非线性函数,将在 1.1.2 节给出精确的定义,并且描述一个算法,来确定系统(1-1)从稳定态分岔到小振幅周期解的稳定性、分岔方向、周期和周期解的渐近形式。

这个算法可以应用于许多时滞系统,我们将在后面章节中探讨其应用。Hassard 方法借助中心流形定理[1,2]讨论 Hopf 分岔和分岔周期解的稳定性,这种方法及其结果等价于平均方法[3,4]、Poincaré-Lindstedt 方法[5]、Fredholm 选择方法,以及隐函数定理方法[6,7]。它的优点在于,如果不是计算简单,这种方法至少对研究者来说似乎在概念上更清晰明了。当然,上面提到的每个其他方法都结合了积分流形定理[4]。本节研究时滞系统从稳定态分岔到周期解,给出确定周期解的渐近轨道稳定性、分岔的方向、周期和周期解的渐近形式。

1.1.2　理论与算法

考虑自治系统,即

$$\dot{x} = L_\mu x_t + f(x_t, \mu), \quad t > 0, \quad \mu \in R^1 \tag{1-2}$$

对某个 $r > 0$,有

$$x_t(\theta) = x(t+\theta), \quad x:[-r, 0] \to R^n, \quad \theta \in [-r, 0]$$

其中,L_μ 是连续有界单参族的线性算子,即

$$L_\mu : C[-r, 0] \to R^n$$

$$f(\cdot, \mu) : C[-r, 0] \to R^n$$

包含非线性项,至少是二次项以上,即

$$f(0, \mu) = 0, \quad D_x f(0, \mu) = 0$$

为了简洁,假设 $f(\cdot, \mu)$ 无穷可微,且对于小的 $|\mu|$,f 和 L_μ 解析依赖于分岔参数 μ。实际上,在大多数应用中,对 f 有 C^4 的假设,关于 L_μ 对 μ 有 C^2 的假设即可。

对于系统(1-2)解的定义及对初值问题光滑解的存在性与唯一性定理,读者

可见文献[1]-[8]。本节的理论依赖于系统(1-2)中心流形的存在性,在谱假设条件下,中心流形是包含原点的某个局部不变的、局部吸引的二维流形。Chafee[9]在此假设条件下,已经证明存在一个中心流形。

按照 Chafee[9]和 Hale[4]的方法,考虑系统(1-2)的解是在 $C=C([-r,0],R^n)$ 中的元素,即解连续映射初值到 R^n。如果 $r=-\infty$,那么初始值必须满足恰当的扩展假设,我们仅对周期解感兴趣,相应于解 x 的一个轨道在 C 中是一条曲线,即一个周期解的轨道是 C 中的一条闭曲线。

注意在以后讨论的每个系统中,对于所有正的时间,至少对小的初值,解的全局存在性可立即从 L_μ 和 f 的形式中获得。

转向线性问题 $\dot{x}=L_\mu x_t$,由 Riesz 表示定理,存在一个 $n\times n$ 阶矩阵值函数,即
$$\eta(\,\cdot\,,\mu):[-r,0]\to R^{n^2}$$
使得 η 的每个分量有有界变差,且对所有 $\phi\in C[-r,0]$,有
$$L_\mu\phi = \int_{-r}^0 \mathrm{d}\eta(\theta,\mu)\phi(\theta) \tag{1-3}$$

特别地
$$L_\mu x_t = \int_{-r}^0 \mathrm{d}\eta(\theta,\mu)x(t+\theta)$$
对于谱,作出通常的 Hopf 假设,L_μ 的谱为
$$\sigma(\mu)=\{\lambda\,|\,\det(\lambda I-L_\mu e^{\lambda\theta})=0\} \tag{1-4}$$
存在一对复共轭特征值 $\lambda(\mu)$ 和 $\bar{\lambda}(\mu)$,即
$$\lambda(\mu)=\alpha(\mu)+\mathrm{i}\omega(\mu)$$
使得
$$\alpha(0)=0,\quad \omega(0)=\omega_0>0$$
且
$$\alpha'(0)\neq0 \text{（横截性假设）} \tag{1-5}$$
并且 $\sigma(\mu)$ 的所有其他元素在 $\mu=0$ 处有负实部。因此,我们将研究系统(1-2)当 μ 接近 0 时,从平衡解 0 的小振幅周期解的 Hopf 分岔。

正如在 Hassard 等[1]指出的,系统(1-2)的分岔周期解 $x(t,\mu)$ 由小的参数 ε 来度量且 $\varepsilon\geq0$,解 $x(t,\mu(\varepsilon))$ 有振幅 $O(\varepsilon)$,周期 $P(\varepsilon)$ 和具有 $\beta(0)=0$ 的非零 Floquet 指数 $\beta(\varepsilon)$。这里在我们的假设下,μ、P 和 β 有收敛的展式,即
$$\mu=\mu_2\varepsilon^2+\mu_4\varepsilon^4+\cdots$$
$$P=\frac{2\pi}{\omega_0}(1+\tau_2\varepsilon^2+\tau_4\varepsilon^4+\cdots) \tag{1-6}$$
$$\beta=\beta_2\varepsilon^2+\beta_4\varepsilon^4+\cdots$$
其中,μ_2 的符号(正与负)决定分岔的方向;β_2 的符号(正与负)决定 $x(t,\mu(\varepsilon))$ 的稳

定性,如果 $\beta_2<0$,则 $x(t,\mu(\varepsilon))$ 是轨道渐近稳定的,如果 $\beta_2>0$,则 $x(t,\mu(\varepsilon))$ 是不稳定的。

现在证明在展式(1-6)中怎样获得它们的系数,在以后的应用中,我们仅计算 μ_2、τ_2 和 β_2。为此,只需要函数 f 在 $\mu=0$ 处的二阶和三阶偏导数的值,以及 $\lambda(0)$ 和 $\lambda'(0)$。在本节的末尾,我们给出计算 μ_2、τ_2 和 β_2 的具体公式。

我们改写式(1-2)为

$$\dot{x}_t=A(\mu)x_t+Rx_t \tag{1-7}$$

这里

$$A(\mu)\phi(\theta)=\begin{cases}\dfrac{\mathrm{d}\phi}{\mathrm{d}\theta}, & -r\leqslant\theta<0 \\[2mm] \displaystyle\int_{-r}^{0}\mathrm{d}\eta(s,\mu)\phi(s)\equiv L_\mu\phi, & \theta=0\end{cases} \tag{1-8}$$

且

$$R\phi(\theta)=\begin{cases}0, & -r\leqslant0<0 \\ f(\phi,\mu), & \theta=0\end{cases} \tag{1-9}$$

因为 $\dfrac{\mathrm{d}x_t}{\mathrm{d}\theta}\equiv\dfrac{\mathrm{d}x_t}{\mathrm{d}t}$,因此式(1-7)变为

$$\frac{\mathrm{d}x_t}{\mathrm{d}t}=\begin{cases}\dfrac{\mathrm{d}x_t}{\mathrm{d}t}+0, & -r\leqslant\theta<0 \\[2mm] L_\mu x_t+f(x_t,\mu), & \theta=0\end{cases}$$

现在设 $q(\theta)$ 是 $A(0)$ 相应于 $\lambda(0)$ 的特征函数,因此有

$$A(0)q(\theta)=\mathrm{i}\omega_0 q(\theta)$$

$A(0)$ 的伴随算子 $A^*(0)$ 定义为

$$A^*(0)\alpha(s)=\begin{cases}-\dfrac{\mathrm{d}\alpha(s)}{\mathrm{d}s}, & 0<s\leqslant r \\[2mm] \displaystyle\int_{-r}^{0}\mathrm{d}\eta^{\mathrm{T}}(s,0)\alpha(-s), & s=0\end{cases}$$

为了简化记号,我们记 $A(0)$ 为 A,$A^*(0)$ 为 A^*,$\eta(s,0)$ 为 $\eta(s)$。

A 和 A^* 的域分别为 $C^1[-r,0]$ 和 $C^1[0,r]$,为了计算上的方便,我们允许函数在 C^n 中代替 R^n,因为 $\lambda(0)$ 是 A 的特征值,$\bar{\lambda}(0)$ 是 A^* 的特征值,且对于某个非零 q^*,我们有

$$A^*q^*=-\mathrm{i}\omega_0 q^*$$

正如文献[9]所述,对于 $\psi\in C[0,r]$,$\phi\in C[-r,0]$,定义内积为

$$\langle\psi,\phi\rangle=\bar{\psi}(0)\cdot\phi(0)-\int_{\theta=-r}^{0}\int_{\xi=0}^{\theta}\bar{\psi}^{\mathrm{T}}(\xi-\theta)\mathrm{d}\eta(\theta)\phi(\xi)\mathrm{d}\xi \tag{1-10}$$

对于 $a \in C^n, b \in C^n, a \cdot b$ 意味着 $\sum\limits_{i=1}^{n} a_i b_i$，这里 a_i 和 b_i 是 a 和 b 的分量，那么如果 $\phi \in D(A), \psi \in D(A^*)$，我们有

$$\langle \psi, A\varphi \rangle = \langle A^* \psi, \phi \rangle$$

由下面的条件正规化 q 和 q^*，即

$$\langle q^*, q \rangle = 1 \tag{1-11}$$

当然

$$\langle q^*, \bar{q} \rangle = 0 \tag{1-12}$$

这是因为 $i\omega_0$ 是 A 的单重特征值。

现在，对于系统(1-7)在 $\mu = 0$ 处的一个中心流形 Ω 是一个局部不变的，在 C 中吸引两维流形。如果我们定义

$$z(t) = \langle q^*, x_t \rangle \tag{1-13}$$

且

$$w(t, \theta) \equiv w(z, \bar{z}, \theta) = x_t - 2\mathrm{Re}\{z(t)q(\theta)\} \tag{1-14}$$

其中，x_t 是式(1-7)的一个解，那么在中心流形 Ω，有

$$w(z, \bar{z}, \theta) = w_{20}(\theta)\frac{1}{2}z^2 + w_{11}(\theta)z\bar{z} + w_{02}(\theta)\frac{1}{2}\bar{z}^2 + w_{21}(\theta)\frac{1}{2}(z^2\bar{z}) + \cdots \tag{1-15}$$

实际上，在 C 中，对于 Ω, z 和 $\bar{z}$ 是局部坐标，如果 x_t 是实的，那么 w 是实的。我们仅处理实数解 x_t，容易看到

$$\langle q^*, w \rangle = 0 \tag{1-16}$$

中心流形 Ω 的存在性使我们把式(1-7)变为在 Ω 上单复变量的常微方程。在 $\mu = 0$ 处，这个方程为

$$\dot{z}(t)$$
$$= \langle q^*, Ax_t + Rx_t \rangle$$
$$= i\omega_0 z(t) + \bar{q}^*(0)f(w(z, \bar{z}, 0) + 2\mathrm{Re}\{z(t)q(0)\}) \tag{1-17}$$

用缩写形式，上面方程变为

$$\dot{z}(t) = i\omega_0 z(t) + \bar{q}^*(0)f_0$$

我们的目的是展开 f_0 为 z 和 $\bar{z}$ 幂的级数，以便在这些展式式中获得式(1-6)中 μ_2、β_2 和 τ_2 的系数。为了能够展开 f_0，我们必须确定式(1-15)中的系数 $w_{ij}(\theta)$，写出 $\dot{w} = \dot{x}_t - \dot{z}q - \dot{\bar{z}}\bar{q}$，并利用式(1-17)和式(1-7)有

$$\dot{w} = \begin{cases} Aw - 2\mathrm{Re}\{\bar{q}^*(0) \cdot f_0 q(\theta)\}, & -r \leqslant \theta < 0 \\ Aw - 2\mathrm{Re}\{\bar{q}^*(0) \cdot f_0 q(\theta)\} + f_0, & \theta = 0 \end{cases} \tag{1-18}$$

再写为

$$\dot{w} = Aw + H(z, \bar{z}, \theta) \tag{1-19}$$

利用式(1-15)，有

$$H=H_{20}(\theta)\frac{1}{2}z^2+H_{11}(\theta)z\bar{z}+H_{02}\frac{1}{2}\bar{z}^2+\cdots$$

另一方面，在 Ω 上，有

$$\dot{w}=w_z\dot{z}+w_{\bar{z}}\dot{\bar{z}} \tag{1-20}$$

从式(1-15)，式(1-17)～式(1-20)通过比较 $z^i\bar{z}^j$ 相似项，对于 n 值向量 $w_{ij}(\theta)$，我们可以获得常微分方程，即

$$(2i\omega_0-A)w_{20}(\theta)=H_{20}(\theta)$$
$$-Aw_{11}(\theta)=H_{11}(\theta)$$
$$\cdots$$

$$\tag{1-21}$$

其中，$H_{ij}(\theta)$ 依赖于系数 $w_{ij}(\theta)$，可以利用式(1-21)来计算，因为在每一步所有出现在右边的 w_{ij} 已确定。

显然，H_{20} 和 H_{11} 依赖于 θ，不依赖于任何 w_{ij}。因为 w 是实数，所以 $w_{02}=\overline{w}_{20}$。对于某个 $c_i\in C(i=1,2,\cdots,4)$ 和某些 E 和 $F\in C^n$，方程(1-21)给出下面解的形式，即

$$w_{20}(\theta)=C_1q(\theta)+C_2\bar{q}(\theta)+Ee^{2i\omega_0\theta}$$
$$w_{11}(\theta)=C_3q(\theta)+C_4\bar{q}(\theta)+F \tag{1-22}$$

其中，$w_{02}=\overline{w}_{20}$；$q(\theta)=q(0)e^{i\omega_0\theta}$。

一旦 w_{ij} 确定，微分方程(1.17)对于 z 是明显的，且可以写为

$$\dot{z}=i\omega_0z+g(z,\bar{z}) \tag{1-23}$$

其中

$$g(z,\bar{z})=g_{20}\frac{z^2}{2}+g_{11}z\bar{z}+g_{02}\frac{z^2}{2}+\frac{g_{21}}{2}z^2\bar{z}+\cdots$$

那么我们可以仅利用 Hassard 方法[1]计算 μ_2、β_2 和 τ_2，即

$$C_1(0)=\frac{i}{2\omega_0}\left(g_{20}g_{11}-2|g_{11}|^2-\frac{|g_{02}|^2}{3}\right)+\frac{g_{21}}{2} \tag{1-24}$$

$$\mu_2=\frac{-\mathrm{Re}C_1(0)}{\alpha},\quad \beta=2\mathrm{Re}C_1(0) \tag{1-25}$$

且

$$\tau_2=-\frac{1}{\omega_0}[\mathrm{Im}C_1(0)+\mu_2\omega'(0)] \tag{1-26}$$

其中，μ_2 的符号决定分岔方向；β_2 的符号决定分岔周期解的稳定性。

对于解被吸引到中心流形，并且在中心流形上的稳定性由 Floquet 指数 β_2 确定，如果 $\beta_2<0$，则周期解是轨道渐近稳定的；如果 $\beta_2>0$，则周期解是不稳定的。τ_2 确定了在周期中 $o(\varepsilon^2)$ 项，即

$$P = \frac{2\pi}{\omega_0}[1 + \tau_2 \varepsilon^2 + O(\varepsilon^4)]$$

进而,分岔周期解由下列公式描述,即

$$x(t, \mu(\varepsilon)) = 2\varepsilon \operatorname{Re}[q(0)\mathrm{e}^{\mathrm{i}\omega_0 t}] + 2\varepsilon^2 \operatorname{Re}\left[q(0)\left(\frac{g_{20}}{2\mathrm{i}\omega_0}\mathrm{e}^{2\mathrm{i}\omega_0 t} - \frac{g_{11}}{\mathrm{i}\omega_0} - \frac{g_{02}}{6\mathrm{i}\omega_0}\mathrm{e}^{2\mathrm{i}\omega_0 t}\right)\right]$$

$$+ \varepsilon^2 \operatorname{Re}[w_{20}(0)\mathrm{e}^{2\mathrm{i}\omega_0 t} + w_{11}(0)] + O(\varepsilon^3), \quad 0 \leqslant t \leqslant P(\varepsilon) = \frac{2\pi}{\omega_0}[1 + \tau_2 \varepsilon^2 + \cdots]$$

$$(1\text{-}27)$$

其中,$\varepsilon = (\mu/\mu_2)^{\frac{1}{2}}$,且 μ/μ_2 为一个正参数。

根据式(1-23)中的系数 g_{ij},那么出现在式(1-22)中的 C_i 是 $C_1 = \dfrac{-g_{20}}{\mathrm{i}\omega_0}$,$C_2 = $

$\dfrac{-g_{02}}{3\mathrm{i}\omega_0}$,$C_3 = \dfrac{-g_{11}}{\mathrm{i}\omega_0}$,$C_4 = \dfrac{\overline{g}_{11}}{-\mathrm{i}\omega_0}$。

因此,式(1-27)可以选择写为

$$x(t, \mu(\varepsilon)) = 2\varepsilon \operatorname{Re}[q(0)\mathrm{e}^{\mathrm{i}\omega_0 t}] + \varepsilon^2 \operatorname{Re}[E\mathrm{e}^{2\mathrm{i}\omega_0 t} + F] + O(\varepsilon^3), \quad 0 \leqslant t \leqslant P(\varepsilon)$$

$$(1\text{-}28)$$

如果在 f 中所有非线性项至少有阶 3,那么为了计算 $C_1(0)$,w_{ij} 并不需要计算,且 $C_1(0) = g_{21}/2$。

1.2　泛函微分方程的平均法

1.2.1　引言

平均法已成为非自治微分和差分方程分析的重要工具,并在科学和工程领域内得到广泛的应用。其基本思想来自于常微分方程的平均理论,也就是对于系统,即

$$\dot{x}(t) = \varepsilon f(t, x)$$

其中,$x \in R^n$；$f: R^n \to R^n$,$f \in C^2(x)$。

明显的,依赖时间的影响是最小的,且有时可以通过 f 在某个恰当的时间区间 T 平均而获得平均系统,即

$$y(t) = \varepsilon f_0(y), \quad f_0(y) = \frac{1}{T}\int_t^{t+T} f(s, y)\mathrm{d}s$$

如果 f 关于 t 是同周期的,T 通常选成函数 f 对时间的周期,在许多书中可找到标准的定理证明,如果 ε 是充分小,则解 $x(t)$ 和 $y(t)$ 的差是很小的,即在时间区间 $t \sim O\left(\dfrac{1}{\varepsilon}\right)$,$|x(t) - y(t)| = O(\varepsilon)$。有大量的文献是研究常微分方程的平均,读

者可参见 Hale[10]、Guckenheimer 和 Holmes[11] 的书。然而,目前对泛函微分方程的平均法讨论的文献还很少,存在的理论也起源于 20 世纪 60 年代,如 Halanay[3]、Hale[4],他们研究了允许小参数的时变泛函微分方程的平均法,最一般的结果见文献[4],这里泛函微分方程是

$$\dot{x}(t)=\varepsilon f(t,x), \quad x_{t_0}=\phi, \quad \varepsilon>0 \tag{1-29}$$

假设对任意常向量 C,我们定义 $\widetilde{C}(\theta)=C,\theta\in[-r,0]$,文献[4]的工作给出了式(1-29)可以用下面平均的自治常微分方程求解,即

$$\dot{\xi}(t)=\varepsilon F_{av}(\widetilde{\xi}), \quad \widetilde{\xi}^t(\theta)=\xi(t), \quad \theta\in[-r,0] \tag{1-30}$$

其中,$\xi(t_0)=\phi(t_0)$,且

$$F_{av}(\psi)\equiv\lim_{T\to\infty}\int_t^{t+T}f(s,\psi)\mathrm{d}s \tag{1-31}$$

的解逼近的条件。

在文献中用的技巧相关于式(1-29)和式(1-30)的解变化。在文献[4]中,式(1-29)的解可分为 $x_t=\widetilde{I}q(t)+w_t$,其中 $\widetilde{I}$ 是在 $[-r,0]$ 上的 $n\times n$ 阶矩阵函数,且定义为 $\widetilde{I}(\theta)=I,I$ 为 $\theta\in[-r,0]$ 上的单位阵。获得的条件使得存在一个指数吸引的流形上的流为 $w(t)=h(t,z(t),\varepsilon)$,且 $h(t,z,0)=0$。当 ε 充分小时,在这个流形上的流可表示为

$$\dot{z}(t)=\varepsilon f(t,\bar{y}+\widetilde{h}(t,z(t),\varepsilon))$$

文献[3]提出近似形式 $x(t)=z(t)+\varepsilon u(t,z(t),\varepsilon)$ 的坐标恒等变换,类似于提出的平均微分方程。可以证明,当 $\varepsilon\to0$ 时,"时滞"项可忽略,进而常微分方程的平均程序可以应用。

如果我们仔细地检查这些泛函微分方程平均法的证明,可以看出每种方法提出了两个关于 ε 的上界。首先,存在某个充分小的 ε_1,使得对于 $0\leqslant\varepsilon\leqslant\varepsilon_1$,泛函微分方程可逼近非自治常微分方程;其次,存在一个上界 ε_2,使得对于 $0\leqslant\varepsilon\leqslant\varepsilon_2$,在近似的非自治常微分方程的时间依赖性可求出平均,因为平均定理是"对充分小 ε"。文献[3],[4]平均法的证明并不区分 ε_1 和 ε_2。然而,如果 ε 不是无穷小,可能导致平均法逼近中的误差。

本节的主要目的是证明系统(1-29)逼近平均系统,即

$$\dot{z}(t)=\varepsilon F_{av}(z_t), \quad z_{t_0}=\phi \tag{1-32}$$

其中,F_{av} 在式(1-31)中给出。

注意式(1-32)是一个泛函微分方程,而不是一个常微分方程。考虑到式(1-29)的有限维逼近,并不试图搜寻关于 ε 的上界。数值模拟描述式(1-32),通常是式(1-29)的更为精确的逼近比由式(1-30)给出的经典的平均模型。这似乎包含 $\varepsilon_1<\varepsilon_2$。

在 1.2.2 节,我们定义了 KBM-泛函、移动平均、局部平均,并证明涉及这些平

均的一些预备引理。在 1.2.3 节,证明了在时间区间 $t \sim O\left(\dfrac{1}{\varepsilon}\right)$。系统(1-29)的解 $x(t)$ 与式(1-32)的解 $z(t)$ 的逼近性质。具体地,证明了 $|x(t) - z(t)| = O(Q(\varepsilon))$,当 $\varepsilon \to 0$ 时,$Q(\varepsilon) \to 0$。证明的方法利用了移动和局部平均在 $x(t) - z(t)$ 界中作为中间解。

假设新的平均方程(1-32)有一个指数稳定平衡,并且限制在初始条件位于指数稳定性域内。然后,我们扩展在定理中的有限时间平均结果到定理 1.2 中的无穷时间区间,可以通过划分时间为各子区间的并集来完成。由于在时间的任意子区间内误差是有界的,因此归纳法对所有时间误差是有界的。在 1.2.4 节,给出涉及解的有界性的附加的定理和引理,扩展平均技巧以考虑附加的依赖于小参数 ε 的泛函,并且恢复经典的无时滞平均法结果[3,4],对于附加泛函依赖于 ε 的系统,我们给出了两个定理。在定理 1.3 中,考虑系统 $\dot{u}(t) = \varepsilon g(t, u_t, \varepsilon)$,初始值 $h \neq \phi$,这里 $g(t, u_t, 0) = f(t, u_t)$,$f(t, u_t)$ 由式(1-29)定义。证明了误差 $|\mu(t) - z(t)| \leqslant \eta$,这里 η 是常数,最小性依赖于 ε 和在定理证明中引入的另一个常数 β。在定理 1.4 中,计算 g 的一个平均 G_{av},它保留了额外的泛函对 ε 的依赖性,并且证明了解 $u(t)$ 和新的平均系统 $w(t)$ 的逼近性。其证明等同于定理 1.1 的证明,要恢复经典平均的结果,定理 1.5 应用了移动平均方法证明系统(1-29)的解 $x(t)$ 与平均系统(1-30)的解 $\xi(t)$ 的误差是 $O(Q(\varepsilon) + k\varepsilon)$,这里 k 是一个常数。除此之外,我们评述了定理 1.2 给的假设条件,在本节给出的定理可扩展到无穷区间。

值得注意的是,最近的研究集中于对于 $\dot{x}(t) = f(t/\varepsilon, x_t)$ 形式的泛函微分方程平均法,这个泛函微分方程已在工程领域,如振动控制和周期控制设计等得到应用,文献[4]是第一个建议系统(1-32)是系统(1-29)的一个改进的平均逼近。但是,文献[4]是从 Lyapunov 稳定性观点来看平均法,并且仅考虑了点时滞。

1.2.2　准备工作

设 R^n 是一个 n 维欧几里得空间,$\Phi = \Phi([-r, 0], R^n)$ 记映 $[-r, 0]$ 到 R^n 上的连续函数空间。如果 $x(t)$ 是定义在 $[t_0 - r, L]$ 上的连续函数,那么对于每个 $t_0 \leqslant t \leqslant L$,若 $x_t(\theta) = x(t + \theta)$,$\theta \in [-r, 0]$,定义 $x_t \in \Phi$,对于每个 $\varphi \in \Phi$,设 $\|\varphi\|$ 记为 $\sup\{|\varphi(\theta)| : \theta \in [-r, 0]\}$,这里 $|\cdot|$ 是 R^n 的范数。对任意 $D \subset R^n$,设 $\Phi(D) = \Phi([-r, 0], D)$。泛函 $f : R \times \Phi \to R^n$ 总是假设是连续的,设 $\phi(t)$ 是 $t \in [t_0 - r, t_0]$ 上的连续函数,并且在这个区间上系统(1-29)的 $x(t) = \phi(t)$,那么系统(1-29)有一个解记为 $x(t) = x(t; t_0, \phi)$。参数 ε 总是假设是非负的,同样对于 $z_{t_0} = \phi$,系统(1-32)的解记为 $z(t) = z(t; t_0, \phi)$,所有假设的导数为右导数。正如已在系统(1-32)中引入的,设 $\tilde{\xi}(\theta) = \xi(s)$,$\theta \in [-r, 0]$。

定义 1.1　假设 $f : R \times \Phi \to R^n$ 是连续且一致有界的,使得在 $R \times \Phi(D)$ 上对于

所有 (t,φ) 有 $|f(t,\varphi)|\leqslant M$。进一步,假设 f 是局部 Lipschitz 的,即对于所有 $(t,$
$\varphi^1,\varphi^2)\in R\times\Phi(D)\times\Phi(D)$ 存在 $K>0$,使得 $\|f(t,\varphi^1)-f(t,\varphi^2)\|\leqslant K\|\varphi^1-\varphi^2\|$,进
而假设对所有 $(t,\varphi)\in R\times\Phi(D)$ 在系统 (1-31) 中的平均一致存在,那么 f 称为
KBM 泛函。

定义 1.2　假设 $x(t)=x(t;t_0,\phi)$ 是系统 (1-29) 具有初值函数 $\phi\in\Phi$ 的解,
$x(t)$ 的移动平均记为 $\bar{x}(t)$,定义为

$$\bar{x}(t)\equiv\begin{cases}\phi(t), & t\in[t_0-r,t_0]\\\dfrac{1}{T}\displaystyle\int_t^{t+T}x(s)\mathrm{d}s, & t\geqslant t_0\end{cases}$$

其中,$T>0$。

定义 1.3　考虑泛函 $f:R\times\Phi([-r,0],R^p)\to R^n$,$f$ 的局部平均记为 f_T,且定
义为

$$f_T(t,\varphi)\equiv\frac{1}{T}\int_0^T f(t+s,\varphi)\mathrm{d}s$$

其中,$T>0$;p 是一个非负整数。

一个 KBM 泛函的记号是对于常微分方程的一个经典的 KBM 向量域的定义
的扩展[12,13](Krylov-Bogolyubov-Mitropolsky)。对于常微分方程的移动平均与
局部平均的使用已在文献[15]中引入。

现在除了式 (1-29) 和式 (1-32),考虑局部平均泛函微分方程,即

$$\dot{y}(t)=\varepsilon f_T(t,y_t)\tag{1-33}$$

记系统 (1-33) 具有初值函数 $y_{t_0}=\phi\in\Phi$ 的解为 $y(t)=y(t;t_0,\phi)$,

引理 1.1　假设系统 (1-29) 的解对于 $t\in[t_0-r,t_0+L_1+T]$ 满足 $x(t)\in D$,这
里 $L_1>0$ 和 $T>0$,且 f 是一个 KBM 泛函,那么对于所有 $t\in[t_0-r,t_0+L_1]$ 有
$|x(t)-\bar{x}(t)|\leqslant\varepsilon MT/2=O(\varepsilon T)$,进而对于 $t\in[t_0-r,t_0+L_1]$ 有 $\bar{x}(t)\in D$。

证明　对于 $t\in[t_0-r,t_0)$,由定义 1.2,在 $t\in[t_0,t_0+L_1]$ 上有 $x(t)-\bar{x}(t)=$
0,这是因为

$$|x(t)-\bar{x}(t)|=\left|\frac{\varepsilon}{T}\int_t^{t+T}\int_s^t f(\tau,x_\tau)\mathrm{d}\tau\mathrm{d}s\right|\leqslant\frac{\varepsilon}{T}\int_t^{t+T}M(t-s)\mathrm{d}s=\frac{\varepsilon MT}{2}=O(\varepsilon T)$$

这里利用了 f 是以 M 一致有界的,$x(t)\in D$。实际上,$\bar{x}(t)\in D$ 可以直接从中值
定理,并应用定义 1.2 获得,即存在 $t_1,0\leqslant t_1\leqslant T$,使得 $\bar{x}(t)=x(t+t_1)\in D$。　■

引理 1.2　假设 f 是 KBM 泛函,且 f_T 由定义 1.3 给出,K 和 M 由定义 1.1
给出,那么对所有 $(t,\varphi^i)\in R\times\Phi(D)$ 有

① $|f_T(t,\varphi^1)|\leqslant M$。

② $|f_T(t,\varphi^1)-f_T(t,\varphi^2)|\leqslant K\|\varphi^1-\varphi^2\|$。

证明　要证明①,对所有 $(t,\varphi^1)\in R\times\Phi(D)$,有

$$| f_T(t, \varphi^1) | = \left| \frac{1}{T} \int_0^T f(t+s, \varphi^1) ds \right| \leqslant \frac{1}{T} \int_0^T | f(t+s, \varphi^1) | ds \leqslant \frac{1}{T} \int_0^T M ds = M$$

要证明②,对所有$(t, \varphi^1, \varphi^2) \in R \times \Phi(D) \times \Phi(D)$,有

$$| f_T(t, \varphi^1) - f_T(t, \varphi^2) | = \left| \frac{1}{T} \int_0^T f_T(t+s, \varphi^1) - f_T(t+s, \varphi^2) ds \right| \leqslant K \| \varphi^1 - \varphi^2 \|$$

■

当$T \to \infty$时,引理也成立,且F_{av}是M一致有界的,以及具有常数K的局部 Lipschitz 的。

1.2.3　基本的平均法定理

1. 在有限时间区间的平均法

引理 1.3　对于$L_1 = L/\varepsilon$,这里L和ε是正常数,引理 1.1 和引理 1.2 的假设是成立的,设$x(t)$为系统(1-29)的解,且$y(t)$为系统(1-33)的解,在$[t_0-r, t_0]$上,$x(t) = y(t) = \phi(t)$,这里$\phi \in \Phi(D)$,并且对于所有$t \in [t_0, t_0+(L/\varepsilon)]$,有$y(t) \in D$,那么在$t \in [t_0-r, t_0+(L/\varepsilon)]$,有$| y(t) - \bar{x}(t) | = O(\varepsilon T) + O(\varepsilon r)$。

证明　在$t \in [t_0-r, t_0]$上有$| y(t) - \bar{x}(t) | = 0$,对于$t \geqslant t_0$,我们有

$$| y(t) - \bar{x}(t) | = \left| y(t_0) + \varepsilon \int_{t_0}^t f_T(s, y_s) ds - \bar{x}(t) \right|$$

对于$t > t_0$,取$\bar{x}(t)$的导数,我们有

$$\bar{x}(t) = \frac{1}{T} [x(t+T) - x(t)] = \frac{\varepsilon}{T} \int_0^T f(t+\tau, x_{t+\tau}) d\tau$$

因此,对$t \geqslant t_0$,我们有

$$| y(t) - \bar{x}(t) | = \left| y(t_0) - \bar{x}(t_0) + \varepsilon \int_{t_0}^t \left[f_T(s, y_s) - \frac{1}{T} \int_0^T f(s+\tau, x_{s+\tau}) d\tau \right] ds \right|$$

我们注意到,$\bar{x}(t)$在$t = t_0^-$处通常是不连续的,因此$\bar{x}(t-r)$在$t = t_0^- + r$处是不连续的。这需要我们尤其注意在$t = t_0$和$t = t_0+r$处,设$0 < \delta \ll L/\varepsilon$是任意小的常数,并且在$t \in [t_0, t_0+r+\delta]$上考虑$| y(t) - \bar{x}(t) |$,由引理 1.2,有

$$| f_T(s, y_s) | \leqslant M$$

同样,在这个区间$| f(\tau, x_\tau) | \leqslant M$,因为已假设了$x \in D$,因此对于$t \in [t_0, t_0+r+\delta]$,$| y(t) - \bar{x}(t) | \leqslant | \bar{x}(t) - y(t_0) | + \varepsilon \int_{t_0}^{t_0+r+\delta} [M + \frac{1}{T} \int_s^{s+T} M d\tau] ds$。

由引理 1.1 和假设$y(t_0) = x(t_0)$,我们有$| y(t_0) - \bar{x}(t_0) | \leqslant \varepsilon MT/2$,因此对于$t \in [t_0, t_0+r+\delta]$,我们有$| y(t) - \bar{x}(t) | \leqslant \varepsilon M((T/2)+2r+2\delta)$。

下面假设$L/\varepsilon \geqslant r+\delta \equiv t_1$,在$t \in [t_1, t_0+(L/\varepsilon)]$,我们写

$$| y(t) - \bar{x}(t) | \leqslant | y(t_1) - \bar{x}(t_1) | + \varepsilon \int_{t_1}^t | f_T(s, y_s) - f_T(s, \bar{x}_s) | ds$$

$$+ \varepsilon \int_{t_1}^{t} \mid f_T(s, \overline{x}_s) - f_T(s, x_s) \mid \mathrm{d}s$$

$$+ \varepsilon \int_{t_1}^{t} \mid f_T(s, x_s) - \frac{1}{T} \int_0^T f(s + \tau, x_{s+\tau}) \mathrm{d}\tau \mid \mathrm{d}s \qquad (1\text{-}34)$$

从上面,我们有

$$\mid y(t_1) - \overline{x}(t_1) \mid \leqslant \varepsilon M \left(\frac{T}{2} + 2r + 2\delta \right)$$

由引理 1.1、引理 1.2,以及假设 $x, \overline{x}$ 和 y 包含于 D,对所有 $t \in [t_0, t_0 + (L/\varepsilon)]$,有

$$\mid f_T(s, \overline{x}_s) - f_T(s, x_s) \mid \leqslant K \varepsilon M \frac{T}{2}$$

和

$$\mid f_T(s, y_s) - f_T(s, x_s) \mid \leqslant K \parallel y_s - x_s \parallel$$

同样,对于 $s \in [t_0, t_0 + (L/\varepsilon)]$,有

$$\left| f_T(s, x_s) - \frac{1}{T} \int_0^T f(s + \tau, x_{s+\tau}) \mathrm{d}\tau \right|$$

$$= \frac{1}{T} \left| \int_0^T [f(s + \tau, x_s) - f(s + \tau, x_{s+\tau})] \mathrm{d}\tau \right|$$

$$\leqslant \frac{1}{T} \int_0^T K \parallel x_s - x_{s+\tau} \parallel \mathrm{d}\tau$$

对于 $t_0 \leqslant t_2 \leqslant t_3$,有

$$x(t_3) - x(t_2) = \varepsilon \int_{t_2}^{t_3} f(\lambda, x_\lambda) \mathrm{d}\lambda$$

这就蕴含了对于 $s \geqslant t_1$ 和 $\tau \geqslant 0$,有

$$x_s - x_{s+\tau} = x(s + \theta) - x(s + \tau + \theta)$$

$$= \varepsilon \int_{s+\tau+\theta}^{s+\theta} f(\lambda, x_\lambda) \mathrm{d}\lambda$$

因此,对 $t \in [t_1, t_0 + (L/\varepsilon)]$ 和 $\tau \in [0, T]$,有

$$\parallel x_s - x_{s+\tau} \parallel = \varepsilon \left\| \int_{s+\theta+\tau}^{s+\theta} f(\lambda, x_\lambda) \mathrm{d}\lambda \right\| \leqslant \varepsilon M \tau$$

利用上面的不等式,对于 $t \in [t_1, t_1 + (L/\varepsilon)]$,系统(1-34)变为

$$\mid y(t) - \overline{x}(t) \mid \leqslant \varepsilon M \left(\frac{T}{2} + 2r + 2\delta \right) + \varepsilon K \int_{t_1}^{t} \parallel y_s - \overline{x}_s \parallel \mathrm{d}s$$

$$+ \varepsilon^2 \int_{t_1}^{t} \left(\frac{KMT}{2} + \frac{1}{T} \int_0^T KM\tau \mathrm{d}\tau \right) \mathrm{d}s$$

$$\leqslant \varepsilon M \left(\frac{T}{2} + 2r + 2\delta \right) + \varepsilon KMTL + \varepsilon K \int_{t_0}^{t} \sup_{\sigma \in [t_0, s]} \mid y(\sigma) - x(\sigma) \mid \mathrm{d}s$$

上面不等式右边是增加的,因此对 $t\in[t_0,t_0+(L/\varepsilon)]$,有

$$\sup_{s\in[t_0,t]}|y(s)-\bar{x}(s)|\leqslant\varepsilon M(\frac{T}{2}+2r+2\delta)+\varepsilon KMTL$$

$$+\varepsilon K\int_{t_0}^{t}\sup_{\sigma\in[t_0,s]}|y(\sigma)-\bar{x}(\sigma)|\,\mathrm{d}s$$

由 Gronwall 不等式,这就蕴含对于 $t\in[t_0,t_0+(L/\varepsilon)]$,有

$$\sup_{s\in[t_0,t]}|y(s)-\bar{x}(s)|\leqslant\varepsilon\Big[M\Big(\frac{T}{2}+2r+2\delta\Big)+KMTL\Big]e^{\varepsilon k(t-t_0)}$$

常数 δ 是任意小($\delta=\varepsilon r$),因此上述不等式蕴含在 $t\in[t_0,t_0+(L/\varepsilon)]$ 上,有 $|y(t)-\bar{x}(t)|=O(\varepsilon T)+O(\varepsilon r)$。∎

如果 f 是 T 周期的,即 $f(t+T,\cdot)=f(t,\cdot)$,那么几乎已证明了平均法,剩下的唯一任务就是给出条件保证 $y\in D$。

引理 1.4　设 f 是 KBM 泛函,且考虑系统(1-32)和系统(1-33)在 $t\in[t_0-r,t_0]$ 上具有连续的初始值函数,假设对于任意 $L>0$ 和 $\varepsilon>0$,$t\in[t_0-r,t_0+(L/\varepsilon)]$,$z(t)$ 和 $y(t)$ 均在 D 中,那么在 $t\in[t_0-r,t_0+(L/\varepsilon)]$ 上,有

$$|y(t)-z(t)|=O(\gamma(\tau))$$

其中

$$\gamma(T)\equiv\sup_{\varphi\in\Phi(D)}\sup_{t\geqslant t_0}|f_T(t,\varphi)-F_{av}(\varphi)|$$

且当 $T\to\infty,\gamma(T)\to0$。

证明　因为 z 和 y 有相同的初值函数,仅需要考虑 $t_0\leqslant t\leqslant t_0+(L/\varepsilon)$,在这个时间区间,有

$$|y(t)-z(t)|=\Big|y(t_0)-z(t_0)+\varepsilon\int_{t_0}^{t}\big[f_T(s,y_s)-F_{av}(z_s)\big]\mathrm{d}s\Big|$$

$$\leqslant\varepsilon\int_{t_0}^{t}|f_T(s,z_s)-F_{av}(z_s)|\,\mathrm{d}s+\varepsilon\int_{t_0}^{t}|f_T(s,y_s)-f_T(s,z_s)|\,\mathrm{d}s$$

$$\leqslant\varepsilon\gamma(T)(L/\varepsilon)+\varepsilon K\int_{t_0}^{t}\|y_s-z_s\|\,\mathrm{d}s$$

上面等式的右边是增加的,因此对于 $t\in[t_0,t_0+(L/\varepsilon)]$,有

$$\sup_{s\in[t_0,t]}|y(s)-z(s)|\leqslant\gamma(T)L+\varepsilon K\int_{t_0}^{t}\sup_{\sigma\in[t_0,s]}|y(\sigma)-z(\sigma)|\,\mathrm{d}s$$

由 Gronwall 不等式,对于 $t\in[t_0,t_0+(L/\varepsilon)]$,有

$$\sup_{s\in[t_0,t]}|y(s)-z(s)|\leqslant\gamma(T)Le^{\varepsilon K(t-t_0)}$$

因此,在 $t\in[t_0,t_0+(L/\varepsilon)]$ 上,上面的不等式蕴含 $|y(t)-z(t)|\leqslant\gamma(T)Le^{KL}=O(\gamma(T))$,它已假设 f 是一个 KBM 泛函,并且极限系统(1-31)一致存在,且当 $T\to\infty,\gamma(T)\to0$。∎

因为假设 f 是 KBM 泛函,当 $T\to\infty$ 时,正函数 $\gamma(T)\to0$。利用这个事实,可能

通过设 $T=1/\sqrt{\varepsilon}$ 证明泛函微分方程的基本平均法的结果。实际上,如果 $x(t)$、$y(t)$、$\bar{x}(t)$ 和 $z(t)$ 均在 D 内,那么容易得到其结果。

定理 1.1(在有限时间区间上的平均)　设 f 是 KBM 泛函,且在 $t\in[t_0-r,t_0]$ 上,系统(1-29)、系统(1-32)和系统(1-33)有相同的连续初值函数 $\phi\in\Phi(D)$,设 $L>0$ 是一个与 ε 无关的常数,$\gamma(\cdot)$ 的定义如引理 1.4,假设对于 $t\in[t_0-r,t_0+(L/\varepsilon)+(1/\sqrt{\varepsilon})]$,系统(1-29)的解 $x(t)\in D$,且对于 $t\in[t_0-r,t_0+(L/\varepsilon)]$,系统(1-32)和系统(1-33)的解 $z(t)$ 和 $y(t)$ 均在 D 中,那么对于所有 $t\in[t_0-r,t_0+(L/\varepsilon)]$,有 $|x(t)-z(t)|=O(Q(\varepsilon))$,这里当 $\varepsilon\to0,Q(\varepsilon)\to0$,且

$$Q(\varepsilon)\equiv\frac{M\sqrt{\varepsilon}}{2}+L\gamma\left(\frac{1}{\sqrt{\varepsilon}}\right)e^{KL}+\left[2\varepsilon M\gamma(1+\varepsilon)+M\sqrt{\varepsilon}\left(\frac{1}{2}+KL\right)\right]e^{KL}$$

证明　对于 $t\in[t_0-r,t_0+(L/\varepsilon)]$,由引理 1.1,引理 1.2 和引理 1.4,我们有

$$|x(t)-z(t)|\leqslant|x(t)-\bar{x}(t)|+|\bar{x}(t)-y(t)|+|y(t)-z(t)|$$

$$\leqslant\frac{\varepsilon MT}{2}+\varepsilon[M(\frac{T}{2}+2r+2\varepsilon r)+KMTL]e^{KL}+\gamma(T)Le^{KL}$$

置 $T=1/\sqrt{\varepsilon}$,就完成了证明。　■

2. 在无限时间区间上的平均理论

当系统的解位于一个指数稳定平衡点的指数稳定域时,我们给出一个结果,它扩展了平均方法到无穷时间区间上,证明的方法是取自对于差分方程[16]和常微分方程[15]中的类似思想。

定理 1.2　对于所有 $t\geqslant t_0-r$,定理 1.1 的假设成立,设 z_e 是系统(1-32)的指数稳定平衡点,且初始值函数 $\phi(t)$ 位于 z_e 的指数稳定性域内,对 $t_0\in[t_0-r,t_0]$,$x(t)=z(t)=\phi(t)$,那么

$$\sup_{t\geqslant t_0}|x(t)-z(t)|=O(Q(\varepsilon))$$

当 $\varepsilon\to0,Q(\varepsilon)\to0$,如定理 1.1 给出的。

证明　不失一般性,设 $t_0=0$,对于 $t\in[-r,0]$,$x(t)=z(t)=\phi(t)$,且在这个区间上 $|x(t)-z(t)|=0$。考虑的时间轴分化为区间 $\bigcup\limits_{n=0}^{\infty}I_{n,n+1}$ 的并集,这里 $n\in Z^+$,且

$$I_{n,n+1}=\left\{t:t\in R,\frac{nL}{\varepsilon}\leqslant t\leqslant\frac{(n+1)L}{\varepsilon}\right\}$$

其中,$L>0$ 是常数,它的值是确定的。

在每个区间,定义 $z(n,t)$ 是系统(1-32)的解,且初始值函数是 $z(n,t)=x(t)$,$t\in[(nL/\varepsilon)-r,nL/\varepsilon]$。在每个区间,我们有

$$|x(t)-z(t)|=|x(t)-z(n,t)+z(n,t)-z(t)|$$

$$\leqslant |x(t)-z(n,t)| + |z(n,t)-z(t)|$$

这个证明的方法是用 $z(n,t)$ 作为中间解,在时间区间 $t\in I_{n,n+1}$,我们能界限 $x(t)$ 和 $z(t)$,即对某个 n,首先发现 $x(t)-z(n,t)$ 的界,然后发现 $z(t)-z(n,t)$ 的界,如图 1.1 所示。

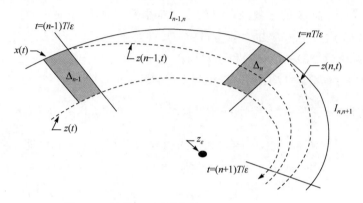

图 1.1　定理 1.2 证明中的 $x(r)$、$z(t)$ 和 $z(n,t)$

因为 n 的选择是任意的,我们允许 $n\to\infty$,因此在每个时间区间 $x(t)-z(t)$ 是有界的。由定理 1.1,对于任意固定的 L,在 $I_{n,n+1}$ 上,我们有

$$|x(t)-z(n,t)|\leqslant Q(\varepsilon)$$

其中,当 $\varepsilon\to 0$ 时,$Q(\varepsilon)\to 0$。

因为 $z(0,t)=z(t)$,所以在 $I_{0,1}$ 上给出了它们的近似性,对于 $n\geqslant 1$,利用指数稳定性的定义和连续性性质[4],对于 $t\geqslant nL/\varepsilon$,有

$$|z(n,t)-z(t)|\leqslant me^{-\varepsilon\alpha(t-nL/\varepsilon)}\sup_{s\in[(nL/\varepsilon)-r,nL/\varepsilon]}|z(n,s)-(s)|$$
$$\leqslant me^{-\varepsilon\alpha(t-nL/\varepsilon)}\sup_{s\in[(nL/\varepsilon)-r,nL/\varepsilon]}[|z(n,s)-z(n-1,s)|]$$
$$+|z(s)-z(n-1,s)| \tag{1-35}$$

其中,$m>1$;$\alpha>0$。

不失一般性,设 $L/\varepsilon\geqslant r$,由 $z(n,t)$ 的定义和定理 1.1,对于 $n\geqslant 1$,有

$$\sup_{s\in[(nL/\varepsilon)-r,nL/\varepsilon]}|z(n,s)-z(n-1,s)|=\sup_{s\in[(nL/\varepsilon)-r,nL/\varepsilon]}|x(s)-z(n-1,s)|\leqslant Q(\varepsilon)$$

设 $\Delta_{n-1}\equiv\sup_{s\in[(nL/\varepsilon)-r,(nL/\varepsilon)]}|z(s)-z(n-1,s)|$,那么由系统(1-35),有

$$|z(t)-z(n,t)|\leqslant me^{-\varepsilon\alpha(t-(nL/\varepsilon))}[\Delta_{n-1}+Q(\varepsilon)] \tag{1-36}$$

对于所有 $t\geqslant nL/\varepsilon$,它包含

$$\sup_{s\in[((n+1)L/\varepsilon)-r,(n+1)L/\varepsilon]}|z(s)-z(n,s)|$$
$$\leqslant m\sup_{s\in[((n+1)L/\varepsilon-r),(n+1)L/\varepsilon]}e^{-\varepsilon\alpha(s-(nL/\varepsilon))}[\Delta_{n-1}+Q(\varepsilon)]$$

进一步,有

$$\Delta_n\leqslant me^{-\varepsilon\alpha(L/\varepsilon-r)}[\Delta_{n-1}+Q(\varepsilon)]=me^{-\alpha L}e^{\varepsilon\alpha r}[\Delta_{n-1}+Q(\varepsilon)]$$

现在,选 L 充分大使得 $m\mathrm{e}^{\varepsilon ar}\,\mathrm{e}^{-aL}=K_L<1$。注意 $\Delta_0=0$,我们有

$$\Delta_n\leqslant K_L[\Delta_{n-1}+Q(\varepsilon)]\leqslant\frac{K_LQ(\varepsilon)}{1-K_L}$$

因此,在系统(1-36)中,对于 $t\in I_{n,n+1}$ 和 $n\geqslant 0$,有

$$|z(t)-z(n,t)|\leqslant m\mathrm{e}^{-\varepsilon a(t-(nL/\varepsilon))}\left[\frac{K_LQ(\varepsilon)}{1-K_L}+\theta(\varepsilon)\right]\leqslant\frac{mQ(\varepsilon)}{1-K_L}$$

在 $I_{n,n+1}$ 中,有

$$|x(t)-z(t)|\leqslant|x(t)-z(n,t)|+|z(n,t)-z(t)|\leqslant Q(\varepsilon)\left[1+\frac{m}{1-K_L}\right]$$

$$(1\text{-}37)$$

这就保证了在任意区间 $I_{n,n+1}$ 上有 $|x(t)-z(t)|=O(Q(\varepsilon))$,这个 $n\geqslant 0$ 是任意的。 ∎

1.2.4　补充的定理和引理

1. 涉及解和集 D 的引理

在平均定理中需要优先假设 $x\in D$ 和 $z\in D$,由引理 1.1,$x\in D$ 也蕴含 $\overline{x}\in D$,然而在定理 1.1 的陈述及前面的引理中,已假设 $y\in D$。要避免对 y 的限制,一般假设 $z\in D_0\subset D$,且移去对 $y\in D$ 的假设,人们总假设 D_0 和 D 之间有充分的距离。由下面的引理,这是很明显的[18]。

引理 1.5　设 α、β 和 L_1 是任意正常数,设 $\mu(t)$ 和 $\gamma(t)$ 在 R^n 上是连续函数,且对于 $t\in[t_0,t_0+L_1]$,$|\mu(t_0)-\gamma(t)|<\beta$。假设对于 $t\in[t_0,t_0+L_1]$,$|\mu(t)-\gamma(t)|<\beta$,且无论何时 $\mu(t)$ 和 $\gamma(t)$ 都包含于 D。进一步假设,对于 $t\in[t_0,t_0+L_1]$,$\gamma(t)$ 和它的 $\beta+\alpha$ 个邻域包含于 D,那么对所有 $t\in[t_0,t_0+L_1]$,有 $\mu(t)\in D$,因此在这个区间有 $|\mu(t)-\gamma(t)|<\beta$。

证明　设引理 1.5 的假设成立,但结论不成立,那么存在一个 $t=t_1\in[t_0,t_0+L_1]$,使得 $\mu(t_1)$ 不在 D 中。因为 $\mu(t)$ 和 $\gamma(t)$ 是连续的,且 $|\mu(t_0)-\gamma(t_0)|<\beta$,这就蕴含 $|\mu(t_1)-\gamma(t_1)|\geqslant\beta+\alpha$。由于连续性,因此存在 $t_2,t_0<t_2<t_1$,使得 $|\mu(t_2)-\gamma(t_2)|\geqslant\beta+(\alpha/2)$,由于 $\gamma(t)$ 及其 $\beta+\alpha$ 邻域包含于 D,这就蕴含 $\mu(t_2)\in D$,然而这与 $t\in[t_0,t_2]$,$|\mu(t)-\gamma(t)|<\beta$,无论在 $t\in[t_0,t_2]$,$\mu\in D$ 和 $\gamma\in D$ 的假设矛盾。因此,没有 t_2 存在,且在 $t\in[t_0,t_0+L_1]$ 上 $\mu(t)\in D$,在这个区间上蕴含 $|\mu(t)-\gamma(t)|<\beta$。 ∎

引理 1.6　设 f 是 KBM 泛函,且系统(1-32)和系统(1-33)在 $t\in[t_0-r,t_0]$ 上有相同的初值函数,设 T、L、$\gamma(\cdot)$ 和 ε 如引理 1.4,$\alpha>0$ 是任意小的常数。假设 $z(t)$ 及其 $\gamma(T)Le^{KL}+\alpha$ 的邻域包含于 D,那么对于所有 $t\in[t_0-r,t_0+(L/\varepsilon)]$,有 $y(t)\in D$。

证明　由引理 1.4 的证明,对 $t \in [t_0-r, t_0+(L/\varepsilon)]$,无论何时 $y(t)$ 和 $z(t)$ 包含于 D,我们有 $|y(t)-z(t)| \leqslant \gamma(T) L e^{KL}$,对 $t \in [t_0-r, t_0+(L/\varepsilon)]$,应用定理 1.1 与 $\beta = \gamma(T) L e^{KL}$,有 $y(t) \in D$。■

在定理 1.1 中,$T=1/\sqrt{\varepsilon}$ 代替假设 $y(t) \in D$,假设 $z(t)$ 和它的 $\gamma(1/\sqrt{\varepsilon}) L e^{KL}+\alpha$ 的邻域包含于 D,当 $\varepsilon \to 0$ 时,$\gamma(1/\sqrt{\varepsilon}) \to 0$。这就蕴含对于充分小的 $\varepsilon > 0$,仅需假设 $z(t)$ 和它的 α 邻域包含于 D,这里 $\alpha > 0$。

2. 依赖于 ε 的一致连续泛函

当 f 是一个 KBM 泛函时,$\varepsilon \to 0$,则 $Q(\varepsilon) \to 0$,因此当 $\varepsilon \to 0$ 时,$|x(t)-z(t)|$ 变得非常小,利用这个事实,可以直接证明包括比 f 更一般的泛函的平均结果。

考虑泛函微分方程,即

$$\dot{u}(t) = \varepsilon g(t, u_t, \varepsilon), \quad u_{t_0} = h \tag{1-38}$$

其中,$u \in \Phi; g: R \times \Phi \times R \to R^n$。

进一步,假设

$$g(t, u(t), 0) = f(t, u_t) \tag{1-39}$$

其中,f 由系统(1-29)确定。

在下面的定理中,目的是系统(1-38)与系统(1-32)解的关系。注意它不再需要系统(1-38)和系统(1-32)有相同的初始函数,且 g 明显依赖 ε,如 $u(t)=u(t; t_0, h)$ 记为系统(1-38)的解。

定理 1.3　L 如定理 1.1,且定理 1.1 中假设成立,假设对于 $(t, \varphi, \varepsilon) \in R \times \Phi(D) \times [0, \varepsilon_1]$,$\varepsilon_1 > 0$,函数 g 关于所有它的分量是连续的,且关于 ε 是一致连续的,进一步假设 $g(t, \varphi, 0)=f(t, \varphi)$,这里 f 是一个 KBM 泛函。假设 $u(t; t_0, h)$ 和 $u(t; t_0, \phi)$ 分别是系统(1-38)对于 $t \in [t_0-r, t_0+(L/\varepsilon)]$ 包含于 D 的不同初始函数 h 和 ϕ 的解,那么对于任意 $\eta > 0$,存在 $\beta_0 = \beta_0(\eta, \sigma, L)$ 和 $\varepsilon_0 = \varepsilon_0(\eta, \sigma, \beta, L, \varepsilon_1)$,使得对于 $0 \leqslant \beta \leqslant \beta_0$ 和 $0 \leqslant \varepsilon \leqslant \varepsilon_0$,$t \in [t_0-r, t_0+(L/\varepsilon)]$ 有

$$|u(t; t_0, h)-z(t; t_0, \phi)| \leqslant \eta$$

其中,$z(t; t_0, \phi)$ 记为系统(1-32)的解。

证明　通过确定 $|u(t; t_0, h)-z(t; t_0, \phi)|$ 的界使定理得到证明,因此

$$|u(t; t_0, h)-z(t; t_0, \phi)| \leqslant |u(t; t_0, \phi)-u(t; t_0, h)|$$
$$+ |x(t; t_0, \phi)-u(t; t_0, \phi)| + |x(t; t_0, \phi)-z(t; t_0, \phi)|$$

$$\tag{1-40}$$

其中,$x(t; t_0, \phi)$ 记为系统(1-29)的解。

由定理 1.1,我们已经有

$$|x(t; t_0, \phi)-z(t; t_0, \phi)| = O(Q(\varepsilon))$$

其中，$t \in [t_0 - r, t_0 + (L/\varepsilon)]$。

进而，由文献[17]第 25 章定理 E，我们有

$$|u(t;t_0,\phi) - u(t;t_0,h)| \leqslant \sup_{s \in [t_0-r,t_0]} |\phi(s) - h(s)| e^{KL} = \beta e^{KL}$$

剩余的要证明 $|x(t;t_0,\phi) - u(t;t_0,\phi)|$ 可能以 $\Gamma(\varepsilon)$ 为界，这里 $\varepsilon \to 0, \Gamma(\varepsilon) \to 0$，对于 $t \in [t_0-r,t_0], x(t;t_0,\phi) - u(t;t_0,\phi) = 0$。

对于 $t > t_0$，我们有

$$|x(t;t_0,\phi) - u(t;t_0,\phi)|$$
$$\leqslant \varepsilon \int_{t_0}^{t} [|f(s,x_s) - f(s,u_s)| + |g(s,u_s,0) - g(s,u_s,\varepsilon)|] \tag{1-41}$$

由 Lipschitz 条件，$|f(s,x_s) - f(s,u_s)| \leqslant K|x_s - u_s|$，由 g 的一致连续性，我们有 $|g(s,u_s,0) - g(s,u_s,\varepsilon)| \leqslant \xi(\varepsilon)$，这里 $\xi(\varepsilon) \to 0$，当 $\varepsilon \to 0$ 时，代入系统(1-41)，我们有

$$|x(t;t_0,\phi) - u(t;t_0,\phi)|$$
$$\leqslant \varepsilon \int_{t_0}^{t} \sup_{\sigma \in [s-r,s]} [K|x(\sigma;t_0,\phi) - u(\sigma;t_0,\phi)| + \xi(\varepsilon)] ds$$

如前面的讨论，注意前面方程的右边是增加的，应用了 Gronwall 不等式。令 $t \to t_0 + L/\varepsilon$，我们有

$$\sup_{s \in [t_0,t_0+(L/\varepsilon)]} |x(s;t_0,\phi) - u(s;t_0,\phi)| \leqslant \xi(\varepsilon) Le^{KL} \equiv \Gamma(\varepsilon)$$

代入到各自的估计式，并返回系统(1-40)，对于 $t \in [t_0, t_0 + (L/\varepsilon)]$，我们有

$$|u(t;t_0,h) - z(t;t_0,\phi)| \leqslant \beta e^{KL} + Q(\varepsilon) + \Gamma(\varepsilon)$$

选择 $\beta_0 \leqslant (\eta/3) e^{-KL}$，$\varepsilon_0$ 充分小使得 $Q(\varepsilon_0) \leqslant \eta/3, \Gamma(\varepsilon) \leqslant \eta/3$，定理证毕。∎

在某些问题中，包含关于 ε 的高阶项也许是有用的，附加的 ε 依赖性将改变平均模型的精度。为了允许平均模型非线性依赖于 ε，我们引入下面的定义。

定义 1.4（ε-平均）　相应于系统(1-38)的 ε-平均方程为

$$\dot{w}(t) = \varepsilon G_{av}(w_t, \varepsilon), \quad w_{t_0} = \phi \tag{1-42}$$

其中

$$G_{av}(\varphi, \varepsilon) = \lim_{T \to \infty} \frac{1}{T} \int_{t}^{t+T} g(s, \varphi, \varepsilon) ds \tag{1-43}$$

用类似的方式，我们定义局部 ε-平均。

定义 1.5（局部 ε-平均）　相应于系统(1-38)，局部 ε-平均方程定义为

$$\dot{v}(t) = \varepsilon g_T(t, v_t, \varepsilon), \quad v_{t_0}(t) = \phi(t) \tag{1-44}$$

其中，$g_T(t, \varphi, \varepsilon) = \frac{1}{T} \int_0^T g(t+s, \varphi, \varepsilon) ds, T > 0$。

通常，$w(t) = w(t;t_0,\phi)$ 和 $v(t) = v(t;t_0,\phi)$ 分别为系统(1-42)和系统(1-44)的解，那么我们有下面的定理。

定理 1.4　设 L、K、M、ε 和 ε_0 是正数，$D \in R^m$，假设对于所有 $(t, \psi^i, \varepsilon) \in [t_0 - r, t_0 + L/\varepsilon] \times \Phi(D) \times (0, \varepsilon_0)$，下面的条件成立。

① g 关于所有它的分量是连续的。

② $|g(t; \psi^1, \varepsilon)| \leqslant M$。

③ $|g(t; \psi^1, \varepsilon) - g(t; \psi^2, \varepsilon)| \leqslant K|\psi^1 - \psi^2|$。

④ 系统(1-43)一致存在，即 $|g_T(t; \psi, \varepsilon) - G_{av}(\psi, \varepsilon)| \leqslant \gamma(T)$，这里 $\gamma(T) > 0$，是与 ε 无关的，且 $\lim\limits_{T \to \infty} \gamma(T) \to 0$

假设系统(1-38)、系统(1-42)和系统(1-44)有相同的连续初始函数，记这些系统的解分别为 $u(t)$、$w(t)$ 和 $v(t)$，对于所有 $t \in [t_0 - r, t_0 + (L/\varepsilon) + (1/\sqrt{\varepsilon})]$，$u(t)$ 包含于 D，并且对于所有 $t \in [t_0 - r, t_0 + (L/\varepsilon)]$，$v(t)$ 和 $w(t)$ 包含于 D，那么对于所有 $(t, \varepsilon) \in [t_0 - r, t_0 + (L/\varepsilon)] \times [0, \varepsilon_0]$，有

$$|u(t; t_0, \phi) - w(t; t_0, \phi)| = O(Q(\varepsilon))$$

其中，当 $\varepsilon \to 0$ 时，$Q(\varepsilon) \to 0$，且 $Q(\varepsilon)$ 由定义 1.1 所定义。

证明类似于定理 1.1 的证明。

通过允许 G_{av} 非线性依赖于 ε，正如定理 1.3，人们希望 $w(t)$ 比 $z(t)$ 更好地逼近 $u(t)$。然而，由于所有界趋于保守，因此并不可保证好的近似。除此之外，定理 1.4 的假设④也许更为受限，且难于证实。

3. 用平均法消除时滞

定理 1.5　设定理 1.1 的假设成立，$\xi(t)$ 定义为常微分方程(1-30)的解，它的初始条件是 $\xi(t_0) = \phi(t_0)$，ϕ 是系统(1-29)的初始函数。进一步，假设对于 $t \in [t_0, t_0 + (L/\varepsilon)]$，$\xi(t) \in D$，那么对于 $t \in [t_0, t_0 + (L/\varepsilon)]$，$|x(t) - \xi(t)| = O(Q(\varepsilon)) + O(\varepsilon Mr(2 + KL)e^{KL})$，这里 $Q(\varepsilon)$ 如定理 1.1，且 $x(t)$ 是系统(1-29)的解。

证明　要证明定理，我们确定 $|x(t) - \xi(t)|$ 的界，即

$$|x(t) - \xi(t)| \leqslant |x(t) - z(t)| + |z(t) - \xi(t)|$$

由定理 1.1，在 $t \in [t_0, t_0 + (L/\varepsilon)]$ 中，有 $|x(t) - z(t)| \leqslant Q(\varepsilon)$。因此，剩下的是计算 $|x(t) - \xi(t)|$ 的界。

设 $\tilde{\xi}^s(\theta) = \xi(s)$，由系统(1-32)和系统(1-30)，对于 $t \geqslant t_0$，我们有

$$|z(t) - \xi(t)| = \varepsilon \int_{t_0}^{t} [F_{av}(z_s) - F_{av}(\tilde{\xi}^s)] ds$$

对于 $t \in [t_0, t_0 + (L/\varepsilon)]$，$z(t), \xi(t) \in D$，并且对于 $\psi \in \Phi(D)$，$|F_{av}(\psi)| \leqslant M$，在区间 $t \in [t_0, t_0 + r]$ 上，我们有

$$|z(t) - \xi(t)| \leqslant \varepsilon \int_{t_0}^{t_0 + r} 2M ds \leqslant 2\varepsilon Mr$$

现在考虑区间 $t \in [t_0 + r, t_0 + (L/\varepsilon)]$，设 $t_1 = t_0 + r$，那么

$$| z(t) - \xi(t) |$$

$$= | z(t_1) - \xi(t_1) + \varepsilon \int_{t_1}^t [F_{av}(z_s) - F_{av}(\tilde{\xi}^s)] ds |$$

$$\leqslant | z(t_1) - \xi(t_1) | + \varepsilon \left| \int_{t_1}^t [F_{av}(z_s) - F_{av}(\xi_s)] ds + \int_{t_1}^t [F_{av}(\xi_s) - F_{av}(\tilde{\xi}^s)] ds \right|$$

$$\leqslant 2\varepsilon Mr + \varepsilon \int_{t_1}^t | F_{av}(z_s) - F_{av}(\xi_s) | ds + \varepsilon \int_{t_1}^t | F_{av}(\xi_s) - F_{av}(\tilde{\xi}_s) | ds \quad (1\text{-}45)$$

对于第一个积分, 当 $t \geqslant t_1$ 时, 我们有

$$\int_{t_1}^t | F_{av}(z_s) - F_{av}(\xi_s) | ds \leqslant K \int_{t_1}^t \| z_s - \xi_s \| ds$$

对于第二个积分, 当 $t \geqslant t_1$ 时, 我们有

$$\int_{t_1}^t | F_{av}(\xi_s) - F_{av}(\tilde{\xi}^s) | ds \leqslant K \int_{t_1}^t \sup_{\sigma \in [-r,0]} | \xi(s+\sigma) - \xi(s) | ds$$

对于 $s \geqslant t_0 + r$, 有

$$\sup_{\sigma \in [-r,0]} | \xi(s+\sigma) - \xi(s) | = \sup_{\sigma \in [-r,0]} \left| \varepsilon \int_s^{s+\sigma} F_{av}(\tilde{\xi}^\tau) d\tau \right| \leqslant \varepsilon Mr$$

代入系统(1-45), 对于 $t \in [t_1, t_0 + (L/\varepsilon)]$, 有

$$| z(t) - \xi(t) |$$

$$\leqslant 2\varepsilon Mr + \varepsilon K \int_{t_1}^t \varepsilon Mr ds + \varepsilon K \int_{t_1}^t \| z_s - \xi_s \| ds$$

$$\leqslant \varepsilon [2Mr + KLMr] + \varepsilon K \int_{t_1}^t \| z_s - \xi_s \| ds$$

利用引理 1.3 最后的相同的讨论, 对于 $t \in [t_1, t_0 + (L/\varepsilon)]$, 这就蕴含

$$\sup_{s \in [t_1, t]} | z(s) - \xi(s) | \leqslant \varepsilon Mr(2 + KL) e^{\varepsilon K(t - t_1)}$$

$$\leqslant \varepsilon Mr(2 + KL) e^{KL}$$

这个不等式在 $t \in [t_0, t_1]$ 上也成立, 因此对于 $t \in [t_0, t_0 + (L/\varepsilon)]$ 有

$$\sup_{s \in [t_0, t_0 + L/\varepsilon]} | z(s) - \xi(s) | \leqslant \varepsilon Mr(2 + KL) e^{KL} \qquad \blacksquare$$

1.3 多尺度方法

在本节, 我们利用 Fredholm 选择给出多尺度串行计算方法, 以确定时滞系统的稳定性边界并计算分岔周期解。为此, 设

$$\tau \to \tau_0 + \varepsilon \hat{\sigma}(t), \quad \hat{\sigma}(t) \equiv \sum_{\substack{n \neq 0 \\ -1}}^1 \hat{\mu}_n e^{in\nu t} \qquad (1\text{-}46)$$

正如在文献[19]中, $\hat{\mu}_{-n} = \overline{\hat{\mu}_n}$, 且 $\varepsilon \ll 1$。

为了方便起见, 考虑下面的时滞系统, 即

$$\dot{X}(t) = A(\alpha)X(t) + B(\alpha)X(t - r_0 - \varepsilon\sigma(t))$$
$$+ f(X(t), X(t - r_0 - \varepsilon\sigma(t)), \alpha) \tag{1-47}$$

对无扰动系统($\varepsilon = 0$),特征方程在 $\alpha = \alpha_c = 0$ 有一对纯虚根,正规化为 $\lambda = \pm i$,特征方程在 $\alpha = \alpha_c = 0$ 处所有其他根有负实部。

中心流形[9,20]和 Lyapunov-Schmidt 缩减[1]已成功应用于时滞系统来确定有限维分岔方程,尽管它们修正以便来构造周期调制时滞方程的解[21]。实际上,它们涉及冗余的计算,相反应用 Fredholm 选择与多尺度串行计算可以有效地确定周期解的稳定边界,且能计算分岔解。

由于周期振动,方程(1-47)接近临界分岔参数的解的增长与衰减,希望以更慢的时间尺度 $s \equiv \varepsilon^2 t$ 出现,这也由 Nayfeh[22]在自治动态系统的 Hopf 分岔研究中指出。因此,为了方便,我们引入三阶多时间尺度解,即

$$X(t) = X(t, s; \varepsilon) \equiv \sum_{i=1}^{3} \varepsilon^i X^i(t, s) + \text{h. o. t.} \tag{1-48}$$

其中,h. o. t. 表示 4 阶以上的项(下同)。

计算下式,即

$$\dot{X}(t) = \dot{X}(t, s; \varepsilon) = \sum_{i=1}^{3} \left(\varepsilon^i \frac{\partial X^i}{\partial t} + \varepsilon^{i+2} \frac{\partial X^i}{\partial s} \right) + \text{h. o. t.} \tag{1-49}$$

用 Taylor 级数将 $X^i(t - r_0 - \varepsilon\sigma(t), s - \varepsilon^2(r_0 + \varepsilon\sigma(t)))$ 在 ε 处展开,有

$$X^i(t - r_0 - \varepsilon\sigma(t), s - \varepsilon^2(r_0 + \varepsilon\sigma(t)))$$
$$= X^i(t - r_0, s) - \varepsilon\sigma(t)\frac{\partial X^i}{\partial t}(t - r_0, s)$$
$$+ \varepsilon^2 \left(\frac{\sigma^2(t)}{2}\frac{\partial^2 X^i}{\partial t^2}(t - r_0, s) - r_0 \frac{\partial X^i}{\partial s}(t - r_0, s) \right) + \text{h. o. t.}$$

代入这些表达式,且取 $\alpha \rightarrow \varepsilon^2 \alpha$ 进入系统(1-47),比较 ε 前三阶的系数,我们有

$$L(X^1)(t, s) = 0, \quad L(X^2)(t, s) = F^2(t, s), \quad L(X^3)(t, s) = F^3(t, s) \tag{1-50}$$

定义

$$L(X^i)(t, s) \equiv -\frac{\partial X^i}{\partial t}(t, s) + A(0)X^i(t, s) + B(0)X^i(t - r_0, s)$$

且非齐次项为

$$F^2(t, s) = B(0)\begin{bmatrix} 0 \\ -\sigma(t)x_2'(t - r_0, s) \end{bmatrix} + f(\cdot)$$

$$F^3(t, s) = \cdots$$

值得指出的是,尽管对于 $F^3(t, s)$ 的表达式中的高阶导数项包含时滞。我们将处理如 DDE 这样的扰动方程,这是由于这些项已进入 $O(\varepsilon^2)$,进而开折参数 α 的尺度进入 $O(\varepsilon^2)$ 是自然的,因为系统有二次和三次的非线性项目出现了 Hopf 分

岔,它是正确的尺度,因为开折参数必须与规范形式中的主要非线性项的阶相同,在这里应为 $O(\varepsilon^2)$。

方程(1-50)表示一个非齐次泛函微分方程形式,具有无穷维解空间,即

$$L(X^i)(t,s)=F^i(t,s) \tag{1-51}$$

泛函微分方程的理论已经研究较为完善[4,9]。设 $r_0 \geqslant 0$ 是一个给定的数,R^n 是实数域上的 n 维线性空间,具有范数 $\| \cdot \|$,$C([-r_0,0],R^n)$,是一致收敛拓扑的,且映区间 $[-r_0,0]$ 为 R^n 的连续函数的 Banach 空间。

在 C 中的一个元素的范数为 $\| \phi \| = \sup\limits_{-r_0 \leqslant \theta \leqslant 0} |\phi(\theta)|$,如果 $\sigma \in R, a \geqslant 0, X \in C([-\sigma-r_0,\sigma+a],R^n)$,那么对于任意 $t \in [\sigma,\sigma+a]$,设 $X_t \in C$,定义 $X_t(\theta;s) = X(t+\theta;s), -r_0 \leqslant \theta \leqslant 0$,引入新的变量 $X_t^i(\theta;s)=X^i(t+\theta;s)$,我们有

$$\dot{X}_t^i(\theta;s)=\begin{cases} \dfrac{\mathrm{d}X_t^i(\theta^+;s)}{\mathrm{d}\theta}, & -r_0 \leqslant \theta \leqslant 0 \\ LX_t^i - F^i(t,s), & \theta=0 \end{cases}, \quad i=1,2,3 \tag{1-52}$$

其中

$$LX_t^i(\theta)=\int_{-r_0}^{0} [\mathrm{d}\eta(\theta)]X^i(t+\theta;s) \tag{1-53}$$

$$[\mathrm{d}\eta(\theta)]=A(0)\delta(\theta)+B(0)\delta(\theta+r_0) \tag{1-54}$$

注意系统(1-52)是我们后面分析的关键点。关于齐次方程我们给出一些事实,即

$$\dot{X}_t^1(\theta)=AX_t^1(\theta) \tag{1-55}$$

这里算子 A 为

$$A\phi(\theta)=\begin{cases} \dfrac{\mathrm{d}\phi(\theta^+)}{\mathrm{d}\theta}, & -r_0 \leqslant \theta < 0 \\ \int_{-r_0}^{0} [\mathrm{d}\eta(\theta)]\phi(\theta), & \theta=0 \end{cases} \tag{1-56}$$

且 A 的伴随算子是

$$A*\psi(\tau)=\begin{cases} -\dfrac{\mathrm{d}\psi(\tau)}{\mathrm{d}\tau}, & 0 < \tau \leqslant r_0 \\ \int_{-r_0}^{0} [\mathrm{d}\eta(\theta)]^{\mathrm{T}}\psi(\theta), & \tau=0 \end{cases} \tag{1-57}$$

抑制慢时间参数 s,相应于单重特征值 $-\mathrm{i}$ 的特征函数 $\xi(\theta), -r_0 \leqslant \theta \leqslant 0$ 或对于 $\lambda=\mathrm{i}, N(A-\lambda I)$ 的基是

$$\xi(\theta)=\xi(0)\mathrm{e}^{\mathrm{i}\theta} \tag{1-58}$$

其中,$\xi(0)$ 满足

$$\mathrm{i}\xi(0)=\int_{-r_0}^{0} \{A(0)\delta(\theta)+B(0)\delta(\theta+r_0)\}\xi(0)\mathrm{e}^{\mathrm{i}\theta}\mathrm{d}\theta$$

类似地,相应于单重特征值 $-\mathrm{i}$ 的特征函数 $\xi^*(\tau), 0 \leqslant \tau \leqslant r_0$,或对于 $\bar{\lambda}=-\mathrm{i}$,

$N(A-\lambda I)$的基为

$$\xi^*(\tau)=\xi^*(0)e^{i\tau} \tag{1-59}$$

其中,$\xi^*(0)$满足

$$-i\xi^*(0)=\int_{-r_0}^0\{A^T(0)\delta(\theta)+B^T(0)\delta(\theta+r_0)\}\xi^*(0)e^{-i\theta}d\theta$$

确定形式伴随算子A^*的双线性形式简化为

$$\langle\xi^*(\tau),\xi^*(\theta)\rangle=\bar{\xi}^{*T}(0)\xi(0)-\int_{-r_0}^0\bar{\xi}^*(s-\theta)B(0)\xi(s)ds \tag{1-60}$$

规范化条件为

$$\langle\xi^*(\tau),\xi(\theta)\rangle=1,\quad\langle\xi^*(\tau),\bar{\xi}(\theta)\rangle=0,\quad\langle\xi^*(\tau),\xi(\theta)\rangle=0 \tag{1-61}$$

利用上面的定义,可以证明[4]任意函数$\phi\in C([-r_0,0],R^n)$属于算子$(A-iI)$的域内,当且仅当ϕ满足$\langle\phi,\xi^*\rangle=0,C([-r_0,0],R^n)$有下面形式的分解,即

$$C([-r_0,0],R^n)=N(A-iI)\oplus R(A-iI)$$

其中,$N(A-iI)\equiv\{\phi:(A-iI)\phi=0\};R(A-iI)\equiv\{\phi:\langle\phi,\xi^*\rangle=0\}$。

当$\theta=0$时,方程(1-52)仅是方程(1-51),即

$$X^i(t,s)=\int_{-r_0}^0[d\eta(\theta)]X^i(t+\theta;s)-F^i(t,s),\quad i=1,2,3 \tag{1-62}$$

在扰动的每一步上式是可解的。因此,在确定解之前,将给出一个主要的结果(引理1.7)。

我们寻找系统(1-62)的一个2π周期解,这里$F^i(t,s)$是2π周期的,为此,抑制慢时间参数s,定义算子J作用于下面的Banach空间,即

$$C_{2\pi}\equiv\{f:f(s+2\pi)=f(s),\quad f\in C([0,2\pi],R^n)\}$$

且范数

$$\|f\|=\sup_{0\leqslant s\leqslant2\pi}|f(s)|$$

算子J为

$$JX^i(t)\equiv-\frac{dX^i(t)}{dt}+LX^i_t \tag{1-63}$$

其中,$D(J)$的域是$C^1_{2\pi}$,且具有标准范数。

由定义容易证明J的零空间为

$$N(J)=(\eta\equiv\xi(0)e^{is},\bar{\eta}\equiv\bar{\xi}(0)e^{-is})$$

其中,$\xi(0)$满足系统(1-58);J的形式伴随算子J^*定义为

$$J^*X^i(t)\equiv\frac{dX^i(t)}{ds}+L^*X^i_t \tag{1-64}$$

J^*的零空间为

$$N(J^*)=(\eta*\equiv\xi^*(0)e^{is},\bar{\eta}^*\equiv\bar{\xi}^*(0)e^{-is})$$

其中,$\xi(0)$满足式(1-59),线性算子J在空间$C_{2\pi}$上有Fredholm选择性质[4],这里

的内积定义为

$$\ll v(t),u(t) \gg \equiv \frac{1}{2\pi} \int_0^{2\pi} (v(t),u(t)) \mathrm{d}t \tag{1-65}$$

这就蕴含了 $R(J)=N^\perp(J^*)$ 和 $N(J)=N(J^*)$，容易检查 $N(J) \bigcap R(J)=\{0\}$。

再写齐次方程(1-62)为

$$JX^i(t)=F^i(t), \quad F^i \in C_{2\pi}, \quad i=2,3 \tag{1-66}$$

引理 1.7　对于 $X^i(t,s) \in D(J)$，方程(1-66)是可解的，当且仅当

$$\ll F^i,\eta^* \gg = \ll F^i,\bar\eta^* \gg = 0 \tag{1-67}$$

进而，有一个连续投影 $P:C_{2\pi} \to C_{2\pi}$，通过截取 $f \in C_{2\pi}$ 可以获得 J 的范围为 Pf，使得正交条件(1-67)满足，即

$$R(J)=(I-P)C_{2\pi}$$

且有一个连续的线性算子，即

$$K:(I-P)C_{2\pi} \to (I-\Pi)C_{2\pi} \bigcap D(J)$$

使得对于每个 $F^i \in (I-P)C_{2\pi}$，KF^i 是系统(1-66)的解，这里 Π 是 $C_{2\pi}$ 在 $N(J)$ 上的连续投影。

证明　直接利用文献[4]的结果即获得证。　　　　　■

Fredholm 选择与可解性条件(1-67)将用在串行计算以确定和计算分岔解。

1.3.1　对 $O(1)$ 的解

从前面的讨论，显然

$$\dot X_t^1(\theta;s)=AX_t^1(\theta;s) \tag{1-68}$$

的解为

$$X_t^1(\theta;s)=z(s)\xi(\theta)\exp\{it\}+\text{c. c.} \tag{1-69}$$

其中，c. c. 是共轭复数的缩写；$X(s)$ 是慢时间 s 的未知函数。

1.3.2　对 $O(\varepsilon)$ 的解

从系统(1-69)插入对 $X_t^1(\theta;s)$ 的表达式，进入系统(1-52)，且从系统(1-46)应用 $\sigma(t)$ 的定义有

$$\dot X_i^2(\theta;s)=\begin{cases} \dfrac{\mathrm{d}X_t^2(\theta^+;s)}{\mathrm{d}\theta}, & -r_0 \leqslant \theta \leqslant 0 \\[2mm] LX_t^2(\theta;s)-F^2(t;s), & \theta=0 \end{cases}$$

在 $\theta=0$ 处，非齐次方程

$$JX^2(t;s)=F^2(t;s) \tag{1-70}$$

对于 $X^2(t;s) \in D(J)$ 可解，且对具体方程有明显的解析表达式。

1.3.3　对 $O(\varepsilon^2)$ 的解

利用上面的结果有

$$\dot{X}_t^3(\theta;s)=\begin{cases}\dfrac{\mathrm{d}X_t^3(\theta^+;s)}{\mathrm{d}\theta}, & -r_0\leqslant\theta\leqslant0\\[3mm] LX_t^3(\theta;s)-\begin{bmatrix}F_1^3(t;s)+\hat{F}_1^3(t;s)\\ F_2^3(t;s)+\hat{F}_2^3(t;s)\end{bmatrix}, & \theta=0\end{cases} \tag{1-71}$$

这里的项关于 $X(s)$ 是线性的,对非线性项 $\hat{F}^3(t;s)$ 的表达式是长的,且大多数这些项对支配分岔方程的 $z(s)$ 的动态没有贡献,因此对 $\hat{F}^3(t;s)$ 这里并不明显地给出,对于 $X^3(t;s)\in D(J)$,非齐次方程在 $\theta=0$ 处,有

$$JX^3(t;s)=\begin{bmatrix}F_1^3(t;s)+\hat{F}_1^3(t;s)\\ F_2^3(t;s)+\hat{F}_2^3(t;s)\end{bmatrix} \tag{1-72}$$

是可解的,当且仅当系统(1-68)成立,这也满足慢时间 s 对于未知振幅 $X(s)$ 必需的微分方程。

1.4　Poincaré-Lindstedt 方法

1.4.1　引言

在常微分方程周期解的研究中,对 Poincaré-Lindstedt 的经典方法,工程师和应用数学家的观点来看该方法总是最吸引人的[23]。原因是这种方法对于重要的"状态"变量,以及关于扰动周期的信息提供了具体的渐近展式,即它是一种基本的方法。当然,人们必须用手工或至少能够凭幻想一个小参数以便使分析可进行下去。下面我们研究相应的时滞微分方程的周期现象[1-11]。

然而,在这些文献中的注意力和大多数研究均集中于基本的结果,相反我们直接扩展 Poincaré-Lindstedt 方法来处理涉及时滞参数的方程。我们在研究形式上建立渐近展式的递归算法,在恰当的光滑性上给出证明,如果算法运行在"形式级上",那么实际上存在具有一致有效的展式的周期解。如果一个使用者应用这个算法就像他习惯于用 Poincaré-Lindstedt 方法来寻找常微分方程的周期解,那么他可放心应用这个算法。

对于时滞微分方程,即

$$\dot{x}(t)=f(\lambda,x(t),x(t-\lambda)) \tag{1-73}$$

其中,$x;f\in R^n,n\geqslant1;\lambda$ 是一个实的非负参数。

我们研究系统(1-73)在点 x^* 附近,即

$$f(\lambda,x^*,x^*)=0, \quad \lambda\geqslant0 \tag{1-74}$$

不失一般性,取 $x^*=0$。

在我们的理论中,重要的是考虑系统(1-73)的局部线性化形式,即

$$\dot{\eta}=A(\lambda)\eta+B(\lambda)\eta(t-\lambda) \tag{1-75}$$

其中

$$A(\lambda)=\frac{\partial f}{\partial x}(x,y)\big|_{x=y=0};\quad B(\lambda)=\frac{\partial f}{\partial y}(x,y)\big|_{x=y=0}$$

下面研究对于某个 $\lambda=\lambda_0>0$,系统(1-75)拥有非零周期解,且对于 λ 接近 λ_0 时,小振幅非常数周期解出现的可能性。在适当的假设下,这个解的存在性可以看成 Hopf 分岔现象的一个例子[2],但是我们主要集中于小振幅解的一致有效渐近展式的存在性,以及这个展式相继项递归算法的研究。

1.4.2　准备工作及一些假设条件

关于系统(1-73)和系统(1-75),我们作出如下的假设。

(H1)　满足系统(1-73)和系统(1-75)的函数 f 在 $x=0$ 附近具有族 C^{k+3}($k\geqslant 0$)。

用 f 的 Taylor 多项式的最初几项,即

$$f(\lambda;x,y)=A(\lambda)x+B(\lambda)y+C(\lambda;x,y)$$
$$+D(\lambda;x,y)+E(\lambda;x,y)+h(\lambda;x,y)$$

其中,$C(\lambda,\cdot,\cdot)$,$D(\lambda,\cdot,\cdot)$ 和 $E(\lambda,\cdot,\cdot)$ 映射 $R^n\times R^n\rightarrow R^n$ 是相应于 Taylor 展式中的二次项的适当的双线性形式;$h(\lambda;x,y)$ 是其余的项。

(H2)　对于某个 $\lambda=\lambda_0>0$,系统(1-75)有一个非常数周期解,不失一般性(可能再尺度化后),假设系统(1-75)有周期为 2π 的非常数周期解 $z_0(t)$,且有

$$\frac{1}{2\pi}\int_0^{2\pi}\|z_0(t)\|^2\mathrm{d}t=1$$

(当然再尺度化后将改变 λ_0 的值)。

下面我们记 P 为 C_0 空间中 2π 周期的 n 个分量的分量函数 P^k,$1\leqslant k<\infty$ 是族 C^k 中的 P 的子空间。我们记 L 是常系数微分算子,$L\eta=\dot{\eta}-A(\lambda_0)\eta-B(\lambda_0)\eta(t-\lambda_0)$,$N(L)$ 为 L 在 P^∞ 中的零空间。

根据(H2),$\dim N(L)\geqslant 1$,记 $\dim N(L)$ 为 l。容易看出,$l\geqslant 2$,因为对于至少某个 α,$z_0(t-\alpha)$ 一定与 $z_0(t)$ 是线性无关的。

在空间 P^∞ 上,我们将涉及 L 的形式伴随算子 L^*,$L^*\eta=\dot{\eta}+A^T(\lambda_0)\eta+B^T(\lambda_0)\eta(t+\lambda_0)$,$A^T$ 和 B^T 分别记 A 和 B 的转置。

为了方便,设 $N(L)$ 的一个固定基为 $v_1(t),v_2(t),\cdots,v_l(t)$,$N(L^*)$ 的一个固定基为 $w_1(t),w_2(t),\cdots,w_l(t)$,取 $\{w_i()\}$ 形成一个正交集,即

$$\int_0^{2\pi}\langle w_i(t),w_j(t)\rangle\mathrm{d}t=\delta_{ij}$$

为处理方便,我们定义一些附加的记号。

定义 1.6   对 $F(t)$,我们记为

$$F(t) = C(\lambda_0; z_0(t), z_0(t)) + D(\lambda_0; z_0(t), z_0(t-\lambda_0))$$
$$+ E(\lambda_0; z_0(t-\lambda_0), z_0(t-\lambda_0))$$

且 $M(t)$ 和 $N(t)$ 是线性算子,映射 $V \in R^n, V \in R^n$ 为 R^n。

$$M(t)V = C(\lambda_0; z_0(t), V) + \frac{D(\lambda_0; V, z_0(t-\lambda_0))}{2}$$

和

$$N(t)V = \frac{D(\lambda_0; z_0(t), V)}{2} + E(\lambda_0; z_0(t-\lambda), V)$$

注意

$$F(t) = M_0(\lambda_0)z_0(t) + N_0(\lambda_0)z_0(t-\lambda_0)$$

最后,结束这节前,我们回忆下面著名的结果,$Lu = \alpha$,对于给定的 $\alpha \in P$ 有一个解 $u \in P$,当且仅当 α 对 $N(L^*)$ 是正交的,即

$$\int_0^{2\pi} \langle \alpha(t), w_i(t) \rangle \mathrm{d}t = 0, \quad i = 1, 2, \cdots, l$$

下面将利用这一结果。

1.4.3   方程的系统

我们的目的是适当选取小的参数 ε,对于分岔参数 λ 获得系统(1.73)的周期解 $x(t)$ 的渐近展式。

引入参数 ε 的直接方法是确定以下系统,即

$$\frac{1}{\text{period}} \int_{\substack{\text{one} \\ \text{period}}} \| x(t) \|^2 \mathrm{d}t = \varepsilon^2 \qquad (1\text{-}76)$$

在 $x = 0$ 的附近我们寻找"小"的解,对于引入分岔参数的类似技巧已由文献[2]讨论。

依赖变量 $x = \varepsilon z$ 代入系统(1-73)和系统(1-76),有

$$\dot{z}(t) = \begin{cases} \dfrac{f(\lambda; \varepsilon z(t), \varepsilon z(t-\lambda))}{\varepsilon}, & \varepsilon \neq 0 \\ A(\lambda)z(t) + B(\lambda)z(t-\lambda), & \varepsilon = 0 \end{cases} \qquad (1\text{-}77)$$

$$\frac{1}{T(\varepsilon)} \int_0^{T(\varepsilon)} \| (z(t)) \|^2 \mathrm{d}t = 1 \qquad (1\text{-}78)$$

其中,$T(\varepsilon)$ 是 $z(t, \varepsilon)$ 的周期(使得 $T(0) = T_0 = 2\pi$ 相应于 $z(t, 0) = z_0(t)$ 的周期),系统(1-77)相应于 $\varepsilon = 0$ 的部分是系统(1-77)的第一个方程,当 $\varepsilon \to 0$ 时的结果。

在这个阶段,我们可能直接向前移动获得以 ε 为幂次的 $z(t, \varepsilon)$ 和 $\lambda(\varepsilon)$ 的展开式。然而,正如已知的事实,$z(t, \varepsilon)$ 的周期 $T(\varepsilon)$ 是 ε 依赖的,将保证这个展式总有

一致有效的成立。

按照 Poincaré-Lindstedt 方法,我们改变系统(1-77)和系统(1-78)的时间变量为新的时间变量 τ,这里 $t = T(\varepsilon)\tau/2\pi$。

用 $Z(\tau,\varepsilon)$ 代替依赖变量 $z(t,\varepsilon)$,这里 $Z(\tau,\varepsilon) = z\left(\dfrac{T(\varepsilon)\tau}{2\pi},\varepsilon\right)$。用这些变量变换 $Z(\tau,\varepsilon)$ 对每个 ε 是 2π 周期的,当且仅当 $z(t,\varepsilon)$ 是 $T(\varepsilon)$ 周期的,变换到变量 τ,现在我们发现系统(1-77)和系统(1-78)变为

$$\frac{\mathrm{d}Z}{\mathrm{d}\tau} = \begin{cases} \dfrac{T(\varepsilon)}{2\pi}\dfrac{f\left(\lambda(\varepsilon),\varepsilon Z(\tau),\varepsilon Z\left(\tau - \dfrac{2\pi}{T(\varepsilon)}\lambda(\varepsilon)\right)\right)}{\varepsilon}, & \varepsilon \neq 0 \\ A(\lambda_0)Z(\tau) + B(\lambda_0)Z(\tau - \lambda_0), & \varepsilon = 0 \end{cases} \tag{1-79}$$

$$\frac{1}{2\pi}\int_0^{2\pi} \| Z(\tau,\varepsilon) \|^2 \mathrm{d}\tau = 1 \tag{1-80}$$

其中,$Z(\tau,\varepsilon)$ 在 P 中。

除系统(1-79)和系统(1-80)外,让我们现在选择定义在 P 上的任意连续实线性泛函,$Bz_0 = 0$,z_0 是在假设(H2)中给出的,且是 2π 周期的。我们的考虑与系统(1-79)和系统(1-80)有关,那么上面的方程为

$$BZ(\tau,\varepsilon) = 0 \tag{1-81}$$

对于 $\varepsilon = 0$,具有 $\lambda(0) = \lambda_0$,$T_0 = 2\pi$ 的系统(1-79)~系统(1-81)满足 $Z(\tau,0) = Z_0(\tau)$。然而,这不能断定 $Z_0(\tau)$ 必须是系统(1-79)和系统(1-81)具有 $\varepsilon = 0$ 的唯一关于 τ 的 2π 周期解。

1.4.6 节将精确证明,在我们的假设条件下,对于 $\varepsilon \geqslant 0$ 充分小,存在 ε、$\lambda(\varepsilon)$、$T(\varepsilon)$ 和 $Z(\cdot,\varepsilon)$ 的唯一光滑函数,且 $Z(\cdot,\varepsilon)$ 关于 τ 是 2π 周期的,在 $(\lambda,2\pi,z_0(\tau))$ 附近,它满足系统(1-79)~系统(1-81)。

结束这小节以前,我们将取系统(1-79)的一个有用结果,注意到系统(1-79)可以写成下面的形式,即

$$LZ = G(\tau,\varepsilon), \quad G(\tau,0) = 0 \tag{1-82}$$

后一个方程完全来自系统(1-79)的两边减 $A(\lambda_0)Z(\tau) + B(\lambda_0)Z(\tau - \lambda_0)$。

对系统(1-79)或系统(1-82)的 2π 周期解,我们能立即记下 $G(\cdot,\varepsilon)$ 对于 $N(L^*)$ 是正交的必要条件,即

$$\int_0^{2\pi} \langle G(\tau,\varepsilon),w_i(\tau)\rangle \mathrm{d}\tau = 0, \quad i = 1,2,\cdots,l \tag{1-83}$$

的 l 个方程在下节将证明是有用的。

在系统(1-76)~系统(1-78)中引入分岔参数 ε 也许会出现困难,我们按照文献[2]的线路,读者可以参见它们更为完整的阐述。基本的思想是条件 $f(\lambda;x^*,x^*) = 0$ 以确定对所有 λ,$x^* = 0$ 满足系统(1-74),因此它的任意非零解 $x(t,\lambda)$ 违

反了作为 λ 函数的唯一性,我们克服了这个困难。通过系统(1-76),且引入 ε 人工量,我们现在寻找以 ε 作为函数的非常数解 x,以 ε 作为函数的 λ,在这方面我们获得了一个依赖于 λ 的非常数 $x(t)$。

1.4.4 渐近展式的形式计算

假设系统(1-80)~系统(1-82)有一个解 $Z(\tau,\varepsilon)$、$\lambda(\varepsilon)$ 和 $T(\varepsilon)$,且具有如下展式,即

$$Z(\tau,\varepsilon) = \sum_{i=0}^{k} Z_i(\tau)\varepsilon^i + O(\varepsilon^{k+1}), \quad Z_i(\tau) \text{ 是 } 2\pi \text{ 周期的}$$

$$\lambda(\varepsilon) = \sum_{i=0}^{k} \lambda_i \varepsilon^i + O(\varepsilon^{k+1}) \tag{1-84}$$

$$T(\varepsilon) = \sum_{i=0}^{k} T_i \varepsilon^i + O(\varepsilon^{k+1}), \quad T_0 = 2\pi$$

这些展式的一致渐近有效性将在 1.4.5 节证实。这里确定计算 $Z_i(\tau)$ 是 2π 周期的,λ_i 和 T_i,$1 \leqslant i \leqslant k$ 的一个递归算法。

$Z_i(\tau)$、λ_i 和 T_i 必须满足的三个方程是容易确定,通过插入展式(1-84)进入系统(1-79)~系统(1-81),并且在 Taylor 展式中等 ε 的相同幂次的系数。

与经典的 Poincaré-Lindstedt 方法相比,这些方程相似于"去除永年项"[3,4]。

为了记号的方便,设 $R(\tau)$ 表示 $\dfrac{1}{2\pi}(Z_0'(\tau) + \lambda_0 B(\lambda_0) Z_0'(\tau - \lambda_0))$,$S(\tau)$ 表示 $A'(\lambda_0)Z_0(\tau) + B'(\lambda_0)Z_0(\tau-\lambda_0) - B(\lambda_0)Z_0'(\tau-\lambda_0)$,这里 $A'(\lambda_0)$ 和 $B'(\lambda_0)$ 是 $A(\lambda_0)$ 和 $B(\lambda_0)$ 在 $\lambda = \lambda_0$ 处的导数,而 $Z_0'(\tau)$ 记为 $Z_0(\tau)$ 导数。那么,我们有

$$LZ_1 = T_1 R(\tau) + \lambda_1 S(\tau) + F(\tau) \tag{1-85}$$

$$\int_0^{2\pi} \langle Z_0(\tau), Z_1(\tau) \rangle \mathrm{d}\tau = 0 \tag{1-86}$$

$$B(Z_1) = 0 \tag{1-87}$$

对于 $2 \leqslant i \leqslant k$,有

$$LZ_i = T_i R(\tau) + \lambda_i S(\tau) + M(\tau)Z_{i-1}(\tau) + N(\tau)Z_{i-1}(\tau) + P_i(\tau) \tag{1-88}$$

$$\int_0^{2\pi} \langle Z_0(\tau), Z_i(\tau) \rangle \mathrm{d}\tau = q_i \tag{1-89}$$

$$B(Z_i) = 0 \tag{1-90}$$

其中,对于 $2 \leqslant i \leqslant k$,$P_i(\tau)$ 是 $Z_0(\tau)$,$Z_1(\tau)$,…,$Z_{i-2}(\tau)$,T_1,T_2,…,T_{i-1} 和 λ_1,λ_2,…,λ_{i-1} 的 2π 周期向量函数;q_i 是依赖于 $Z_0(\tau)$,$Z_1(\tau)$,…,$Z_{i-1}(\tau)$ 的实纯量常数。

注意系统(1-85),当它确有一解时,还是允许自由度为 l,且我们仅有两个纯量条件(1-86)和(1-87),对于 $l > 2$,系统(1-88)~系统(1-90)对于唯一确定 $Z_i(\tau)$

是不充分的。

然而,系统(1-83)提供了丢失的约束条件,将展式(1-84)代入系统(1-83)且等 ε 相同幂次系数,对于 $2 \leqslant i \leqslant k, 1 \leqslant j \leqslant l$,有

$$\int_0^{2\pi} \langle T_{i+1} R(\tau) + \lambda_{i+1} S(\tau) + M(\tau) Z_i(\tau) + N(\tau) Z_i(\tau - \lambda_0) + P_{i+1}(\tau), w_j(\tau) \rangle d\tau = 0$$

$$(1-91)$$

而

$$\int_0^{2\pi} \langle T_1 R(\tau) + \lambda_1 S(\tau) + F(\tau), w_j(\tau) \rangle d\tau = 0, \quad 1 \leqslant j \leqslant l$$

以 λ_0、$T_0 = 2\pi$ 和 $Z_0(\tau)$ 为起点,对于 $1 \leqslant i \leqslant k$,系统(1-85)~系统(1-91)可用来递归确定 λ_k、T_i 和 $Z_i(\tau) \in P^1$ 的条件。

我们作出下面的定义。

定义 1.7 我们称系统(1-79)~系统(1-81)是形式可解的,如果下面两个条件成立。

① 存在一个唯一的 λ_1 和 T_1,满足

$$\int_0^{2\pi} \langle T_1 R(\tau) + \lambda_1 S(\tau) + F(\tau), w_j(\tau) \rangle d\tau = 0, \quad 1 \leqslant j \leqslant l$$

② 齐次系统,即

$$Lu = 0$$

$$\int_0^{2\pi} \langle Z_0(\tau), u(\tau) d\tau \rangle = 0$$

$$Bu = 0 \qquad (1-92)$$

有 $\dim l - 2$ 的一个解空间 K,且唯一的三重 $(\lambda, T, u) \in R \times R \times K$ 满足

$$\int_0^{2\pi} \langle TR(\tau) + \lambda S(\tau) + M(\tau)u(\tau) + N(\tau)u(\tau - \lambda_0), w_j(\tau) \rangle d\tau = 0, \quad 1 \leqslant j \leqslant l$$

其中,$\lambda = 0$;$T = 0$;$u(\tau) \equiv 0$。

不难看出条件①和②可以得到充分的保证,对于 $1 \leqslant i \leqslant k, P_i(\tau)$ 和 q_i 的所有选择,系统(1-85)~系统(1-91)有唯一解 $(\lambda_i, T_i, Z_i) \in R \times R \times P^1$。在重要的特殊情形 $\dim N(L) = 2$,条件②变为简单且容易验证的条件,即

$$\int_0^{2\pi} \langle TR(\tau) + \lambda S(\tau), w_j(\tau) \rangle d\tau = 0, \quad j = 1, 2$$

其中,$\lambda = 0$;$T = 0$。

1.4.5 渐近有效性证明

现在准备给出和证明关于系统(1-79)~系统(1-81)的定理。

定理 1.6 假设(H1)和(H2)成立,那么对于所有充分小的 ε,系统(1-79)~系统(1-81)有一个唯一光滑解 $\lambda(\varepsilon)$、$T(\varepsilon)$ 和 $Z(\tau, \varepsilon)$,且 $Z(\cdot, \varepsilon)$ 有如下形式的渐近

展式,即

$$\lambda(\varepsilon) = \lambda_0 + \sum_{i=1}^{k} \lambda_i \varepsilon^i + O(\varepsilon^{k+1})$$

$$T(\varepsilon) = 2\pi + \sum_{i=1}^{k} T_i \varepsilon^i + O(\varepsilon^{k+1})$$

$$Z(\tau,\varepsilon) = Z_0(\tau) + \sum_{l=1}^{k} Z_i(\tau) \varepsilon^i + O(\varepsilon^{k+1})$$

后一式关于 τ 拥有一致有效性,且 $Z_i(\tau)$ 是 2π 周期的。在上面的表达式中,当 $1 \leqslant i \leqslant k$ 时,$(\lambda_i, T_i, Z_i(\tau))$ 是系统(1-85)~系统(1-91)的递归解,它的存在性由形式可解性的假设保证。

证明　这个证明为引理 1.8。

在这个方向上,我们作如下变换,即

$$T(\varepsilon) = 2\pi + \varepsilon S$$

$$\lambda(\varepsilon) = \lambda_0 + \varepsilon\gamma$$

代入系统(1-79)~系统(1-81),且用 $u(\tau,\varepsilon)$ 代替 $Z(\tau,\varepsilon)$,取系统(1-93)的形式,这里 $G: P^1 \times R \times R \times [0,\varepsilon_0] \to P^0$ 明显给定为

$$G(u,s,\gamma,\varepsilon) = \frac{\left(1 + \frac{\varepsilon s}{2\pi}\right) f\left(\lambda_0 + \varepsilon\gamma, \varepsilon u(\tau), \varepsilon u\left(\tau - \frac{2\pi}{2\pi + \varepsilon s}(\lambda_0 + \varepsilon\gamma)\right)\right)}{\varepsilon^2}$$

$$- \frac{(A(\lambda_0)u(\tau) - B(\lambda_0)u(\tau - \lambda_0))}{\varepsilon}, \quad \varepsilon \neq 0$$

且由在 $\varepsilon = 0$ 的连续性,定义了 $G(\cdot,\cdot,\cdot,\cdot)$。

重要的是关于函数 G,对于 $(u_0, S_0, v_0) = (Z_0, T_1, \lambda_1)$,有

$$G(u_0, S_0, \gamma_0, 0) = T_1 R(\tau) + \lambda_1 S(\tau) + F(t)$$

因此,我们的形式可解性定义条件①等价于 $G(u_0, S_0, \gamma_0, 0)$ 对 $N(L^*)$ 的正交性,正如 1.4.6 节给出的假设(H3)。

进一步,不难看出形式可解性的条件②完全等价于 1.4.6 节中的假设(H3)。实际上,Frechet 导数,即

$$G_u^*(\tau): P^1 \to P^0$$

相应于线性映射 $u(\tau) \to M(\tau)u(\tau) + N(\rho)u(\tau - \lambda_0)$ 等。因此,引理 1.8 的假设满足。

1.4.6　主要定理及补充

本节,我们将研究下面系统的解 $\underline{u}(\tau,\varepsilon)$、$S(\varepsilon)$ 和 $\gamma(\varepsilon)$,即

$$Lu = G(\underline{u}, S, \gamma, \varepsilon)$$

$$Bu = 0$$

$$\frac{1}{2\pi} \int_0^{2\pi} \| u(\tau,\varepsilon) \|^2 d\tau = 1 \tag{1-93}$$

其中, L 和 B 是具有 $\dim N(L) = l \geqslant 2$。

$G: P^1 \times R \times R \times [0, \varepsilon_0] \to P^0$ 具有族 C^{k+2}(某些 $k \geqslant 0$),我们作出下面的假设。

(H3)　存在 $Lu_0 = 0, u_0 \in P^1$,且 $Bu_0 = 0$

$$\frac{1}{2\pi} \int_0^{2\pi} \| u_0(\tau) \|^2 d\tau = 1$$

的一个固定解,使得对这个 $u_0(\ )$,在 R 中存在 S_0 和 r_0,且 $G(u_0, S_0, r_0, 0) \perp N(L^*)$。

(H4)　对于 $u(\cdot) \in P^1$,齐次方程,即

$$Lu = 0, \quad Bu = 0, \quad \int_0^{2\pi} <u_0(\tau), u(\tau)> d\tau = 0$$

有 $\dim l - 2$ 维解空间 K,唯一的 $(u, S, \gamma) \in R \times R \times K$,且 $G_u^*(\tau)u + G_S^* S + G_r^* r \perp N(L^*)$ 是 $(u, S, \gamma) = (0, 0, 0)$。

在上面, G_S^* 和 G_r^* 分别是 $\dfrac{\partial G}{\partial S}(u_0, S_0, \gamma_0, 0)$ 和 $\dfrac{\partial G}{\partial r}(u_0, S_0, r_0)$ 的缩写,而 G_u^* 是 $D_u \overline{G}|_{(u_0, S_0, \gamma_0, 0)}$ 的缩写,是 G 关于 $\underline{u}$ 的 Frechet 导数,且是一个在 P^1 上的有界线性映射。

引理 1.8　在假设(H4)的条件下,对于任意向量函数 $P(\tau), q(\tau) \in P^0$ 和实数 ξ,线性方程,即

$$Lu + \sum_{j=1}^{l} \left[\int_0^{2\pi} <G_u^* \underline{u} + G_S^* S + G_r^* r + P(\tau), w_j(\tau)> d\tau \right] w_j(\tau) = q(\tau)$$

$$B\underline{u} = 0$$

$$\int_0^{2\pi} \langle u_0(\tau), u(\tau) \rangle d\tau = \xi$$

$$(1\text{-}94)$$

有唯一解 $(\underline{u}, s, r) \in P^1 \times R \times R$。

在上面, $\{w_j(\cdot)\}, 1 \leqslant j \leqslant l$ 是 $N(L^*)$ 的一个正交基。

证明　在系统(1-94)的第一个表达式中取与 $w_k(\ )k_k(\ )$ 的内积,并从 0 到 2π 积分有

$$\int_0^{2\pi} \langle G_u^* \underline{u} + G_S^* S + G_\gamma^* \gamma + P(\tau), w_k(\tau) \rangle d\tau$$

$$= \int_0^{2\pi} \langle q, w_k(\tau) \rangle d\tau, \quad 1 \leqslant k \leqslant l$$

$$(1\text{-}95)$$

由于

$$\langle w_k, Lu \rangle = \langle L^* w_k, u \rangle$$

定义 U_p 是下面方程中的任意固定解,即

$$L\underline{u} = q(\tau) - \sum_{j=1}^{l}\left[\int_0^{2\pi}\langle q, w_j\rangle d\tau\right]w_j \tag{1-96}$$

我们知道这个解 U_p 将存在,因为系统(1-96)的右边是 $\perp N(L^*)$。

对于适当的常数 $K_1, K_2, \cdots, K_l$,系统(1-96)最一般的解是 $\underline{u} = U_p + \sum_{i=1}^{l}K_i v_i(\{v_i\}$ 形成 $N(L)$ 的一个基)。

其余部分的证明依赖于选择 $l+2$ 个实常数 $K_1, K_2, \cdots, K_l, S$ 和 r 以便满足条件(1-95),以及两个额外的条件,即 $\int_0^{2\pi}\langle u_0(\tau), u(\tau)\rangle d\tau = \xi$ 和 $Bu = 0$,即 $l+2$ 个条件。这些条件构成了关于 $K_1, K_2, \cdots, K_l, S$ 和 r 的 $l+2$ 个非齐次线性方程组的一个集合。

涉及齐次形式的假设(H4)仅是 Fredholm 择一的(或 $\det \neq 0$ 条件),它确信我们能够唯一地解这个有限维系统。

引理 1.8 的证明提供了一个有界线性映射,即
$$S: P^0 \times P^0 \times P \rightarrow P^1 \times R \times R$$
它给定 $S(P(\cdot), q(\cdot), \xi) = (\underline{u}, S, \gamma)$。

现在转向系统(1-93),并且注意下面的引理。

引理 1.9　对于任意 $\varepsilon \neq 1$,一个三重 $(\underline{u}, S, \gamma) \in P^1 \times R \times R$ 将满足下式,即
$$Lu = \varepsilon G(\underline{u}, S, \gamma, \varepsilon) \tag{1-97}$$
当且仅当它满足
$$Lu + \sum_{j=1}^{l}\left[\int_0^{2\pi}\langle G(\underline{u}, S, \gamma, \varepsilon), w_j\rangle d\tau\right]w_j = \varepsilon G(\underline{u}, S, \gamma, \varepsilon) \tag{1-98}$$

证明　如果式(1-97)成立,那么用 w_k 取内积有
$$\int_0^{2\pi}\langle G(\underline{u}, S, \gamma, \varepsilon), w_k\rangle d\tau = 0, \quad k = 1, 2, \cdots, l$$
因此,式(1-98)成立。

反之,如果式(1-98)成立,那么用 w_k 取 π 的内积有
$$(1-\varepsilon)\int_0^{2\pi}\langle G(u, S, \gamma, \varepsilon), w_k\rangle d\tau = 0, \quad k = 1, 2, \cdots, l$$
因此,式(1-97)成立。

现在用式(1-98)代替式(1-93)的第一个方程,且注意关于 $(\underline{u}, S, \gamma)$ 的系统,即
$$L\underline{u} + \sum_{j=1}^{l}\left[\int_0^{2\pi}\langle G(\underline{u}, S, \gamma, \varepsilon), w_j\rangle d\tau\right]w_j = \varepsilon G(u, S, \gamma, \varepsilon)$$
$$Bu = 0 \tag{1-99}$$
$$\frac{1}{2\pi}\int_0^{2\pi}\|\underline{u}(\tau, \varepsilon)\|^2 d\tau = 1$$

其中,$(\underline{u},S,r)\in P^1\times R\times R$。

当 $\varepsilon=0$ 时,容易看出 $(\underline{u}_0,S_0,r_0)$ 满足系统(1-99),正如在假设(H3)给定的。

将表达式 $\underline{u}=u_0+\sum\limits_{r=1}^{k}u_r\varepsilon^r,S=S_0+\sum\limits_{r=1}^{k}S_r\varepsilon^r$ 和 $\gamma=\gamma_0+\sum\limits_{r=1}^{k}\gamma_r\varepsilon^r$ 代入系统(1-99),且递归地等 ε 的同次幂有

$$Lu_\gamma+\sum_{j=1}^{p}\left[\int_0^{2\pi}\langle G_u^*u_\gamma+G_S^*S_\gamma+G_\gamma^*\gamma+P_\gamma(\tau),w_j(\tau)\rangle\mathrm{d}\tau\right]w_j(\tau)=q_\gamma(\tau)$$

$$Bu_\gamma=0$$

$$\int_0^{2\pi}\langle u_0(\tau),u_\gamma(\tau)\rangle\mathrm{d}\tau=m_\gamma,\quad 1\leqslant\gamma\leqslant k$$

$$(1\text{-}100)$$

其中,$P_\gamma(\tau),q_\gamma(\tau)\in P^0$;$m_\gamma\in R$ 仅依赖于 $\underline{u}_k,S_k,\gamma_k(0\leqslant k\leqslant r)$。

引理 1.8 保证了系统(1-100)有唯一解 $(\underline{u}_k,S_k,\gamma_k)$。我们希望证明的定理如下。

定理 1.7　在假设(H3)和(H4)的条件下,对每个充分小的 ε,系统(1-99)有唯一充分光滑解 $(\underline{u}(\tau,\varepsilon),S(\varepsilon),\gamma(\varepsilon))\in P^1\times R\times R$,这里 $\underline{u}(\tau,0)=u_0(\tau)$,$S(0)=S_0$,$\gamma(0)=\gamma_0$。

$$\underline{u}(\tau,\varepsilon)=u_0(\tau)+\sum_{r=1}^{k}\dot{u}_r(\tau)\varepsilon^r+O(\varepsilon^{k+1})$$

$$s(\varepsilon)=s_0+\sum_{r=1}^{k}s_r\varepsilon^r+O(\varepsilon^{k+1})\qquad.$$

$$\gamma(\varepsilon)=\gamma_0+\sum_{r=1}^{k}\gamma_r\varepsilon^r+O(\varepsilon^{k+1})$$

$\sum$ 在 $k=0$ 的情形不存在,在第一个展式中,$O(\varepsilon^{k+1})$ 拥有一致有效性。

证明　首先讨论 $k=0$ 的情形,在这种情形下,我们希望证明 $\underline{u}(\tau,\varepsilon)=u_0(\tau)+O(\varepsilon)$,$S(\varepsilon)=S_0+O(\varepsilon)$ 和 $\gamma(\varepsilon)=\gamma_0+O(\varepsilon)$,沿此方向将 $\underline{u}(0,\varepsilon)=u_0(0)+\varepsilon\alpha(0)$,$S=S_0+\varepsilon\beta$ 和 $\gamma(0)=\gamma_0+\varepsilon\Delta$ 代入系统(1-99),这些方程为

$$L\alpha+\sum_{j=1}^{l}\int_0^{2\pi}\langle G_u^*\alpha+G_S^*\beta+G_r^*\Delta+G_\varepsilon^*,w_j\rangle\mathrm{d}\tau w_j(\tau)$$

$$=G(\underline{u}_0,S_0,\gamma_0,0)+\varepsilon H(\underline{\alpha},\beta,\Delta,\varepsilon)$$

$$B\alpha=0,\quad\int_0^{2\pi}\langle\underline{u}_0,\alpha\rangle\mathrm{d}\tau=\varepsilon J(\alpha,\varepsilon)$$

$$(1\text{-}101)$$

其中,$H:P^1\times R\times R\times[0,\varepsilon_0]\to P^0$ 具有族 C^0;$J(\alpha,\varepsilon)=-\int_0^{2\pi}\|\alpha\|^2\mathrm{d}\tau$。

对于 $(\gamma(\cdot),\xi,\mu)\in P^1\times R\times R$,我们考虑映射,即

$$\Phi: P^1 \times R \times R \times [0, \varepsilon_0] \rightarrow P^1 \times R \times R$$

它为

$$\Phi(\gamma(\,\cdot\,), \xi, \mu, \varepsilon) \equiv S(G_\varepsilon^*(\tau), G(\underline{u_0}, S_0, \gamma_0, 0)$$

$$+ \varepsilon H(\gamma, \xi, \mu, \varepsilon), \varepsilon \int_0^{2\pi} \| \gamma \|^2 \mathrm{d}\tau) - (\gamma(\,\cdot\,), \xi, \mu)$$

现在对系统(1-101)的一个光滑解$(\alpha(\tau, \varepsilon), \beta(\varepsilon), \Delta(\varepsilon))$的存在性完全等价于$(\alpha(\tau, \varepsilon), \beta(\varepsilon), \Delta(\varepsilon))$,是下面方程的光滑解,即

$$\Phi(\alpha(\,\cdot\,), \beta, \Delta, \varepsilon) = 0 \tag{1-102}$$

首先注意到对于$\varepsilon = 0$,$(\alpha, \beta, \Delta) = (\underline{u_1}, S_1, \gamma_1)$满足系统(1-102)或在$r = 1$时等价于系统(1-100)。

要完成证明,对方程$\Phi(\alpha(\,\cdot\,), \beta, \Delta, \varepsilon) = 0$,我们利用 Banach 空间中的隐函数定理。因为Φ具有族C^1,必须证明在$(\underline{u_1}, S_1, \gamma_1, 0)$处的 Frechet 导数$(D_{(\gamma, \xi, \mu)} \Phi)$: $P^1 \times R \times R \rightarrow P^1 \times R \times R$是一个拓扑线性同构。

实际上,由Φ的形式,显然有$(D_{(\gamma, \xi, \mu)} \Phi)|_{(\underline{u_1}, S_1, \gamma_1, 0)} = -I$,这里$I$是$P^1 \times R \times R$的单位矩阵。

这就充分保证了光滑解$\alpha(\,\cdot\,, \varepsilon)$、$\beta(\varepsilon)$和$\Delta(\varepsilon)$存在,且满足$(\alpha(\tau, \varepsilon), \beta(\varepsilon), \Delta(\varepsilon), \varepsilon) = 0$,或它的等价形式系统(1-101)。

对于一般的$k > 0$的情形,将下面的等式,即

$$u(\,\cdot\,) = u_0(\,\cdot\,) + \sum_{r=1}^{k} u_r \varepsilon^r + \varepsilon \alpha$$

$$S = S_0 + \sum_{r=1}^{k} S_r \varepsilon^r + \varepsilon \beta$$

$$\gamma = \gamma_0 + \sum_{r=1}^{k} \gamma_r \varepsilon^r + \varepsilon \Delta$$

代入系统(1-99)中,这里(u_r, S_r, γ_r)如同系统(1-100),系统(1-99)为具有修正的H和J的系统(1-101)的形式,那么其结果可沿$k = 0$的情形类似获得。∎

1.5　频　域　方　法

1.5.1　引言

下面利用频域方法来研究含时滞的非线性反馈系统的振荡现象。本节是利用频率方法来研究时滞非线性系统,目的包括两个方面。首先,以两个时滞非线性反馈系统为例,证明从 Hopf 分岔(变化关键的系统参数后)出现周期轨道的振幅,可以迅速、精确发现。如果我们应用高阶调波平衡逼近,可以利用某些标准的模拟程序软件获得的结果进行比较。其次,通过应用 Moiola 等[24,25]研究的公式,获得退

化和多重 Hopf 分岔出现的条件,尤其感兴趣经典的 Hopf 分岔假设的条件,即横截性条件、周期解的曲线系数、在虚轴上特征值的多重穿越等不成立。整个讨论也确定了周期解的稳定性。

为了完整性,本节也包括下面的结果。

① 在反馈通道中有奇异(无记忆)非线性函数的 SISO 系统,简化为用于计算周期分岔的二阶、四阶、六阶和八阶调波平衡逼近的公式。考虑如下两种情形,即时滞仅包含于线性前馈通道中;时滞仅包含于非线性反馈通道中。

② 对于一个静态分岔出现了必要条件,即当关键系统参数变化时,特征拟多项式的一个实特征根通过零点。

为了方便,1.5.2 节给出 Hopf 分岔的定义和奇异性条件,这里频域方法用于仅在线性前馈通道中含有时滞的系统。1.5.3 节研究时滞含于非线性通道中,并证明怎样修正与应用相应的 Hopf 分岔公式。

1.5.2　在时滞系统中退化分岔的条件

考虑时滞、非线性和时不变系统,包括在前馈通道中一个转移函数和在反馈通道中一个非线性、光滑和无记忆函数。其线性化部分为

$$G(s;\mu) = C(\mu)\left[sI - A_0(\mu) - \sum_{i=1}^{M} e^{-\tau_i} A_i(\mu)\right]^{-1} B(\mu) \qquad (1\text{-}103)$$

其中,$A_j(\cdot)$,$j=1,2,\cdots,M$ 是 $n \times n$ 阶矩阵;$B(\cdot)$ 是 $n \times p$ 阶矩阵;$C(\cdot)$ 是 $m \times n$ 阶矩阵;$\mu \in R$ 是分岔参数,$u \in R^p$ 是系统输入;$y \in R^m$ 是系统输出,设 $L\{\cdot\}(s)$ 是具有零初始条件的 Laplace 变换,且 $y(s)=L\{y\}(s)$,$U(s)=L\{u\}(s)$。

等价地,系统(1-103)可以用状态空间变量表示为

$$\dot{X} = A_0(\mu)X + \sum_{i=1}^{M} A_i(\mu)X(t-\tau_i) + B(\mu)u$$
$$y = -C(\mu)X(t) \qquad (1\text{-}104)$$
$$u = g(y;\mu)$$

其中,$g:R^m \rightarrow R^p$ 是输出 y 和分岔参数 μ 的无记忆非线性函数,假设是 C^{k+1} 光滑的,当用 k 阶逼近时,$k=4,6,8,\cdots$,系统(1-103)和系统(1-104)与下面公式相关,即

$$L\{y\}(s) = -G(s;\mu)L\{\mu\}(s)$$

首先注意到,系统的平衡点 $\hat{y}$ 可以通过解下面方程得到,即

$$G(0;\mu)g(\hat{y};\mu) = -\hat{y} \qquad (1\text{-}105)$$

记 J 是线性化反馈函数的 Jacobia 矩阵,即 $J := \dfrac{\partial g}{\partial y}\Big|_{\nabla}$。

在前馈和反馈通道中,我们有线性结构,那么能用 Nyquist 准则来分析平衡解

的稳定性。

线性化反馈系统的特征拟多项式为

$$\det|\lambda I - G(s;\mu)| = \lambda^m + a_{m-1}(s,e^{-s\tau};\mu)\lambda^{m-1} + \cdots + a_0(s,e^{-s\tau};\mu) = 0$$

$$(1\text{-}106)$$

为了记号的简洁性,这里 $e^{-s\tau}$ 用来代替 $e^{-s\tau_1},\cdots,e^{-s\tau_m}$。注意在某些情形,如果 $p<m$,拟多项式的阶也许小于 m,这是由于 $(m-1)$ 个零特征值存在。通常,$m<n$ 使频域公式提供的拟多项式的阶比时域时的阶更低。

当方程(1-106)的单根 $\lambda(s)$ 在给定的临界值 $\mu=\mu_0$ 处满足在 $s_0 = i\omega_0\,(\omega_0\neq0)$ 处 $\lambda(s)=-1$,就可以获得临界稳定性条件。通过考虑经典的 Nyquist 曲线($s=i\omega$),代入 $\lambda(s)=-1$,且在方程(1-106)中分离实部和虚部为

$$F_1(\omega_0,\mu_0) = (-1)^t + \sum_{k=0}^{t-1} (-1)^k \Re\{a_k(i\omega_0,e^{-i\omega_0\tau};\mu_0)\} = 0$$

$$(1\text{-}107)$$

$$F_2(\omega_0,\mu_0) = \sum_{k=0}^{t-1} (-1)^k \Im\{a_k(i\omega_0,e^{-i\omega_0\tau};\mu_0)\} = 0$$

一般的,$F_1(\omega,\mu)$ 和 $F_2(\omega,\mu)$ 依赖于系统,尤其是时滞 τ_i 第几个参数,从经典的 Nyquist 分析,显然在分岔参数 μ 小的变化也许急速地改变系统的稳定性,Hopf 分岔理论的应用允许我们对系统的振荡行为作出分析。为此目的,我们为带时滞的非线性系统提供 Hopf 分岔定理,这里将注意到对于有多个平衡解的必要条件,当 $\omega_0=0$(静态分岔奇异性)时,由系统(1-107)给出。

定理 1.8(带时滞的 Hopf 分岔定理)　　假设 $g:R^m \to R^p$ 是 C^4 且 $\hat{y}$ 是方程(1-105)的局部唯一平衡解,设特征函数 $\hat\lambda(s)$ 的轨迹在 $\hat\lambda(i\omega)$ 相交于负实轴,$\hat\lambda(i\omega)$ 最接近点 $(-1+i0)$,当变量 s 在经典的 Nyquist 曲线上扫过时,进一步假设 $\xi_1(i\omega)$ 是非零的,且开始于 $(-1+i0)$ 的半线,在这个方向定义 $\xi_1(i\omega)$ 首先与 $\hat\lambda(i\omega)$ 轨迹在点 $\hat\lambda(i\omega)=\hat{p}=-1+\xi_1(i\omega)\theta^p$ 处相交,这里 $\theta=O(|\mu-\mu_0|^{\frac{1}{2}})$,最后假设下面的条件满足。

① 特征轨迹 $\hat\lambda$ 关于它在临界 (ω_0,μ_0) 的参数变化有非零变化速度,即

$$M(\omega,\mu) = \det\begin{bmatrix} \partial F_1/\partial\mu & \partial F_2/\partial\mu \\ \partial F_1/\partial\omega & \partial F_2/\partial\omega \end{bmatrix}\Bigg|_{(\omega_0,\mu_0)} \neq 0 \qquad (1\text{-}108)$$

② 相交是横截的,即

$$N(\omega,\mu) = \det\begin{bmatrix} \Re\{\xi_1(i\omega)\} & \Im\{\xi_1(i\omega)\} \\ \Re\{\hat\lambda'(i\omega)\} & \Im\{\hat\lambda'(i\omega)\} \end{bmatrix} \neq 0 \qquad (1\text{-}109)$$

其中,$\hat\lambda'(i\omega) = \mathrm{d}\hat\lambda/\mathrm{d}s|_{s=i\omega}$。

③ 在任何特征轨迹和联接点 $(-1+i0)$ 到 $\hat{P}$ 的线段之间,至少在半径为 $\delta>0$ 的小的邻域内,没有相交。

系统(1-103)和系统(1-104)有频率为 $\omega = \hat{\omega} + O(\hat{\theta}^4)$ 的周期解 $y(t)$，进而，在相交的 $\hat{P}$ 处应用小扰动和广义 Nyquist 稳定性准则，周期解 $y(t)$ 稳定性就可以确定。

这个定理的证明类似于不带时滞的系统，已由 Mess 和 Chua[26] 给出，同时包含由系统(1-108)给出的非退化条件，这相应于 Mess 和 Allwright[27] 的结果。

首先注意到在时滞非线性系统中，通过 Nyquist 稳定性准则考虑关于原点的特征轨迹的几个闭圈是自然的事情。在这种情形，期望在振幅轨迹和特征轨迹之间存在其他相交，因为 Hopf 分岔定理的结果是局部的，考虑最接近点($-1+\mathrm{i}0$)的相交来作为基本，且称它为首次相交。我们也注意到，正如在文献[24]中指出的，如果考虑稳定的转移函数，那么相应于"首次"相交的周期解的稳定性能够由两个等价的方法确定。

① 图方法。如果向量 $\xi_1(\mathrm{i}\omega)$ 的点在临界点是向外的，那么周期解是稳定，且如果它的点在临界点是向内的，周期解是不稳定的。

② 解析方法。一个负曲线系数 σ_1 蕴含一个稳定的周期解，而一个正曲线系数 σ_1 相应于一个不稳定的周期解。

在这两种情形中，假设 $\hat{\lambda}$ 是绕临界点($-1+\mathrm{i}0$)运动的唯一特征轨迹，相应于带时滞反馈系统的特征轨迹可以在原点有多个包围圈，或甚至更糟的是关于临界点($-1+\mathrm{i}0$)有多个包围圈，这是由于指数函数 $\mathrm{e}^{-\alpha}$ 的性质。因此，在两种情形中，它是非常重要的是仅考虑轨迹相交点最接近于临界点的点。如果有其他相交点，通过应用高阶 Hopf 分岔公式进行仔细研究，以证实预测振荡的精确性。其他相交点也许不代表时滞非线性系统的极限环。在这种情形下，尽管频域方法在研究这种多循环构形(嵌套的极限环)是可靠的，但其他情形也可以用来证实结果。

当变量 s 在 Nuquist 曲线上扫过时，由方程(1-106)给出的拟多项式称为特征轨迹，因此我们感兴趣的某些退化的分岔条件可以用特征轨迹 $\hat{\lambda}$ 的图的分析来获得。

为了简洁，假设 $\lambda = -1$ 是方程(1-106)的单根。为了方便，这里概括退化和多重分岔的几种情形。

① 在经典的 Hopf 定理中横截性条件失效(记为 H_{01} 退化)。

② 对于从 Hopf 分岔出现周期解，曲线系数或稳定性指标 σ_1 等于零(H_{10} 退化)。

③ 上面条件①和②的组合(H_{11} 退化)。

④ 两对复共轭特征值在虚轴的交叉点(G_2 退化)。

这些退化(奇异性)在了解全局动态现象和在系统参数空间检测动态行为是重要的，因为时滞非线性系统有无穷维谱，这种退化比无时滞非线性系统更普遍。

现在让我们从数学上来特征化上面提到的退化的每一种情形。当退化到某个

临界分岔值(ω_0^*,μ_0^*)的行列式为零时,情形①就出现,而$\partial F_1/\partial\omega|_{(\omega_0^*,\mu_0^*)}$和$\partial F_1/\partial\omega|_{(\omega_0^*,\mu_0^*)}$并不同时为零,由方程(1-107)表示的动态分岔外,我们需要变化下面定义的条件和退化条件,即

$$F_1(\omega_0^*,\mu_0^*)=0,\quad F_2(\omega_0^*,\mu_0^*)=0,\quad M(\omega_0^*,\mu_0^*)=0 \qquad (1\text{-}110)$$

$$\frac{\mathrm{d}^2 H(\mu_0^*)}{\mathrm{d}\mu_2}\neq0,\quad \sigma_1(\omega_0^*,\mu_0^*)\neq0$$

$$\frac{\mathrm{d}F_2}{\mathrm{d}\omega}(\omega_0^*,\mu_0^*)\neq0,\quad \frac{\mathrm{d}F_1}{\mathrm{d}\omega}(\omega_0^*,\mu_0^*)\neq0$$

其中,$\omega_0^*\neq0$;$H(\mu)=F_1(\psi(\mu),\mu)-1$和$\psi(\mu)$可能从方程(1-107)中恰当地构造[24]。

在文献[24]第3章与第4章中,作者已证明这种退化 Hopf 分岔涉及从两个 Hopf 分岔点发出的分支相交点,在当前情形下,这个与众不同的点在时滞非线性系统中增加了奇异性的出现,这是由于出现在系统转移函数的指数函数的周期性特征性质。

对于情形②,对横截相交点的要求可能根据曲线系数或稳定性指标 σ_1 表示,正如在文献[24]中第3章一样。σ_1 在临界点等于零意味着 ξ_1 和 $\bar\lambda$ 两条曲线在这个奇异值是平行的,因此曲线系数的符号描述了从临界点哪种类型的 Hopf 分岔将发生(下临界的或上临界的)。这个条件的失效在数学上有可能构成,当决定条件满足下式,即

$$F_1(\omega_0^*,\mu_0^*)=0,\quad F_2(\omega_0^*,\mu_0^*)=0,\quad \sigma_1(\omega_0^*,\mu_0^*)=0 \qquad (1\text{-}111)$$

而非退化条件为

$$M(\omega_0^*,\mu_0^*)\neq0,\quad \sigma_2(\omega_0^*,\mu_0^*)\neq0$$

其中,$\omega_0^*\neq0$;$\sigma_2(\cdot)$是通过考虑高阶项(达到非线性函数 $g(\cdot)$ 五阶导数以上),这种退化的 Hopf 分岔一般涉及周期分支中的极限点。

情形③可以通过组合下面的判决条件得到,即

$$F_1(\omega_0^*,\mu_0^*)=0,\quad F_2(\omega_0^*,\mu_0^*)=0$$
$$\sigma_1(\omega_0^*,\mu_0^*)=0,\quad M(\omega_0^*,\mu_0^*)=0 \qquad (1\text{-}112)$$

以及下面的非退化条件,即

$$\frac{\mathrm{d}^2 H(\mu_0^*)}{\mathrm{d}\mu^2}\neq0,\quad \sigma_2(\omega_0^*,\mu_0^*)\neq0$$

$$\frac{\partial F_1}{\partial\omega}(\omega_0^*,\mu_0^*)\neq0 \text{ 或} \frac{\partial F_2}{\partial\omega}(\omega_0^*,\mu_0^*)\neq0$$

这种退化 Hopf 分岔分析是最复杂的,一般涉及 Hopf 点和多个极限环之间的相交点。

情形④构成了两个子类。

第一,两对虚特征值有不同频率,满足

$$F_1(\omega_0^*, \mu_0^*) = 0, \quad F_2(\omega_0^*, \mu_0^*) = 0$$
$$F_1(\omega_1^*, \mu_0^*) = 0, \quad F_2(\omega_1^*, \mu_0^*) = 0 \tag{1-113}$$

其中,$\omega_0^* \neq 0$;$\omega_1^* \neq 0$;$\omega_0^* \neq \omega_1^*$。

因为我们假设 $\lambda = -1$ 是方程(1-106)的单根,这种多分岔一般涉及特征轨迹 $\hat{\lambda}$ 环,通过临界点 $(-1 + \mathrm{i}0)$ 两次。

第二,两对虚特征根有相同频率,满足

$$F_1(\omega_0^*, \mu_0^*) = 0, \quad F_2(\omega_0^*, \mu_0^*) = 0$$
$$\frac{\partial F_1}{\partial \omega}(\omega_0^*, \mu_0^*) = 0, \quad \frac{\partial F_2}{\partial \omega}(\omega_0^*, \mu_0^*) = 0 \tag{1-114}$$

其中,$\omega_0^* \neq 0$。

1.5.3 时滞反馈系统:一般情形

此处主要处理时滞包含在非线性反馈通道中,以获得相应的 Hopf 分岔公式。首先考虑下面的时滞非线性微分方程,即

$$\begin{cases} \dot{X}(t) = A_0(\mu)X(t) + A_1(\mu)X(t-\tau) + B(\mu)g[-C(\mu)X(t-\tau); \mu] \\ Y(t) = -C(\mu)X(t) \end{cases}$$

$$\tag{1-115}$$

其中,A_0 和 A_1 是 $n \times n$ 阶矩阵;B 是 $n \times p$ 阶矩阵;C 是 $m \times n$ 阶矩阵;$\mu \in R$ 是分岔参数;$y \in R^m$ 是系统的输出;$u = g[y(t-\tau); \mu] \in R^p$ 是系统输入,且有一个光滑非线性函数 $g: R^m \rightarrow C^{k+1}(R^p)$ $(k \geqslant 3)$,且 $\tau > 0$ 是常数时滞。

方程(1-115)两边取 Laplace 变换,然后进行一些代数计算,我们有

$$[sI - A_0 - A_1 \mathrm{e}^{-s\tau}]X(s) = BL\{g[-CX(t-\tau); \mu]\} \tag{1-116}$$

它可以写为下面的形式,即

$$X(s) = [sI - A_0 - A_1 \mathrm{e}^{-s\tau}]^{-1}BL\{g[-CX(t-\tau); \mu]\} \tag{1-117}$$

或等价于

$$L\{y\}(s) = -G(s; \mu)L\{u\}(s) \tag{1-118}$$

其中,$G(s; \mu) = C[sI - A_0 - A_1 \mathrm{e}^{-s\tau}]^{-1}B$;$u = g[-CX(t-\tau); \mu]$。

方程(1-118)描述的非线性反馈系统构形如图 1.2 所示。这个系统的平衡解 $\hat{y}$ 可以由下面的方程获得,即

$$G(0; \mu)g(y) = -y$$

利用图 1.2 给出的非线性反馈控制器在平衡点 $\hat{y}$ 线性化,我们可以获得图 1.3 给出的系统,$J := \partial g / \partial y |_{y=\hat{y}}$ 相应的特征函数为

$$\det[\lambda I - G(s; \mu)J\mathrm{e}^{-s\tau}] = 0 \tag{1-119}$$

非线性反馈通道的线性化涉及的动态行为已在前面阐述,现在假设对于解的

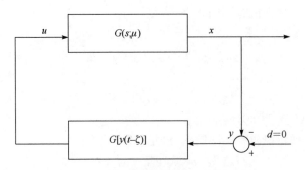

图 1.2　非线性反馈系统构形

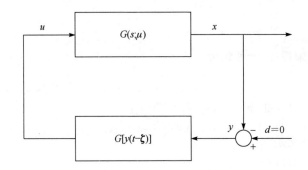

图 1.3　线性化反馈系统构形

二阶调波平衡逼近有如下形式,即

$$y(t) = \hat{y} + \Re\left\{ \sum_{k=0}^{2} Y^k \exp\{ik\omega t\} \right\} \tag{1-120}$$

其中,$i = \sqrt{-1}$;ω 是基频;y^k 是 k 阶调和的复系数,满足

$$Y^k \exp\{ik\omega(t-\tau)\} = Y^k e^{-ik\omega\tau} \exp\{ik\omega t\} = Y_d^k \exp\{ik\omega t\}$$

式中,d 表示时滞量。

　　为了记号的简洁,我们略去 $G(s;\mu)$,且写为 $G(i\omega) = G(s;\mu)|_{s=i\omega}$,那么等线性部分的输入与输出为

$$Y^k = -G(ik\omega)F_d^k, \quad k = 0, 1, 2$$

其中,F_d^k 是带时滞的 Fourier 系数。

　　用 Taylor 级数将 $g[y(t-\tau)]$ 在平衡点 $\hat{y}$ 展开,并代入 y 的表达(包含有时滞),即

$$\begin{aligned} y(t-\tau) &= \hat{y} + \Re\left\{ \sum_{k=0}^{2} Y^k e^{-ik\omega\tau} \exp\{ik\omega t\} \right\} \\ &= \hat{y} + \Re\left\{ \sum_{k=0}^{2} Y_d^k \exp\{ik\omega t\} \right\} \end{aligned} \tag{1-121}$$

我们有

$$Y^0 = -G(0)F_d^0$$

$$= -G(0)\left\{JY^0 + \frac{D_2}{2!}\left[\frac{1}{2}Y^1\bar{Y}^1 e^{-i\omega\tau} e^{i\omega\tau}\right] + \rho_0\right\}$$

$$Y^1 = -G(i\omega)F_d^1$$

$$= -G(i\omega)\left\{JY^1 e^{-i\omega\tau} + \frac{D_2}{2!}\left[2Y^0Y^1 e^{-i\omega\tau} + \bar{Y}^1Y^2 e^{-i\omega\tau}\right]\right.$$

$$\left. + \frac{D_3}{3!}\left[\frac{3}{4}Y^1Y^1\bar{Y}^1 e^{-i\omega\tau}\right] + \rho_1\right\}$$

$$Y^2 = -G(i2\omega)F_d^2$$

$$= -G(i2\omega)\left\{JY^2 e^{-i2\omega\tau} + \frac{D_2}{2!}\left[\frac{1}{2}Y^1Y^1 e^{-i2\omega\tau}\right] + \rho_2\right\}$$

其中，$\cdot$ 记复共轭；ρ_0, ρ_1 和 ρ_2 是高阶项（关于 $|Y^1|$ 是四次的，关于 $|Y^0|$ 和 $|Y^2|$ 是二次的）；$D_i = (D^i g)|_{\hat{y}}$ 是在 $\hat{y}$ 处计算的 i 阶导数。

在调波平衡公式中，带时滞和不带时滞的区别（在非线性反馈控制器）是额外的项 $e^{-ik\omega\tau}$ 出现，这里 k 相当于 k 阶调波。因此，在方程(1-121)中没有时滞出现，这是因为调波平衡是在线性前馈通道中完成。

从方程(1-121)，我们能计算 Y^0 和 Y^2 作为 Y^1 的函数，有

$$Y^0 = -[I + G(0)J]^{-1}G(0)\left\{\frac{D_2}{2!}\left[\frac{1}{2}Y^1\bar{Y}^1\right]\right\}$$

$$Y^2 = -[I + G(i2\omega)J e^{-2i\omega\tau}]^{-1}G(i2\omega)\left\{\frac{D_2'}{2!}\left[\frac{1}{2}Y^1Y^1 e^{-i2\omega\tau}\right]\right\} \tag{1-122}$$

利用方程(1-121)，可以看出复数 $\xi_{1d}(i\omega)$，它是用来计算出现周期解的振幅，且为

$$\xi_{1d}(i\omega) = \frac{-w^T G(i\omega) p_1(\omega, v) e^{-i\omega\tau}}{w^T v} = \xi_1(i\omega) e^{-i\omega\tau} \tag{1-123}$$

其中，$p_1(\omega, v) = D_2\left(V_{02} \oplus v + \frac{1}{2}\bar{v} \otimes V_{22}\right) + \frac{1}{8}D_3(v \oplus v \oplus \bar{v})$；$w^T$ 和 v 是矩阵 $G(i\omega)J e^{-i\omega\tau}$ 的左和右特征向量；相应于 $\hat{\lambda}$，它最接近临界点 $(-1 + i0)$ 的特征值，替代 $Y^1 = v\theta, Y^0 = V_{02}\theta^2, Y^2 = V_{22}\theta^2$ 以后，V_{02} 和 V_{22} 由方程(1-122)给出，这里 θ 是周期解振幅的测度。

通过给出特征增益轨迹 $\hat{\lambda}$ 和复数 ξ_{1d} 可以发现 θ，且满足下面的方程，即

$$\hat{\lambda}(i\omega; \mu) = -1 + \xi_{1d}(i\omega)\theta^2 \tag{1-124}$$

最后，曲线系数或稳定性指标可写为

$$\sigma_{1d} = -\Re\left\{\frac{w^T G(i\omega) p_1(\omega, v) e^{-i\omega\tau}}{w^T \dfrac{d}{ds}[G(s)J e^{-s\tau}]|_{s=i\omega} v}\right\} \tag{1-125}$$

我们应该注意到,线性化反馈控制器依赖于变量 s,σ_{1d} 的分母变成不同于 σ_1 的经典值。这可以从文献[24]第 6 章的例子和第 3 章的方程(3.51)看出。

1.6　带参数的时滞泛函微分方程的规范形式与应用于 Hopf 分岔

本节我们直接计算带参数的时滞泛函微分方程的规范形式,没有计算预先的奇异性的中心流形,采用的方法是利用文献[28],[29]无参数的时滞泛函微分方程的方法。作为这个规范形式理论使用的示例,我们考虑纯量时滞泛函微分方程一般性的 Hopf 分岔,得到了相关系数的显式公式以便根据原始方程的系数直接确定分岔周期解的稳定性和振幅。它也类似于用 Lyapunov-Schmidt 程序获得的结果[30]。用这些公式可以研究一般性的 Hopf 分岔,并不需要繁琐的计算。按照文献[28]的记号,用 $C_n=C([-r,0];R^n)(r\geqslant0)$。我们需要工作于带不同维数的现实空间,它依赖于参数是否结合或不结合空间变量。

1.6.1　带参数的泛函微分方程的规范形式

考虑下面形式的时滞泛函微分方程,即

$$\dot{z}(t)=L(\alpha)z_t+F(z_t,\alpha) \tag{1-126}$$

其中,$\alpha\in R^p,\alpha\mapsto L(\alpha)$ 是一个 C^∞ 函数,具有从 $C_n=C([-r,0];R^n),(r\geqslant0)$ 到 R^n 的有界线性算子空间的值,$(u,\alpha)\mapsto F(u,\alpha)$ 是从 $C_n\times R^p$ 到 R^n 的一个 C^∞ 函数,且对所有 $\alpha\in R^p$,有 $F(0,\alpha)=0,D_uF(0,\alpha)=0$。

记 $L_0=L(0)$,考虑带参数的微分方程和规范形式的一种方法是把它变为无参数的微分方程情形,即

$$\dot{z}(t)=L_0z_t+[L(\alpha)-L_0]z_t+F(z_t,\alpha)$$
$$\dot{\alpha}(t)=0$$

这个系统的解具有形式 $\bar{z}(t)=(z(t),\alpha(t))\in R^{n+p}$,相空间是 $\widetilde{C}\equiv C_n=C([-r,0];R^{n+p})$,且系统可以写为

$$\dot{\bar{z}}=\widetilde{L}_0\bar{z}_t+\widetilde{F}(\bar{z}_t) \tag{1-127}$$

其中,$\widetilde{L}_0(u,v)=(L_0u,0);\widetilde{F}(u,v)=([L(v(0))-L_0]u+F(u,v(0)),0),u\in C_n,v\in C_p$。

现在可以应用在文献[8]获得的无参数的泛函微分方程的规范形式理论于系统(1-127)中。

设 A_0 和 $\widetilde{A}_0$ 分别为与方程 $\dot{z}(t)=L_0z_t$ 和 $\dot{\bar{z}}(t)=\widetilde{L}_0\bar{z}_t$ 相关的无穷小生成,C_p

中的方程 $\dot{\alpha}(t)=0$ 有具有重数 p 的唯一特征值 $\lambda=0$，相应的包含 C_p 的元素（常函数）的广义特征空间，且可以记为 R^p。为了应用文献[28]的规范形式理论于这种情形，我们需要考虑相关于 $\tilde{A}_0$ 的一个不变空间 $\tilde{P}$ 的规范形式，包括相应于系统 (1-127) 的零特征值的广义特征空间。这样一个不变空间有形式 $\tilde{P}=P\times R^p$，这里 P 是 A_0 相应于其特征值的有限集 $\Lambda\neq\Phi$ 的一个不变空间，因此如果 $\lambda=0$，也是 A_0 的一个特征值，那么相应的广义特征空间一定包含于 P，且 0 一定包含于 Λ。

设 P 是相应于 A_0 的特征值的非空有限集 Λ 的不变空间，如果 $\lambda=0$ 是 A_0 的特征值之一，那么 P 包含 $\lambda=0$。考虑分解 $C_n=P\oplus Q$，特别对于 P 和 P^* 的基分别记为 $\Phi=(\varphi_1,\varphi_2,\cdots,\varphi_n)$，$\Psi=(\psi_1,\psi_2,\cdots,\psi_n)$，且满足 $(\Psi,\Phi)=I$，记 $\tilde{\Lambda}=\Lambda\cup\{0\}$，$\tilde{P}=P\times R^p$，$\tilde{Q}=Q\times R$，这里 $R=\{v\in C_p:v(0)=0\}$，且对于 $\tilde{P}$ 和 $\tilde{P}^*$ 分别考虑矩阵 $\tilde{\Phi}$ 的列和矩阵 $\tilde{\Psi}$ 的行，即

$$\tilde{\Phi}=\begin{bmatrix}\Phi & 0\\ 0 & I_p\end{bmatrix},\quad \tilde{\Psi}=\begin{bmatrix}\Psi & 0\\ 0 & I_p\end{bmatrix}$$

满足 $(\tilde{\Psi},\tilde{\Phi})=I_{m+p}$，这里 $(\cdot,\cdot)$ 是在 $\tilde{C}^*\times\tilde{C}$ 中的双线性形式，且 $\dot{\tilde{\Phi}}=\tilde{\Phi}B$，$\tilde{B}=\mathrm{diag}(B,0)$。我们有分解 $\tilde{C}=\tilde{P}\oplus\tilde{Q}$，这里 $\tilde{P}$ 是 $\tilde{A}_0$ 与 $\bar{\Lambda}$ 相关的不变空间。

正如在文献[28]充分考虑方程 (1-126) 在 α 固定时规范形式的相空间是从 $[-r,0]$ 到 R^n 在 $[-r,0]$ 上一致连续，且在 0 有一个间断不连续的函数空间 BC_n，可能用 $C_n\times R^n$ 来确定。类似地，为了考虑方程 (1-127) 的规范形式，我们取相空间 $B\tilde{C}=BC_n\times BC_p$，可以用 $\tilde{C}\times R^{n+p}$ 来表示。

设 X_0 和 Y_0 是定义于 $[-r,0]$ 上的矩阵值函数，即

$$X_0(\theta)=\begin{cases}I_n, & \theta=0\\ 0, & -r\leqslant\theta\end{cases},\quad Y(\theta)=\begin{cases}I_p, & \theta=0\\ 0, & -r\leqslant\theta<0\end{cases}$$

且记投影 $\pi:BC\to P$

$$\pi(\varphi+X_0\alpha)=\Phi[(\psi,\varphi)+\psi(0)\alpha]$$

其中，$\varphi\in C_n$；$\alpha\in R^n$。

我们考虑投影 $\tilde{\pi}:B\tilde{C}\to\tilde{P}$ 为

$$\tilde{\pi}(\varphi+z_0\alpha,\psi+Y_0\beta)=\tilde{\Phi}\left\{\left[\tilde{\Psi},\begin{bmatrix}\varphi\\ \psi\end{bmatrix}\right]+\tilde{\Psi}(0)\begin{bmatrix}\alpha\\ \beta\end{bmatrix}\right\}$$

$$=(\pi(\varphi+z_0\alpha),\psi(0)+\beta)$$

其中，$\varphi\in C_n$；$\psi\in C_p$；$\alpha\in R^n$；$\beta\in R^p$。

在方程 (1-127) 中，根据 $B\tilde{C}=\tilde{P}\oplus\ker\tilde{\pi}$，具有性质 $\tilde{\theta}\not\subseteq\ker\tilde{\pi}$，我们分解 $\tilde{z}$ 可以获得

$$\begin{bmatrix} \dot{x} \\ \dot{\alpha} \end{bmatrix} = \widetilde{B} \begin{bmatrix} x \\ \alpha \end{bmatrix} + + \widetilde{\psi}(0)\widetilde{F}\left[\widetilde{\Phi}\begin{bmatrix} x \\ \alpha \end{bmatrix} + \begin{bmatrix} y \\ w \end{bmatrix}\right]$$

$$\frac{\mathrm{d}}{\mathrm{d}x}\begin{bmatrix} y \\ w \end{bmatrix} = \widetilde{A}_{\widetilde{Q}^1}\begin{bmatrix} y \\ w \end{bmatrix} + (I-\bar{\pi})[X_0 Y_0]\widetilde{F}\left[\widetilde{\Phi}\begin{bmatrix} x \\ \alpha \end{bmatrix} + \begin{bmatrix} y \\ w \end{bmatrix}\right] \tag{1-128}$$

其中,$x\in R^m$;$\alpha\in R^p$;$y\in Q^1\equiv Q\cap C_n^1$;$w\in R^1\equiv R\cap C_p^1$;$\widetilde{A}_{\widetilde{Q}^1}$ 是从 $\widetilde{Q}^1\equiv\widetilde{Q}\cap\widetilde{C}^1=Q^1\times R^1$ 到 $\ker\bar{\pi}$ 的算子,即

$$\widetilde{A}_{\widetilde{Q}^1}\begin{bmatrix} \varphi \\ \psi \end{bmatrix} = \begin{bmatrix} \dot{\varphi} \\ \dot{\psi} \end{bmatrix} + [X_0 + Y_0]\left\{\widetilde{L}_0\begin{bmatrix} \varphi \\ \psi \end{bmatrix} - \begin{bmatrix} \dot{\varphi}(0) \\ \dot{\psi}(0) \end{bmatrix}\right\}$$

如果 $A_{Q^1}:Q^1\subset\ker\pi\rightarrow\ker\pi$ 是使得 $A_{Q^1}\varphi=\dot{\varphi}+X_0[L_0\varphi-\dot{\varphi}(0)]$,系统(1-128)等价于

$$\begin{bmatrix} \dot{x} \\ \dot{\alpha} \end{bmatrix} = \begin{bmatrix} Bx \\ 0 \end{bmatrix}$$

$$+ \begin{bmatrix} \psi(0)\{[L(\alpha(0)+w(0))-L_0](\Phi x+y)+F(\Phi x+y,\alpha(0)+w(0))\} \\ 0 \end{bmatrix}$$

$$\frac{\mathrm{d}}{\mathrm{d}x}\begin{bmatrix} y \\ w \end{bmatrix} = \begin{bmatrix} A_{Q^1}y \\ \dot{w}-Y_0\dot{w}(0) \end{bmatrix}$$

$$+ \begin{bmatrix} (I-\pi)X_0\{[L(\alpha(0)+w(0))-L_0](\Phi x+y)+F(\Phi x+y,\alpha(0)+w(0))\} \\ 0 \end{bmatrix}$$

注意 $w(0)=0$,因为 $w\in R$,且去掉为处理参数而引入的辅助方程,我们得到在 $BC_n=P\oplus\ker\pi$ 中的方程等价于

$$\dot{x}=Bx+\psi(0)\{[L(\alpha)-L_0](\Phi x+y)+F(\Phi x+y,\alpha)\}$$

$$\frac{\mathrm{d}}{\mathrm{d}x}y=A_{Q^1}y+(I-\pi)X_0\{[L(\alpha)-L_0](\Phi x+y)+F(\Phi x+y,\alpha)\} \tag{1-129}$$

其中,$x\in R^m$;$y\in Q^1$。

为了计算方程(1-129)的规范形式,考虑 $\widetilde{F}$ 的形式 Taylor 展式,即

$$\widetilde{F}(u,v) = \sum_{j\geqslant 2}\frac{1}{j!}\widetilde{F}_j(u,v), \quad u\in C_n, \quad v\in C_p$$

其中,$\widetilde{F}_j(w)=\widetilde{H}_j(w,w,\cdots,w)$,$\widetilde{H}_j$ 属于 $L_s^j(\widetilde{C},R^{n+p})$,是从 $\widetilde{C}\times\cdots\times\widetilde{C}(j\,次)$ 到 R^{n+p} 的连续多线性对称映射空间。

定义 $\widetilde{f}_j=(\widetilde{f}_j^1,\widetilde{f}_j^2)$ 为

$$\widetilde{f}_j^1(x,y,\alpha)=\psi(0)\widetilde{F}_j\left[\widetilde{\Phi}\begin{bmatrix} x \\ \alpha \end{bmatrix} + \begin{bmatrix} y \\ 0 \end{bmatrix}\right]$$

$$\widetilde{f}_j^2(x,y,\alpha)=(I-\bar{\pi})[X_0,Y_0]\widetilde{F}_j\left[\widetilde{\Phi}\begin{bmatrix} x \\ \alpha \end{bmatrix} + \begin{bmatrix} y \\ 0 \end{bmatrix}\right]$$

且记 $f_j = (f_j^1, f_j^2)$，$\widetilde{f}_j^1$ 的分量在 BC_n 中使得 $\widetilde{f}_j(x, y, \alpha) = (f_j(x, y, \alpha), 0) \in BC_n \times BC_p$，方程(1-129)可以写为

$$\dot{x} = Bx + \sum_{j \geqslant 2} \frac{1}{j!} f_j^1(x, y, \alpha)$$

$$\frac{\mathrm{d}y}{\mathrm{d}t} = A_{Q^1} y + \sum_{j \geqslant 2} \frac{1}{j!} f_j^2(x, y, \alpha) \tag{1-130}$$

应用在文献[28]研究的递归程序于系统(1-128)，可以获得规范形式，但在方程中的非线性项在这个系统中对于 α 和 w 是零。我们仅需要考虑方程(1-130)中消去非共振项，程序包含于 $j \geqslant 2$ 个变量的相继变换的应用，$(x, y, \alpha) \mapsto (\hat{x}, \hat{y}, \hat{\alpha})$ 为

$$(x, y, \alpha) = (\hat{x}, \hat{y}, \hat{\alpha}) + \frac{1}{j!} \widetilde{U}_j(\hat{x}, \hat{\alpha}) \tag{1-131}$$

且 $\widetilde{U}_j = (U_j^1, U_j^2, U_j^3) \in V_j^{m+p}(R^m) \times V_j^{m+p}(Q^1) \times V_j^{m+p}(R^p)$，$U_j = (U_j^1, U_j^2)$。这里对于泛函空间 X，我们记 $V_j^{m+p}(X)$ 为关于 $m+p$ 个实变量的阶为 j 的齐次多项式的线性空间，在 X 中，$x = (x_1, x_2, \cdots, x_m)$，$\alpha = (\alpha_1, \alpha_2, \cdots, \alpha_p)$ 具有如下系数，即

$$V_j^{m+p}(X) = \Big\{ \sum_{|(q,l)|=j} C_{(q,l)} x^q \alpha^l : (q, l) \in N_0^{m+p}, C_{(q,l)} \in X \Big\}$$

在每一步，规范形式中阶 $j \geqslant 2$ 的项 $g_j = (g_j^1, g_j^2)$ 的计算是从前一步变量变化以后方程中相同阶的项 $\overline{f}_j = (\overline{f}_j^1, \overline{f}_j^2)$ 中获得，且为

$$g_j = \overline{f}_j - M_j U_j \tag{1-132}$$

定义 1.8　对于 $j \geqslant 2$，设 M_j 记定义于 $V_j^{m+p}(R^m \times \ker\pi)$ 的算子，且在相同空间的值为

$$M_j(p, h) = (M_j^1 p, M_j^2 h)$$

$$(M_j^1 p)(x, \alpha) = [B, p(\cdot, \alpha)](x) \tag{1-133}$$

$$(M_j^2 h)(x, \alpha) = D_x h(x, \alpha) Bx - A_{Q^1}(h(x, \alpha))$$

域 $D(M_j) = V_j^{m+p}(R^m) \times V_j^{m+p}(Q^1)$，这里 $[B, p(\cdot, \alpha)]$ 记 Lie 括号，即

$$[B, p(\cdot, \alpha)](x) = D_x p(x, \alpha) Bx - Bp(x, \alpha)$$

定义算子 $\widetilde{M}_j$ 在 $V_j^{m+p}(R^{m+p} \times \ker\widetilde{\pi})$ 中，对于 $\widetilde{p} = (p, q) \in V_j^{m+p}(R^m) \times V_j^{m+p}(R^p)$，$\widetilde{h} \in V_j^{m+p}(\widetilde{Q}^1)$ 在相同空间具有值，即

$$\widetilde{M}_j(\widetilde{p}, \widetilde{h}) = (\widetilde{M}_j^1 \widetilde{p}, \widetilde{M}_j^2 \widetilde{h})$$

$$(\widetilde{M}_j^1 \widetilde{p})(x, \alpha) = [\widetilde{B}, \widetilde{p}](x, \alpha) = ((M_j^1 p)(x, \alpha), D_x q(x, \alpha) Bx)$$

$$(\widetilde{M}_j^2 \widetilde{h})(x, \alpha) = D\widetilde{h}(x, \alpha) \widetilde{B}(x, \alpha) - \widetilde{A}_{Q^1}(\widetilde{h}(x, \alpha))$$

显然，对于 $y = 0$，我们能从 $\widetilde{f}_j$ 中抽取包含在 M_j 值域中的所有项，出现在规范形式和变量变化中的项怎样依赖于空间 $V_j^{m+p}(R^{m+p})$，$V_j^{m+p}(\ker\pi)$ 和 $V_j^{m+p}(Q^1)$ 被分解为相关于 $\widetilde{M}_j^1$ 和 $\widetilde{M}_j^2$ 的值域和核。因为 M_j^1 给出了在定义(1.8)中 $\widetilde{M}_j^1$ 表达式的第一个分量，基于 $\widetilde{M}_j^1$ 的映象与核的分解诱导了基于 M_j^1 在映象与核的分解，因

此我们考虑分解

$$V_j^{m+p}(R^m)=\text{Im}(M_j^1)\bigoplus\text{Im}(M_j^1)^c$$
$$V_j^{m+p}(R^m)=\ker(M_j^1)\bigoplus\ker(M_j^1)^c \tag{1-134}$$

和

$$V_j^{m+p}(\ker\pi)=\text{Im}(M_j^2)\bigoplus\text{Im}(M_j^2)^c$$
$$V_j^{m+p}(Q^1)=\ker(M_j^2)\bigoplus\ker(M_j^2)^c \tag{1-135}$$

相关于 $V_j^{m+p}(R^m)\times V_j^{m+p}(\ker\pi)$，在 $\text{Im}(M_j^1)\times\text{Im}(M_j^2)$ 上分解的投影记为

$$P_{I,j}=(P_{I,j}^1,P_{I,j}^2)$$

我们记 M_j 的右逆为 M_j^{-1}，定义为 $M_j^i(i=1,2)$ 的核的空间补的值域，为了记号方便，删除"~"，且在式(1-132)中取 $y=0$，$U_j=(U_j^1,U_j^2)$ 的适当选择为

$$U_j(x,\alpha)=M_j^{-1}P_{I,j}\overline{f}_j(x,0,\alpha) \tag{1-136}$$

在 M_j 的值域中允许从 $\overline{f}_j$ 中取走它的第一个分量，有

$$g_j(x,0,\alpha)=(I-P_{I,j})\overline{f}_j(x,0,\alpha) \tag{1-137}$$

对于变量(1-131)的变换，我们按这种方式选取 U_j^3，使得 $(U_j^1,U_j^3)\in\ker(\widetilde{M}_j^1)^c$，为了简洁，我们给出下列规范形式的定义，即

定义 1.9 对于方程(1-130)(或方程(1-126))关于不变空间 P，分解式(1-134)和式(1-135)的规范形式是 $BC_n\equiv R^m\times\ker\pi$ 中的方程，即

$$\dot{x}=Bx+\sum_{j\geqslant 2}\frac{1}{j!}g_j^1(x,y,\alpha)$$
$$\frac{\mathrm{d}y}{\mathrm{d}t}=A_{Q^1}y+\sum_{j\geqslant 2}\frac{1}{j!}g_j^2(x,y,\alpha) \tag{1-138}$$

其中，$g_j=(g_j^1,g_j^2)$、U_j 和 M_j 如式(1-132)、式(1-136)和式(1-133)所示。

分解式(1-134)和式(1-135)的补空间是不唯一确定的，结果是规范形式也不唯一的，它依赖于 $\text{Im}(M_j^i)^c(i=1,2)$ 的选择，而变量的变换又依赖于 $\ker(\widetilde{M}_j^1)$ 和 $\ker(M_j^2)$ 补空间的选择。通常我们需要对变量(1-131)的变换作更多的限制以避免参数与相空间的变量混淆。对于这个原因，理应限制变量的变换，使得 $\alpha=\hat{\alpha}+U_j^3(\hat{\alpha})/j!$，这意味着在空间 $V_j^p(R^p)$ 中选择 U_j^3，而空间 $V_j^p(R^p)$ 是在 R^p 中带系数的 p 个变量 $\alpha=(\alpha_1,\alpha_2,\cdots,\alpha_p)$ 阶为 j 的齐次多项式的空间，在 $\ker(M_j^1)^c\times V_j^p(R^p)$ 代替 $\ker(\widetilde{M}_j^1)^c$ 中选择 (U_j^1,U_j^3)，在这种情形中参数变量的变换是不希望的，使得 $\alpha=\hat{\alpha}$，(U_j^1,U_j^3) 选择一定在 $\ker(M_j^1)^c\times\{0\}$。

我们需要获得在有限维局部不变流形相切于 $z=0$，$\alpha=0$ 的线性化方程的不变子空间 P 的规范形式。这意味着在方程(1-138)中，对于 $j\geqslant 2$ 有 $g_j^2(x,0,\alpha)=0$，那么感兴趣的不变流形有方程 $y=0$。通常，为了能够在规范形式中作出所有项 $g_j^2(x,0,\alpha)$ 为零，M_j^2 的值域一定是整个空间 $V_j^{m+p}(\ker\pi)$。这种情形可特征为谱项由共振条件在规范形式(1-138)中恰当地表示 $y=0$ 是一个局部不变流形，我们

期望这些共振条件能够表示为 A_{Q^1} 的谱值和 B 的谱值的关系，后者是 A 的元素。

给定 A_0 特征值的非空有限集 Λ，如果 A_0 的特征值有 $\lambda=0$，那些 Λ 包含 $\lambda=0$。我们设 $\bar{\lambda}=(\lambda_1,\lambda_2,\cdots,\lambda_m)$，这里 $\lambda_1,\lambda_2,\cdots,\lambda_m$ 是 Λ 的元素，它们作为特征方程的特征根每个都出现多次作为它的重数。对于 $\widetilde{\Lambda}=\Lambda\bigcup\{0\}$，设 $\tilde{\lambda}=(\lambda_1,\lambda_2,\cdots,\lambda_{m+p})=(\lambda_1,\lambda_2,\cdots,\lambda_m,0,\cdots,0)$，尽管方程(1-129)在 $BC_n\equiv R^n\times\ker\pi$ 中，我们应用在文献[28]中研究的规范形式程序于 $B\widetilde{C}\equiv R^{m\times p}\times\ker\tilde{\pi}$ 中的方程(1-128)，在文献[28]中建立了

$$\sigma(\widetilde{M}_j^2)=\sigma_p(\widetilde{M}_j^2)=\{(\tilde{q},\tilde{\lambda})-\mu:\mu\in\sigma(\widetilde{A}_0)\backslash\widetilde{\Lambda};\tilde{q}\in N_0^{m+p},|\tilde{q}|=j\}$$

其中，$(\tilde{q},\tilde{\lambda})=\sum\limits_{i=1}^{m+p}q_i\lambda_i=(q,\bar{\lambda})$；$|\tilde{q}|=\sum\limits_{i=1}^{m+p}q_i$；$\tilde{q}=(q_1,q_2,\cdots,q_{m+p})$；$q=(q_1,q_2,\cdots,q_m)$。

由定义 1.8，$\widetilde{M}_j^2(h,0)=(M_j^2h,0)$，如果 $0\notin\sigma(\widetilde{M}_j^2)$，那么 M_j^2 是从 $V_j^{m+p}(Q^1)$ 到 $V_j^{m+p}(\ker\pi)$ 的双射，且 $\sigma(\widetilde{A}_0)\backslash\widetilde{\Lambda}=\sigma(A_0)\backslash\Lambda$，因为 $\lambda=0$ 属于 Λ，如果它是 A_0 的特征值，因此恰当的共振条件如下。

定义 1.10　称方程(1-126)相对于 Λ 满足非共振条件，如果

$$(q,\bar{\lambda})\neq\mu,\quad \mu\in\sigma(A_0)\backslash\Lambda,\quad q\in N_0^m,\quad |q|\geqslant0 \tag{1-139}$$

那么我们有下面的结果。

定理 1.9　考虑方程(1-126)，设 P 是 $\dot{z}(t)=L_0z_t$ 的无穷小生成 A_0 的不变子空间，如果 A_0 的特征值中有 $\lambda=0$，那么 A_0 的特征值包含 $\lambda=0$ 的非空有限集为 Λ，分解 $C_n=P\oplus Q$，对于 $u(t)=z_t$，我们可以得到 $u=\Phi x+y$，这里 $x\in R^m$，$y\in Q$，$\dim P=m$，且 Φ 是一个矩阵，对于 P，它的列形成了一个基，如果相关在方程(1-138)中 Λ 的非共振条件满足，那么存在一个形式变量变换 $(\bar{x},\bar{y},\bar{\alpha})\mapsto(x,y,\alpha)$，$x=\bar{x}+p(\bar{x},\bar{\alpha})$，$\alpha=\bar{\alpha}+q(\bar{\alpha})$，$y=\bar{y}+h(\bar{x},\bar{\alpha})$，使得方程(1-126)被变换为在形式(1-138)下相关 P 的规范形式，对于所有 $j\geqslant2$，$g_j^2(\bar{x},0,\bar{\alpha})=0$，如果对方程(1-126)存在一个局部不变流形在零点相切于 P，那么它满足 $\bar{y}=0$，且在这个流形上的流给出了 m 维常微分方程，即

$$\dot{\bar{x}}=B\bar{x}+\sum_{j\geqslant2}\frac{1}{j!}g_j^1(\bar{x},0,\alpha) \tag{1-140}$$

在方程(1-126)中，如果 L 和 F 不是 C^∞，但是对某些 $N\geqslant1$，L 是 C^N，F 是 C^{N+1}，我们能够由上面程序计算规范形式到阶 $N+1$。

1.6.2　应用于 Hopf 分岔

考虑在 $C\equiv C_1=C([-r,0];R)$，$r\geqslant0$ 上的纯量泛函微分方程，即

$$\dot{z}(t)=L(\alpha)z_t+F(z_t,\alpha) \tag{1-141}$$

其中，$\alpha\in R$；$z_t\in C$；$\alpha\mapsto L(\alpha)$ 是具有在有界线性算子从 C 到 R 空间的值的一个 C^N

函数；$(u,\alpha)\mapsto F(u,\alpha)$ 是从 $C\times R$ 到 R，且 $F(0,\alpha)=0$，$D_uF(0,\alpha)=0$ 对所有 $\alpha\in R$ 的 C^{N+1} 函数，且 $N\geqslant 2$，对每个 α，我们记 $\dot z(t)=L(\alpha)z_t$ 的特征方程为

$$\Delta(\alpha)(\lambda)=0, \quad \Delta(\alpha)(\lambda)=\lambda-L(\alpha)e^{\lambda}$$

为了方便，我们用 $\Delta_0(\lambda)=\Delta(0)(\lambda)$，$L_0=L(0)$ 和 A_0 表示由方程 $\dot z(t)=L_0z_t$ 定义的半群的无穷小生成。因为我们要讨论方程(1-141)的 Hopf 奇异性，假设下面两个条件满足。

① 特征方程 $\Delta(\alpha)(\lambda)=0$ 有两个单重虚根，$\gamma(\alpha)\pm i\omega(\alpha)$，它们在 $\alpha=0$ 处横截穿越虚轴，即

$$\gamma(0)=0, \quad \omega\equiv\omega(0)>0, \quad \gamma'(0)\neq 0, \quad \text{Hopf 条件} \qquad (1\text{-}142)$$

② 特征方程 $\Delta_0(\lambda)=0$，没有其他根在虚轴。 $\qquad\qquad\qquad (1\text{-}143)$

设 $\Lambda=\{i\omega,-i\omega\}$ 和 $\bar\lambda=(i\omega,-i\omega)$，条件(1-142)和条件(1-143)蕴含零不是 $\dot z(t)=L_0z_t$ 的特征根，且相对于 Λ 的非共振条件(1-139)满足，因此对于给定的方程我们能够计算规范化形式。

对于 F 和 L 的 Taylor 展式，可以写为

$$F(u,\alpha)=\frac{1}{2!}F_2(u,\alpha)+\frac{1}{3!}F_3(u,\alpha)+O(|(u,\alpha)|^4)$$

$$L(\alpha)=L_0+\alpha L_1+\frac{\alpha^2}{2!}L_2+O(\alpha^3)$$

其中，$F_j(u,\alpha)=H_j((u,\alpha),\cdots,(u,\alpha))$，$H_j\in L_s^j(C\times R;R)$，$L_s^j(C\times R;R)$ 是从 $(C\times R)\times\cdots\times(C\times R)(j$ 次$)$ 到 R 的连续多线性对称映射的空间；$L_j\in C'$，C' 是从 C 到 R 的连续线性函数空间。

正如在文献[28]中的评述，这里考虑的规范形式理论的解是在 R^n 中也可应用于在 C^n 中方程的解，这是有用的对于计算方程(1-141)的规范形式，因为复坐标允许对角化在规范化形式(1-138)的矩阵 B，且简化计算在规范化形式中的非线性项。相应地，它是方便地考虑(1-141)作为在 $C([-r,0];C)$ 中的方程，这里还是记为 C，展开 F 和 L 为复值函数使得出现在相应 Taylor 展式的多线性映射达到三阶以上，这是在前面的 Taylor 展式的多线性映射的自然扩展。

对于 A_0 相应于特征值 Λ 的集合，我们记 P 为不变子空间，考虑分解为

$$C=P\oplus Q, \quad BC=P\oplus\ker\pi$$

那么我们有

$$P=\mathrm{span}\Phi(\theta), \quad \Phi(\theta)=(\varphi_1(\theta),\varphi_2(\theta))=(e^{i\omega\theta},e^{-i\omega\theta}), \quad -r\leqslant\theta\leqslant 0$$

$$P^*=\mathrm{span}\Psi(\theta),$$

$$\Psi(\theta)=\mathrm{col}(\psi_1(\theta),\psi_2(\theta))=(\psi_1(0)e^{-i\omega s},\psi_2(0)e^{i\omega s}), \quad 0\leqslant s\leqslant r$$

因此，$(\Psi,\Phi)=I$，当且仅当

$$\psi_1(0)=[1-L_0(\theta\varphi_1(\theta))]^{-1}, \quad \psi_2(0)=\bar\psi_1(0) \qquad (1\text{-}144)$$

这里记 $L_0\varphi = L_0(\varphi(\theta))$，我们能够观察到作为特征方程的根 $i\omega$ 的单重性蕴含 $1 - L_0(\theta\varphi_1(\theta)) = \Delta_0'(i\omega) \neq 0$。在规范形式中，矩阵 $B = \mathrm{diag}(i\omega, -i\omega)$，它的结果是算子 $M_j^1 (j\geqslant 2)$（定义于(1-133)）在 $V_j^3(C^2)$ 的正则基下有对角矩阵表示使得分解(1-134)可选为 $V_j^3(C^2) + \mathrm{Im}(M_j^1) \bigoplus \ker(M_j^1)$ 和

$$\ker(M_j^1) = \mathrm{span}\{x^q\alpha^l e_k : (q,\bar{\lambda}) = \lambda_k, k = 1, 2,$$
$$q \in N_0^2, l \in N_0, |(q,l)| = j\} \tag{1-145}$$

其中，$\{e_1, e_2\}$ 是 C^2 的正则基。

如上节，我们记 $f_j = (f_j^1, f_j^2)$ 为

$$f_j(x, y, \alpha) = \begin{bmatrix} \psi_1(0) \\ \psi_2(0) \\ (I-\pi)X_0 \end{bmatrix} \left[j\alpha^{j-1}L_{j-1}(\Phi x + y) + F_j(\Phi x + y, \alpha) \right] \tag{1-146}$$

最初两行表示 f_j^1（在 C^2 中）的分量，且第三行表示 f_j^2（在 $\ker\pi$）的分量。

考虑式(1-133)中的算子 M_j^1，在这种情形下作用于空间 $V_j^3(C^2)$，且满足

$$(M_j^1 p)(x_1 x_2, \alpha) = i\omega \begin{bmatrix} x_1\dfrac{\partial p_1}{\partial x_1} - x_2\dfrac{\partial p_1}{\partial x_2} - p_1 \\ x_1\dfrac{\partial p_2}{\partial x_1} - x_2\dfrac{\partial p_2}{\partial x_2} + p_2 \end{bmatrix}, \quad (x_1, x_2) \in C^2, \quad \alpha \in C$$

从式(1-145)可以得到 $\ker(M_2^1) = \mathrm{span}\left\{ \begin{pmatrix} x_1\alpha \\ 0 \end{pmatrix}, \begin{pmatrix} 0 \\ x_2\alpha \end{pmatrix} \right\}$，因为对所有 $\alpha \in R$，有 $F(0,\alpha) = 0, D_u F(0,\alpha) = 0$，且 $\Phi x = \varphi_1 x_1 + \varphi_2 x_2$，我们有

$$F_j(\Phi x, \alpha) = \sum_{|(q,l)|=j} A_{(q,l)} x^q x^l \tag{1-147}$$

其中

$$A_{(1,0,j-1)} = A_{(0,1,j-1)} = A_{(0,0,j)} = 0, \quad j \geqslant 2$$
$$A_{(q_1,q_2,l)} = \overline{A}_{(q_2,q_1,l)}, \quad q_1, q_2, l \in N_0, \quad q_1 + q_2 + l \geqslant 2 \tag{1-148}$$

为了简化记号，我们引入算子 $\chi : V_j^3(C) \to V_j^3(C^2)$，使得 $\chi(h+k) = \chi(h) + \chi(k)$，且

$$\chi(cx_1^{q_1}x_2^{q_2}\alpha^l) = \begin{bmatrix} cx_1^{q_1}x_2^{q_2}\alpha^l \\ \bar{c}x_1^{q_2}x_2^{q_1}\alpha^l \end{bmatrix}, \quad c \in C, \quad (q_1, q_2, l) \in N_0^3, \quad |(q_1, q_2, l)| = j$$

从式(1-146)～式(1-148)，我们可以获得

$$g_2^1(x_1, x_2, 0, \alpha) = (I - P_{1,2}^1)f_2^1(x_1, x_2, 0, \alpha) = 2\alpha\chi(\psi_1(0)L_1(\varphi_1)x_1)$$

在通常情形下，这个公式表示为根据特征值 $\gamma(\alpha) \pm i\omega(\alpha)$ 在 $\alpha = 0$ 处穿越正的虚轴。实际上，$\Gamma(\alpha, \lambda) \equiv \Delta(\alpha)(\lambda)$ 满足 $\Gamma(0, i\omega) = 0$ 和 $\left(\dfrac{\partial\Gamma}{\partial\lambda}\right)(0, i\omega) \neq 0$，使得隐函数定理蕴含特征值 $\lambda(\alpha) = \gamma(\alpha) + i\omega(\alpha), \lambda(0) = i\omega$ 和 $\lambda'(0) = L_1(e^{i\omega\theta})/(1 - L_0(\theta e^{i\omega\theta})) =$

$\psi_1(0)L_1(\varphi_1)$ 的一段弧是存在的,因此在规范形式的二阶项满足下式,即

$$g_2^1(x_1,x_2,0,\alpha)=2\alpha\chi((\gamma'(0)+i\omega'(0))x_1)$$

对规范形式的三阶项有

$$g_3^1(x_1,x_2,0,\alpha)\in\ker(M_3^1)=\mathrm{span}\left\{\begin{bmatrix}x_1^2x_2\\0\end{bmatrix},\begin{bmatrix}x_1\alpha^2\\0\end{bmatrix},\begin{bmatrix}0\\x_1x_2^2\end{bmatrix},\begin{bmatrix}0\\x_2\alpha^2\end{bmatrix}\right\}$$

关于研究 Hopf 分岔,重要的是发现 $\begin{bmatrix}x_0^2x_2\\0\end{bmatrix}$ 和 $\begin{bmatrix}0\\x_1x_2^2\end{bmatrix}$ 的系数,我们仅计算这两个系数,考虑 $V_2{}^3(C^2)$ 的正则基,即

$$\begin{bmatrix}x_1^2\\0\end{bmatrix},\quad\begin{bmatrix}x_1x_2\\0\end{bmatrix},\quad\begin{bmatrix}x_1\alpha\\0\end{bmatrix},\quad\begin{bmatrix}x_2^2\\0\end{bmatrix},\quad\begin{bmatrix}x_2\alpha\\0\end{bmatrix},\quad\begin{bmatrix}\alpha^2\\0\end{bmatrix}$$

$$\begin{bmatrix}0\\x_1^2\end{bmatrix},\quad\begin{bmatrix}0\\x_1x_2\end{bmatrix},\quad\begin{bmatrix}0\\x_1\alpha\end{bmatrix},\quad\begin{bmatrix}0\\x_2^2\end{bmatrix},\quad\begin{bmatrix}0\\x_2\alpha\end{bmatrix},\quad\begin{bmatrix}0\\\alpha^2\end{bmatrix}$$

在 $M_2^1/(i\omega)$ 中,这些基的元素的每一个的映像分别为

$$\begin{bmatrix}x_1^2\\0\end{bmatrix},\quad-\begin{bmatrix}x_1x_2\\0\end{bmatrix},\quad\begin{bmatrix}0\\0\end{bmatrix},\quad-3\begin{bmatrix}x_2^2\\0\end{bmatrix},\quad-2\begin{bmatrix}x_2\alpha\\0\end{bmatrix},\quad-\begin{bmatrix}\alpha^2\\0\end{bmatrix}$$

$$3\begin{bmatrix}0\\x_1^2\end{bmatrix},\quad\begin{bmatrix}0\\x_1x_2\end{bmatrix},\quad2\begin{bmatrix}0\\x_1\alpha\end{bmatrix},\quad-\begin{bmatrix}0\\x_2^2\end{bmatrix},\quad\begin{bmatrix}0\\0\end{bmatrix},\quad\begin{bmatrix}0\\\alpha^2\end{bmatrix}$$

由式(1-139)关于 Λ 的非共振条件,可知 $P_{I,2}^2$ 是恒等式,用式(1-148)和 $\psi_2(0)=\bar{\psi}_1(0)$,从式(1-136)我们得到

$$U_2(x_1,x_2,\alpha)=M_2^{-1}P_{I,2}f_2(x_1,x_2,0,\alpha)$$

$$=\begin{bmatrix}\chi\left(\dfrac{\psi_1(0)}{i\omega}\left[-\alpha L_1(\varphi_2)x_2+A_{(2,0,0)}x_1^2-A_{(1,1,0)}x_1x_2-\dfrac{1}{3}A_{(0,2,0)}x_2^2\right]\right)\\h(x_1,x_2,\alpha)\end{bmatrix}$$

$$(1-149)$$

其中,$h=h(x_1,x_2,\alpha)$ 是下面方程在 $V_2^3(Q^1)$ 中的唯一解,即

$$(M_2^2h)(x,\alpha)=(I-\pi)X_0[2\alpha L_1(\Phi x)+F_2(\Phi x,\alpha)]\qquad(1-150)$$

计算规范形式达到二阶以上,在方程中的三阶项 $\bar{f}_3$ 为

$$\bar{f}_3=f_3+\frac{3}{2}[(D_{x,y}f_2)U_2-(D_{x,y}U_2)g_2]$$

对于计算规范式中的三阶项,$g_3^1(x_1,x_2,0,\alpha)=(I-P_{I,3}^1)\bar{f}_3^1(x_1,x_2,0,\alpha)$,需要计算在 $y=0$ 时,即

$$(I-P_{I,3}^1)\begin{bmatrix}\psi_1(0)\\\psi_2(0)\end{bmatrix}D_yF_2(\varphi_1x_1+\varphi_2x_2+y,\alpha)$$

通常,$h\in V_2^3(Q^1)$ 为

$$h(x,\alpha) = \sum_{|(q,l)|=2} h_{(q,l)} x^q \alpha^l, \quad h(q,l) \in Q^1$$

且回忆 $F_2(u,\alpha)=F_2(u,0)$ 是具有对于 $u,v \in C$，双线性对称形式 $H_2((u,0),(v,0))$ 的二次形式，因为 $f_3 \setminus f_2 \setminus U_2$ 和 g_2 的最初两个分量由第一个分量 χ 给定，我们获得

$$g_3^1(x_1,x_2,0,\alpha) = \chi\left(\psi_1(0)\left[A_{(2,1,0)} + \frac{3}{2\mathrm{i}\omega}C_1 + 3C_2\right]x_1^2 x_2\right) + O(|(x_1,x_2)|\alpha^2)$$

其中

$$C_1 = -\psi_1(0)A_{(2,0,0)}A_{(1,1,0)} + \psi_2(0)\left(\frac{2}{3}A_{(2,0,0)}A_{(0,2,0)} + A_{(1,1,0)}^2\right) \tag{1-151}$$

$$C_2 = H_2((\varphi_1,0),(h_{(1,1,0)},0)) + H_2((\varphi_2,0),(h_{(2,0,0)},0))$$

关于 P 的规范形式，即

$$\dot{x} = Bx + \frac{1}{2!}g_2^1(x,0,\alpha) + \frac{1}{3!}g_3^1(x,0,\alpha) + O(|(x,\alpha)|^4)$$

可以用实坐标 ω 通过变量变换 $x_1 = \omega_1 - \mathrm{i}\omega_2$，$x_2 = \omega_1 + \mathrm{i}\omega_2$ 转到极坐标 $\omega_1 = \rho\cos\xi$，$\omega_2 = \rho\sin\xi$，因此这个规范形式变为

$$\dot{\rho} = \alpha\gamma'(0)\rho + K\rho^3 + O(\alpha^2\rho + |\rho,\alpha|^4) \tag{1-152}$$
$$\dot{\xi} = -\omega + O(|(\rho,\alpha)|)$$

其中

$$K = \frac{1}{3!}\mathrm{Re}\left[\psi_1(0)\left(A_{(2,1,0)} + \frac{3}{2\mathrm{i}\omega}C_1 + 3C_2\right)\right]$$

系数 K 可以根据在原始方程的系数进行计算。实际上，从 $\pi \setminus A_{Q^1}$ 和 M_2^2 的定义，方程(1-150)等价于

$$\mathrm{i}\omega[x_1 D_{x_1}h - x_2 D_{x_2}h] - \dot{h} + X_0[h(0) - L_0 h]$$
$$= [X_0 - \Phi\psi(0)][\alpha L_1(\varphi_1 x_1 + \varphi_2 x_2) \tag{1-153}$$
$$+ A_{(2,0,0)}x_1^2 + A_{(1,1,0)}x_1 x_2 + A_{(0,2,0)}x_2^2]$$

其中，$\dot{h}$ 记为 $h(x_1,x_2,\alpha)(\theta)$ 关于 θ 的导数。

进而，我们可以获得微分方程，即

$$\dot{h}_{(2,0,0)}(\theta) - 2\mathrm{i}\omega h_{(2,0,0)}(\theta) = A_{(2,0,0)}(\psi_1(0)\mathrm{e}^{\mathrm{i}\omega\theta} + \psi_2(0)\mathrm{e}^{-\mathrm{i}\omega\theta}) \tag{1-154}$$
$$\dot{h}_{(1,1,0)}(\theta) = A_{(1,1,0)}(\psi_1(0)\mathrm{e}^{\mathrm{i}\omega\theta} + \psi_2(0)\mathrm{e}^{-\mathrm{i}\omega\theta})$$

具有条件

$$\dot{h}_{(2,0,0)}(0) - L_0 h_{(2,0,0)} = A_{(2,0,0)} \tag{1-155}$$
$$\dot{h}_{(1,1,0)}(0) - L_0 h_{(1,1,0)} = A_{(1,1,0)}$$

解这些方程，我们可以得到

$$h_{(2,0,0)}(\theta)=A_{(2,0,0)}\left[\frac{e^{2i\omega\theta}}{2i\omega-L_0(e^{2i\omega\theta})}-\frac{\psi_1(0)e^{i\omega\theta}}{i\omega}-\frac{\psi_2(0)e^{-i\omega\theta}}{3i\omega}\right]$$

$$h_{(1,1,0)}(\theta)=A_{(1,1,0)}\left[-\frac{1}{L_0(1)}+\frac{1}{i\omega}(\psi_1(0)e^{i\omega\theta}-\psi_2(0)e^{-i\omega\theta})\right]$$

$(1\text{-}156)$

代入方程(1-151)中的 C_2，我们发现必须计算 $H_2((e^{i\omega\theta},0),(1,0))$ 和 $H_2((e^{-i\omega\theta},0),(e^{2i\omega\theta},0))$。对于 $x=(x_1,x_2,x_3,x_4)\in R^4$，则

$$F(x_1e^{i\omega\theta}+x_2e^{-i\omega\theta}+x_31+x_4e^{2i\omega\theta},0)$$
$$=B_{(2,0,0,0)},x_1^2+B_{(1,1,0,0)}x_1x_2+B_{(1,0,1,0)}x_1x_3+B_{(0,1,0,1)}x_2x_4 \qquad (1\text{-}157)$$
$$+B_{(2,1,0,0)}x_1^2x_2+\cdots$$

其中,点代表涉及其他单项式的项,即

$$B_qx^q,q\in N_0^4\setminus\{(2,0,0,0),(1,1,0,0),(1,0,1,0),(0,1,0,1),(2,1,0,0)\}$$

那么

$$A_{(2,0,0)}=2B_{(2,0,0,0)},\quad A_{(1,1,0)}=2B_{(1,1,0,0)},\quad A_{(2,1,0)}=2B_{(2,1,0,0)}$$

且因为

$$H_2((u,v),(v,0))=\frac{1}{4}\left[F_2(u+v)-F_2(u-v)\right]$$

$$H_2((e^{i\omega\theta},0),(1,0))=B_{(1,0,1,0)},H_2((e^{-i\omega\theta},0),(e^{2i\omega\theta},0))=B_{(0,1,0,1)}$$

因此,从式(1-144)、式(1-151)、式(1-152)和式(1-156),我们可以获得

$$K=\text{Re}\left[\frac{1}{1-L_0(\theta e^{i\omega\theta})}\left(B_{(2,1,0,0)}-\frac{B_{(1,1,0,0)}B_{(1,0,1,0)}}{L_0(1)}+\frac{B_{(2,0,0,0)}B_{(0,1,0,1)}}{2i\omega-L_0(e^{2i\omega\theta})}\right)\right]$$

$$(1\text{-}158)$$

注意要计算 K 仅需计算在三点给定方程的线性部分,通过计算 $L_0(1)$、$L_0(\theta e^{i\omega\theta})$、$L_0(e^{2i\omega\theta})$ 可以获得出现在式(1-157)中的 5 个非线性项。

实际上,通常更为方便地计算系数 $A_{(q,l)}$,通过首先计算 $F(\Phi x,\alpha)$,然后在相应的 Taylor 展式中分离相继的幂 $x^q\alpha^l$ 的项,代替开始用 F 的 Taylor 展式作为定义在无穷维空间的函数。

定理 1.10　如果假设①成立,且特征方程在虚轴仅一个根是 $\pm i\omega$,那么方程(1-130)在原点的中心流形上的流用极坐标 (ρ,ξ) 的方程(1-152)给定,这里 K 直接从原始方程(1-141),且通过式(1-158)和式(1-157)直接计算。进而,如果 $K\neq0$(一般的 Hopf 分岔),方程(1-152)的周期轨道从原点 $\rho=0,\alpha=0$ 分岔满足

$$\rho(t,\alpha)=\left[-\frac{\gamma'(0)\alpha}{K}\right]^{\frac{1}{2}}+O(\alpha)$$

$$\xi(t,\alpha)=-\omega t+O(|\alpha|^{\frac{1}{2}})$$

$$(1\text{-}159)$$

使得

① 如果 $\gamma'(0)K<0$(分别地,$\gamma'(0)K>0$),对于 $\alpha>0$,在 $\rho=0$ 附近存在一个唯一非平凡周期轨道,且对于 $\alpha<0$(保证 $\alpha>0$),没有非平凡周期轨道。

② 如果 $K<0$,则在①的非平凡周期解是稳定的;如果 $K>0$,则非平凡周期轨道是不稳定的。

如果 $K=0$,我们必须处理在规范形式中系数 g_j^1 的计算,正如对 Hopf 分岔的奇异性,从一般规范形式理论获得方程,即

$$\dot{\rho}=\alpha\gamma'(0)\rho+K_2\rho^3+\cdots+K_{2p}\rho^{2p+1}+O(\alpha\rho|(\rho,\alpha)|+|(\rho,\alpha)|^{2p+2})$$
$$\dot{\xi}=-\omega+O|(\rho,\alpha)|$$

因此,这样的规范形式一定计算到第一个非零系数 K_{2p},上面考虑的一般 Hopf 分岔情形相应于 $K_2\neq0$。

第 2 章　单个神经元时滞方程的分岔

2.1　时滞神经网络模型

电子神经网络由通过电阻矩阵互联的一组电子神经元构成。这里网络组建块的一个电子神经元包含一个非线性放大器，它把一个输入信号 u_i 转化成一个输出信号 v_i，运算放大器的输入阻抗可描述为电阻 R_i 和电容 C_i 的组合。假设输入—输出关系完全以电压放大函数为特征，即

$$u_i = f(v_i) \tag{2-1}$$

其中，函数 $f(\cdot)$ 是 C^2 光滑的，且具有 sigmoid 形式。

通常观察到的负输入信号和正输入信号能使运放进入饱和，进而对于网络的运作提供非线性程度，一个普遍用到的运算放大器是

$$f(x) = \tanh(\gamma x) = \frac{e^{\gamma x} - e^{-\gamma x}}{e^{\gamma x} + e^{-\gamma x}}, \quad x \in R \tag{2-2}$$

这个函数满足下面的单调性和凹性性质，即

$$f(0) = 0, \quad f'(x) > 0, \quad x \in R$$
$$f''(x)x < 0, \quad x \neq 0 \tag{2-3}$$
$$-\infty < \lim_{x \to \pm \infty} f(x) < +\infty$$

一个重要的参数也是神经增益，定义为 $\gamma = f'(0)$。对于定义在式(2-2)中的函数 f 有

$$f: R \to R \text{ 是 } C^3 \text{ 光滑的，且 } f'''(0) < 0 \tag{2-4}$$

实际上，我们有 $f'''(0) = -2\gamma^3$。

网络的突触联接用电阻 R_{ij} 来表示，它连接放大器的输出端 j 与神经元 i 的输入部分，为使网络能恰当运行，电阻 R_{ij} 可取负值。我们给运算放大器提供一个产生信号 $-v_j$ 的反向输出线。在电阻矩阵中，行数可能翻倍增加，且无论何时 R_{ij} 的负值是需要的，可以用连接反向输出线的普通电阻来实现。

网络信号的时间演化可以用基尔霍夫定律来描述，即在给定的运算放大器输入端流入和流出的电流强度一定相等，结果得到

$$C_i \frac{\mathrm{d}u_i}{\mathrm{d}t} + \frac{u_i}{\rho_i} = \sum_{j=1}^{n} \frac{1}{R_{ij}}(v_j - u_i) \tag{2-5}$$

令 $\dfrac{1}{R_i} = \dfrac{1}{\rho_i} + \sum_{j=1}^{n} \dfrac{1}{R_{ij}}$，我们可以得到

$$C_iR_i\frac{\mathrm{d}u_i}{\mathrm{d}t}+u_i=\sum_{j=1}^{n}\frac{R_i}{R_{ij}}v_j$$

或者

$$T_i\frac{\mathrm{d}u_i}{\mathrm{d}t}+u_i=\sum_{j=1}^{n}w_{ij}f(u_j)$$

其中，$T_i=C_iR_i$ 和 $w_{ij}=\dfrac{R_i}{R_{ij}}$ 分别是局部松弛时间和突触强度[31]。

上面的模型蕴含的神经元通信与响应是同时的，然而考虑到运算放大器的有限开关速度，因此需要输入—输出关系，式(2-1)可写为

$$v_i=f(u_i(t-\tau_i)),\quad \tau_i>0$$

因此，我们可以获得下面的时滞微分方程，即

$$C_iR_i\frac{\mathrm{d}u_i(t)}{\mathrm{d}t}+u_i(t)=\sum_{j=1}^{n}\frac{R_i}{R_{ij}}f(u_j(t-\tau_j)) \tag{2-6}$$

为了简单，假设所有的局部松弛时间是相同的，更为具体地假设

$$C_i=C,\quad R_i=R,\quad i=1,2,\cdots,n$$

关于松弛时间可再尺度化时间、时滞和突触强度为

$$x_i(t)=u_i(CRt),\quad \tau_j^*=\frac{\tau_j}{CR},\quad J_{ij}=\frac{R}{R_{ij}}$$

我们得到

$$\frac{\mathrm{d}x_i(t)}{\mathrm{d}t}=-x_i(t)+\sum_{j=1}^{n}J_{ij}f(x_j(t-\tau_j^*)) \tag{2-7}$$

容易观察到，时滞 τ_j^* 的相对大小决定了网络的动态行为与计算功能，且设计一个运算更快的网络（降低 RC）将增加时滞的相对大小，这会导致网络的非线性振荡[32,33]。

2.2　单个时滞神经网络模型

神经网络是高度复杂，且大规模的动态系统。它由大量的神经元构成，在研究大规模时滞系统的动力学行为时往往非常困难且难于处理。国内外学者已把注意力转向简单的时滞神经元网络，如果简单的时滞神经元模型研究清楚后，再将它们耦合（时滞耦合等手段）起来就可以从单个时滞神经元系统的动力学行为来推断更为复杂的多时滞神经元系统的动力学行为。

2.2.1 单个 Gopalsamy 神经元系统的引入

考虑下面的神经元方程(也称为决策方程)[34],即

$$u(t+\tau) = H\Big[A(t) - \int_{-\infty}^{t} k(t-s)u(s)\mathrm{d}s - C\Big] \qquad (2\text{-}8)$$

其中,H 是单位阶跃函数,即

$$H(x) = \begin{cases} 1, & x>0 \\ 0, & \text{其他} \end{cases} \qquad (2\text{-}9)$$

$u(t)$ 为神经元响应,假设它有值 1 和 0;$A(t)$ 为神经元的外部刺激;C 为神经元的阈值;$k(t)$ 为神经元放电和响应以后的不应期,即从状态零到状态 1;τ 记系统的时滞,描述系统能响应以前必须消失的时间区间,充分强度的刺激接收后会产生这样的动作。

文献[35]用下面的方程来代替式(2-8)和式(2-9)中的 $u(t+\tau)$ 和非线性函数 $H(\cdot)$,即

$$u(t+\tau) \approx u(t) + \tau\frac{\mathrm{d}u(t)}{\mathrm{d}t}$$

$$H\Big[A(t) - \int_{-\infty}^{t} k(t-s)u(s)\mathrm{d}s - C\Big] = a\tanh\Big[u(t) - b\int_{-\infty}^{t} k(t-s)u(s)\mathrm{d}s\Big]$$

因此,可以获得下面的方程,即

$$\frac{\mathrm{d}u(t)}{\mathrm{d}t} = -\frac{1}{\tau}u(t) + \frac{a}{\tau}\tanh\Big[u(t) - b\int_{-\infty}^{t} k(t-s)u(s)\mathrm{d}s\Big] \qquad (2\text{-}10)$$

置 $\tau=1$(否则可再尺度时间变量),常数 a 和 b 有明显的意义,即 a 是连续变量 $u(\cdot)$ 的范围,而 b 记过去历史的抑制影响的测度。方程(2-10)可以看成是带时滞的局部正反馈的情形。在方程(2-10)中,且在双曲正切函数中的量 $u(t)$ 是一个局部正反馈。在生物方面的文献中,这个局部正反馈称为回复[36],而在神经网络文献中这种正反馈被看成自兴奋。对于信息的时间处理、正反馈和时滞的关系的讨论可见文献[37]。

基于上面的讨论,Gopalsamy 和 Leung[35] 提出三个时滞神经元方程(称为 Gopalsamy 神经元方程),即

$$\frac{\mathrm{d}x(t)}{\mathrm{d}t} = -x(t) + a\tanh[x(t) - bx(t-\tau) - c] \qquad (2\text{-}11)$$

$$\frac{\mathrm{d}x(t)}{\mathrm{d}t} = -x(t) + a\tanh\Big[x(t) - b\int_{0}^{t} k(s)x(t-s)\mathrm{d}s - c\Big] \qquad (2\text{-}12)$$

$$\frac{\mathrm{d}x(t)}{\mathrm{d}t} = -x(t) + a\tanh\Big[x(t) - b\int_{0}^{\infty} k(s)x(t-s)\mathrm{d}s - c\Big] \qquad (2\text{-}13)$$

其中,a,b,τ 和 c 是非负数;$k:[0,\infty) \to [0,\infty)$ 是一个连续时滞核函数,满足一些限

制(将在后面给出)。

上面的方程可以解释为 $x(t)$ 是一个神经元的激活水平,通过调节动态阈值能够自激活,且依赖于以前激活的历史。时滞结合于方程中能导致系统宽的动态范围,即从松弛到稳定平衡点、不稳定性导致稳定振荡和混沌[38,39]。

2.2.2　Gopalsamy 模型的收敛性的充分必要条件

文献[35]讨论了方程(2-11)和方程(2-12)收敛的充分必要条件,这是很少讨论的情形。为了方便,考虑 $c=0$,因此方程(2-11)变为

$$\frac{\mathrm{d}x(t)}{\mathrm{d}t} = -x(t) + a\tanh[x(t) - bx(t-\tau)], \quad t>0 \tag{2-14}$$

方程(2-14)的初始条件为

$$x(s) = \phi(s), \quad s \in [-\tau, 0] \tag{2-15}$$

其中,ϕ 是 $[-\tau, 0]$ 上的连续实值函数。

设

$$y(t) \equiv x(t) - bx(t-\tau), \quad t \in [-\tau, \infty]$$

因此,方程(2-14)变为

$$\frac{\mathrm{d}y(t)}{\mathrm{d}t} = -y(t) + a\tanh[y(t)] - ab\tanh[y(t-\tau)], \quad t>0 \tag{2-16}$$

如果 y^* 是方程(2-16)的一个平衡点,那么 y^* 满足

$$y^* = a(1-b)\tanh(y^*) \tag{2-17}$$

假设 a, b 使得

$$a>0, \quad b\geq 0, \quad a(1-b)<1 \tag{2-18}$$

在条件(2-18)的情形下,方程(2-17)有唯一解,记为 y^*。因此,在方程(2-16)中,$y^*=0$ 是它的唯一平衡点。我们将讨论方程(2-16)的平衡点 $y^*=0$ 是全局渐近稳定性的充分必要条件。

定理 2.1　方程(2-14)的参数 a, b 和 τ 满足

$$a>0, \quad b\geq 0, \quad a(1-b)<1, \quad \dot{a}(1+b)<1 \tag{2-19}$$

的充分必要条件是方程(2-16)的所有解满足

$$\lim_{t\to\infty} y(t) = 0$$

即

$$\lim_{t\to\infty} x(t) = 0$$

证明(充分性)　考虑下面的 Lyapunov 泛函,即

$$V(t, y(t)) = |y(t)| + ab\int_{t-\tau}^{t} |y(s)|\,\mathrm{d}s, \quad t>0 \tag{2-20}$$

沿着方程(2-16)的解计算上右导数,即

$$\frac{DV}{Dt} \leqslant -|y(t)| + a|\tanh[y(t)]| + ab|\tanh[y(t-\tau)]|$$

$$+ ab|y(t)| - ab|y(t-\tau)|$$

$$\leqslant -\{1 - a(1+b)\}|y(t)|, \quad t > 0 \tag{2-21}$$

由方程(2-21),有

$$V(y)(t) + \{1 - a(1+b)\}\int_0^t |y(s)|\,ds \leqslant V(y)(0), \quad t > 0 \tag{2-22}$$

由方程(2-19),$a(1+b)<1$,因此由方程(2-22)和方程(2-20),有 $y(\cdot)$ 在 $[-\tau,\infty)$ 上保持有界,由方程(2-16),有 $\dfrac{dy(\cdot)}{dt}$ 在 $[0,\infty)$ 上保持有界。因此,$y(\cdot)$ 在 $[-\tau,\infty)$ 上是一致连续的,方程(2-16)包含 $\displaystyle\int_0^\infty |y(s)|\,ds < \infty$,因此由 Barbalatt's 引理[40]有

$$\lim_{t\to\infty} y(t) = y^* = 0$$

由方程(2-14)有

$$\frac{dx(t)}{dt} = -x(t) + a\tanh[y(t)], \quad t \geqslant 0$$

对上面方程积分有

$$x(t) = x(0)e^{-t} + ae^{-t}\int_0^t e^s\tanh[y(s)]\,ds, \quad t \geqslant 0$$

设 $f(t) \equiv ae^{-t}\displaystyle\int_0^t e^s\tanh[y(s)]\,ds$,且注意到如果

$$\varlimsup_{t\to\infty} \left| a\int_0^t e^s\tanh[y(s)]\,ds \right| < \infty$$

那么

$$\lim_{t\to\infty} x(t) = 0$$

如果

$$\varlimsup_{t\to\infty} \left| a\int_0^t e^s\tanh[y(s)]\,ds \right| = \infty$$

那么

$$\lim_{t\to\infty} f(t) = \lim_{t\to\infty} \frac{ae^t\tanh[y(t)]}{e^t} = \lim_{t\to\infty} a(\tanh[y(t)]) = 0$$

因为 $y(t)\to 0$,当 $t\to\infty$,所以 $x(t)\to 0, t\to\infty$。

（必要性）相应于方程(2-14)的平凡解的线性变分系统为

$$\frac{dx(t)}{dt} = -x(t) + ax(t) - abx(t-\tau) \tag{2-23}$$

相应于方程(2-23)的特征方程是下面的超越方程,即

$$\lambda = \lambda(\tau) = -(1-a) - abe^{-\lambda\tau} \tag{2-24}$$

方程(2-24)的根连续依赖于 τ,且对于 $\tau = 0$,方程(2-24)的唯一根满足

$$\lambda(0) = -(1-a) - ab = a(1-b) - 1 < 0 \tag{2-25}$$

由 λ 关于 τ 的连续依赖性,由方程(2-25),对于小的 τ,方程(2-24)的根有负实部,蕴含平衡点的局部渐近稳定性。如果存在 τ^*,使得 $\tau = \tau^*$,方程(2-24)有一对纯虚根,如为 $\pm i\omega$,$\omega > 0$,那么

$$i\omega = -(1-a) - abe^{-i\omega\tau}$$

就有

$$\begin{cases} 1 - a = -ab\cos\omega\tau \\ \omega = ab\sin\omega\tau \end{cases}$$

如果 $\omega \neq 0$,那么 $(1-a)^2 + \omega^2 = a^2 b^2$ 或者 $|1-a| \leqslant ab$,因此如果

$$a(1+b) \geqslant 1$$

那么存在 τ^*,对于方程(2-24)有零实部的根,且方程(2-14)的平凡解变成不稳定。

考虑模型(2-12),且假设分布时滞核 $k:[0,\infty) \to [0,\infty)$ 为

$$k(s) = \frac{1}{T}e^{-\frac{1}{T}s}, \quad s \in [0,\infty)$$

其中,T 为特征常数,表示权的衰减速率,即过去的结果继续影响当前的动态。

上面的核记为指数衰减记忆,更为一般的核为

$$k(s) = \left(\frac{1}{T}\right)^{n+1} \frac{s^n}{n!} e^{-\frac{1}{T}s}, \quad s \in [0,\infty), \quad n = 0,1,2,\cdots$$

现在考虑系统(2-12)具有下面的特殊形式的动态,即

$$\frac{dx(t)}{dt} = -x(t) + a\tanh\left(x(t) - b\int_0^t \frac{1}{T}e^{-\frac{1}{T}(t-s)}x(s)ds\right), \quad t > 0 \tag{2-26}$$

其中,a,b 和 T 是正数,尤其感兴趣对于神经元各种参数 a,b 和 T 的条件最终使 $x(t) \to 0$,当 $t \to \infty$ 时。

为了简化方程(2-26)的分析,设

$$y(t) = \int_0^t \frac{1}{T}e^{-\frac{1}{T}(t-s)}x(s)ds, \quad t > 0 \tag{2-27}$$

由方程(2-27)有

$$\frac{dy(t)}{dt} = \frac{1}{T}(x(t) - y(t)), \quad t > 0 \tag{2-28}$$

因此,我们可以考虑下面系统的动态,即

$$
\begin{cases}
\dfrac{\mathrm{d}x}{\mathrm{d}t} = -x + a\tanh(x - by) \\
\dfrac{\mathrm{d}y}{\mathrm{d}t} = \dfrac{1}{T}(x - y)
\end{cases}
\tag{2-29}
$$

因为方程(2-29)的解集包含方程(2-26)的解集,所以方程(2-29)的平凡解的稳定性也蕴含方程(2-26)的稳定性。设(x^*, y^*)是方程(2-29)的平衡点,那么

$$
x^* = y^* \text{ 和 } x^* = a(\tanh[(1-b)x^*])
\tag{2-30}
$$

下面假设

$$
a(1-b) < 0, \quad a > 0, \quad b \geqslant 0
\tag{2-31}
$$

当方程(2-31)成立时,可证实$(0,0)$是方程(2-29)的唯一平衡点,注意这是由sigmiod函数$f(x) = \tanh(x)$的性质确定的。方程(2-29)所有解的有界性可以从下面建立,如由方程(2-29)有

$$
-x - a \leqslant \frac{\mathrm{d}x}{\mathrm{d}t} \leqslant -x + a, \quad t > 0
$$

因此,存在正数t^*和ε,使得

$$
-(a + \varepsilon) \leqslant x(t) \leqslant (a + \varepsilon), \quad t \geqslant t^*
$$

对于这样$t \geqslant t^*$,有

$$
\frac{1}{T}[-(a + \varepsilon) - y] \leqslant \frac{\mathrm{d}y}{\mathrm{d}t} \leqslant \frac{1}{T}[(a + \varepsilon) - y]
$$

它蕴含对于$t \in [0, \infty)$, $y(t)$有界。因此,由$\varepsilon > 0$的任意性,域$\{(x,y) \mid |x| \leqslant a, |y| \leqslant a\}$是方程(2-29)的一个吸引域。下面的结果建立了方程(2-29)平凡解的全局渐近稳定性。

定理 2.2 设a, b, T是正数,且使得

$$
\begin{cases}
a(1-b) < 1 \\
a < 1 + \dfrac{1}{T} \text{ 或 } T < \dfrac{1}{a-1}, \quad a > 1
\end{cases}
\tag{2-32}
$$

那么方程(2-29)的所有解满足

$$
\lim_{t \to \infty} x(t) = 0 = \lim_{t \to \infty} y(t)
$$

证明 可以看到,方程(2-29)的所有解保持有界,且最终吸引到集合$[-a,a] \times [-a,a]$。如果我们能够证明方程(2-29)没有周期解,那么ω极限集包含单个平衡点$(0,0)$;方程(2-29)的所有解逼近它们各自的ω极限集,且ω极限集本身关于方程(2-29)是不变的。方程(2-29)的每个解的ω极限集是单点$(0,0)$,因此目的是寻找方程(2-29)周期解不存在的条件。方程(2-29)可以再写为

$$\begin{cases} \dfrac{\mathrm{d}x}{\mathrm{d}t} = f_1(x,y) = -x + a\tanh(x-by) \\ \dfrac{\mathrm{d}y}{\mathrm{d}t} = f_2(x,y) = \dfrac{1}{T}(x-y) \end{cases} \tag{2-33}$$

方程(2-33)的向量场(f_1,f_2)的散度为

$$\mathrm{div}\{f_1,f_2\} = \frac{\partial f_1}{\partial x} + \frac{\partial f_2}{\partial y} \leqslant -(1+\frac{1}{T}) + a < 0, \quad a < 1 + \frac{1}{T} \text{或} a < 1$$

由 Poincaré-Bendixson 准则[11]，可以得出方程(2-29)没有非平凡周期解。对于 $t>0$，方程(2-29)的解有界，由上面的讨论可知$\lim\limits_{t\to\infty} x(t) = 0$。

下面考虑条件(2-32)对于方程(2-34)的必要性。考虑变分方程，即

$$\begin{cases} \dfrac{\mathrm{d}u}{\mathrm{d}t} = (a-1)u - abv \\ \dfrac{\mathrm{d}v}{\mathrm{d}t} = \dfrac{1}{T}(u-v) \end{cases} \tag{2-34}$$

方程(2-34)系数矩阵的特征值是下面方程的根，即

$$\lambda^2 - \lambda\left[\frac{1}{T} - (a-1)\right] + \frac{1}{T}[1-a(1-b)] = 0 \tag{2-35}$$

当 $a(1-b)<1$ 时，方程(2-35)的根无论何时在下面的条件都有负实部，即

$$a < 1 \text{ 或者} \frac{1}{T} > a-1, \quad a > 1$$

当 $\dfrac{1}{T} = a-1$ 或 $T = \dfrac{1}{a-1}$ 时，方程(2-35)的根变为纯虚根，在此情形$(0,0)$失去渐近稳定性，因此有如下定理。

定理 2.3 设 $a,b,T \in (0,\infty)$，假设 $a(1-b)<1$，那么对于$(0,0)$的全局渐近稳定性的充分必要条件是 $a \in (0,1]$ 或 $T < \dfrac{1}{a-1}$。

在考察方程(2-13)时，设 $c=0$，时滞核 k 在 $[0,\infty)$ 连续，且具有下面的性质，即

$$k:[0,\infty) \mapsto [0,\infty)$$

$$\int_0^\infty k(s)\mathrm{d}s = 1 \tag{2-36}$$

$$\int_0^\infty sk(s)\mathrm{d}s < \infty$$

对于方程(2-13)的初始条件为 $x(s) = \phi(s), s \in (-\infty,0]$，$\phi$ 在 $(-\infty,0]$ 上有界且分段连续。

定理 2.4 设时滞核满足方程(2-36)，那么方程(2-13)在 $c=0$ 时相应于

$(-\infty,0]$ 上有界初始值条件下的所有解满足,即 $\lim\limits_{t\to\infty}x(t)=0$ 的充分必要条件是

$$a>0, \quad b\geqslant 0, \quad a(1-b)<1, \quad a(1+b)<1$$

证明　考虑下面的 Lyapunov 泛函,即

$$V(x)(t) = |x(t)| + ab\int_0^\infty k(s)\left(\int_{t-s}^t |x(u)|\,\mathrm{d}u\right)\mathrm{d}s$$

沿着在 $c=0$ 时方程(2-24)的解,计算上右导数,即

$$\frac{DV}{Dt} \leqslant -x(t) + a|x(t)| + ab|x(t)| \leqslant -\{1-a(1-b)\}|x(t)|$$

因此

$$V(x)(t) + [1-a(1+b)]\int_0^t |x(s)|\,\mathrm{d}s \leqslant V(x)(0), \quad t>0$$

其余部分的证明类似于定理 2.1,充分性得证。

现在考虑对于方程(2-13)的所有解收敛于它的平衡点条件(2-19)的必要性。相应于方程(2-13)的线性变分方程是

$$\frac{\mathrm{d}u(t)}{\mathrm{d}t} = -u(t) + au(t) - ab\int_0^\infty k(s)u(t-s)\,\mathrm{d}s, \quad t>0 \qquad (2\text{-}37)$$

相应于方程(2-37)的特征方程是

$$\lambda = -(1-a) - ab\int_0^\infty k(s)\mathrm{e}^{-\lambda s}\,\mathrm{d}s \qquad (2\text{-}38)$$

将证明 $a(1+b)<1$ 蕴含方程(2-38)所有根有负实部,而 $a(1+b)=1$ 蕴含方程 (2-38)的解具有零实部的根。例如,在方程(2-38)中设

$$\lambda = \alpha + \mathrm{i}\omega$$

则有

$$\alpha = -(1-a) - ab\int_0^\infty k(s)\mathrm{e}^{-\alpha s}\cos\omega s\,\mathrm{d}s$$

如果 $\mathrm{Re}(\lambda)=\alpha\geqslant 0$,且 $a(1+b)<1$,那么 $0\leqslant\alpha\leqslant-(1-a)+ab=-[1-a(1+b)]<0$。这是不可能的。我们也注意到,当 $a(1+b)=1$ 时,方程(2-38)有一个根具有零实部。因此,条件 $a(1+b)<1$ 对于方程(2-13)在 $c=0$ 时的平凡解的渐近稳定性也是必要的。■

对于 $c\neq 0$ 方程(2-11)~方程(2-13)的情形,我们也可以类似讨论。例如,在方程(2-11)中设

$$y(t) = x(t) - bx(t-c) - c$$

那么有

$$\frac{\mathrm{d}y(t)}{\mathrm{d}t} = -[y(t)+c] + a\tanh[y(t)] - ab\tanh[y(t-\tau)] \qquad (2\text{-}39)$$

容易看到,方程(2-39)的平衡点 y^* 是下面方程的解

$$y^* + c = a(1-b)\tanh(y^*) \tag{2-40}$$

当 $c \neq 0$ 时,假设 $a(1-b) < 1$,可看出方程(2-40)有唯一解 $y^* \neq 0$,因此包含 $c \neq 0$,在方程(2-11)～方程(2-13)相应于将平衡点转移到原点,y^* 就变为平凡平衡点。对于 $c \neq 0$ 时,方程(2-11)～方程(2-13)的稳定性与收敛性的结果不变。

2.2.3　带非线性激活函数的单时滞神经元系统的 Hopf 分岔

1. 局部稳定性与 Hopf 分岔的存在性

在文献[39]中,我们将单个 Gopalsamy 模型(2-11)推广到如下具有非单调任意激活函数的神经元系统,即

$$\frac{\mathrm{d}x(t)}{\mathrm{d}t} = -x(t) + af[x(t) - bx(t-1) + c], \quad t > 0 \tag{2-41}$$

其中,$f(\cdot)$ 是任意的非线性函数,且存在有三阶连续导数。

为了研究方便,$c = 0$ 时,方程(2-41)满足下面的初始条件,即

$$x(s) = \phi(s), \quad s \in [-1, 0]$$

其中,$\phi(\cdot)$ 为 $[-1, 0]$ 上的连续实值函数,设

$$y(t) \equiv x(t) - bx(t-1), \quad t \in [-1, +\infty)$$

因此,代入方程(2-41),有

$$\frac{\mathrm{d}y(t)}{\mathrm{d}t} = -y(t) + af[y(t)] - abf[y(t-1)], \quad t > 0 \tag{2-42}$$

如果记 y^* 是方程(2-42)的一个平衡点,那么 y^* 满足

$$y^* = a(1-b)f(y^*) \tag{2-43}$$

假设 a 和 b 满足如下不等式,即

$$a > 0, \quad b \geq 0, \quad |a(1-b)|M < 1 \tag{2-44}$$

其中,$|f'(y^*)| = M$。

在条件(2-44)的情形下,方程(2-43)有唯一的平衡点,因此方程(2-41)有唯一平衡点。

将方程(2-42)在 y^* 附近用 Taylor 展式展开,即

$$\dot{y}(t) = Ly(t) + H(y) + 高阶项 \tag{2-45}$$

其中

$$Ly(t) = (a_1 - 1)(y(t) - y^*) + b_1(y(t-1) - y^*)$$

$$H(y) = a_2(y(t) - y^*)^2 + a_3(y(t) - y^*)^3 + b_2(y(t-1) - y^*)^2 + b_3(y(t-1) - y^*)^3$$

且

$$a_1 = af'(y^*), \quad a_2 = \frac{af''(y^*)}{2}, \quad a_3 = \frac{af'''(y^*)}{6}$$

$$b_1 = -abf'(y^*), \quad b_2 = -\frac{abf''(y^*)}{2}, \quad b_3 = -\frac{abf'''(y^*)}{6}$$

那么方程(2-42)在平衡点 y^* 附近的线性化方程为

$$\dot{u}(t) = (a_1 - 1)u(t) + b_1 u(t-1), u(t) = y(t) - y^* \tag{2-46}$$

由文献[4]可知,系统(2-42)的平衡点 $y(t) = y^*$ 的稳定性依赖于方程(2-47)相应的特征方程的根的分布。

引理 2.1　　在复数域上考虑下面的超越方程,即

$$\lambda = (a_1 - 1) + b_1 e^{-\lambda} \tag{2-47}$$

其中,$a_1 \neq 1; b_1 \neq 0$。

我们有下面的结论。

① 如果 $b_1 > 0, a_1 < 2$,且 $a_1 + b_1 < 1$,那么方程(2-47)的所有解有负实部。

② 如果 $b_1 < 0, a_1 < 2$,且 $a_1 - 1 < |b_1| < [(a_1-1)^2 + \theta^2]^{\frac{1}{2}}$,这里 $\theta = (a_1 - 1)\tan\theta$,那么方程(2-47)的所有解有负实部。

③ 如果 $a_1 > 0$ 或 $a_1 < 1$,那么存在 b_1^0 使得方程(2-47)在 $b_1 = b_1^0$ 处有一个纯虚根。

证明　　首先证明①和②。对于方程(2-47)的所有根有负实部的充分必要条件是

$$a_1 - 1 < 1$$
$$a_1 - 1 < -b_1 < [(a_1-1)^2 + \theta^2]^{\frac{1}{2}}$$

其中,θ 是 $\theta = (a_1-1)\tan\theta$ 的唯一根。

由条件①,一定有 $a_1 < 2$,由条件②,有 $a_1 + b_1 < 1$,且 $-b_1 < [(a_1-1)^2 + \theta^2]^{\frac{1}{2}}$。如果 $b_1 > 0$,那么这些条件变为 $a_1 < 2, a_1 + b_1 < 1$;如果 $b_1 < 0$,那么稳定性条件是 $a_1 < 2, a_1 - 1 < a_1 - 1 < |b_1| < [(a_1-1)^2 + \theta^2]^{\frac{1}{2}}$。

下面来证明条件③。假设方程(2-47)对于某个临界值 $b_1 = b_1^0$ 有纯虚根 $\lambda = i\omega_0, \omega_0 \in R^+$,这样就有下面的方程,即

$$a_1 + b_1^0 \cos\omega_0 = 1, \quad \omega_0 + b_1^0 \sin\omega_0 = 0$$

或等价于方程

$$\omega_0 = (a_1 - 1)\tan\omega_0$$

有正根 ω_0,当且仅当

① $a_1 > 1, \omega_0 \in (n\pi, n\pi + \frac{\pi}{2}), n = 1, 2, 3, \cdots$。

② $a_1 < 1, \omega_0 \in (n\pi - \frac{\pi}{2}, n\pi), n = 1, 2, 3, \cdots$。

因此，$\lambda = i\omega_0$ 是方程(2-47)的解。　　　　　　　　　　　　　　■

由引理 2.1，我们有下面的定理。

定理 2.5（局部稳定性和 Hopf 分岔的存在性）

① 如果 $b_1 > 0, a_1 < 2, a_1 + b_1 < 1$，那么 $y = y^*$ 是系统(2-42)的唯一稳定的平衡点；如果 $b_1 < 0, a_1 < 2, a_1 - 1 < |b_1| < [(a_1 - 1)^2 + \theta^2]^{\frac{1}{2}}, \omega_0 = (a_1 - 1)\tan\omega_0$，那么 $y = y^*$ 是系统(2-42)的唯一稳定的平衡点。

② 如果 $a_1 > 1$，那么在 $b_1 = {}^0b_1 > 0$ 有一个从 y^* 的 Hopf 分岔到一个周期轨道；如果 $a_1 < 1$，那么在 $b_1 = b_1^0 > \sqrt{1 - a_1}$ 或 $0 > b_1 = b_1^0 > -\sqrt{1 - a_1}$ 有一个从 y^* 的 Hopf 分岔到一个周期轨道。

证明　参见文献[39]。　　　　　　　　　　　　　　　　　　　■

2. 分岔周期解的稳定性

下面研究方程(2-41)或方程(2-42)的分岔方向、分岔周期解的稳定性与周期，可以利用 1.1 节介绍的方法[1]。

为了方便，设 $b_1 = b_1^0 + \mu, \mu \in R$，那么对于方程(2-42)，$\mu = 0$ 是 Hopf 分岔点。假设函数 f 满足

$$f \in C^3(R), \quad \text{当 } u \neq 0 \text{ 时有 } uf(u) \neq 0 \tag{2-48}$$

那么方程(2-42)可以写为

$$
\begin{aligned}
u(t) = &(a_1 - 1)u(t) + b_1 u(t-1) + a_2 u^2(t) + a_3 u^3(t) \\
&+ b_2 u^2(t-1) + b_3 u^3(t-1) + O(|u|^4)
\end{aligned}
\tag{2-49}
$$

对于 $\phi \in C$，设

$$L_\mu \phi = (a_1 - 1)\phi(0) + b_1 \phi(-1)$$

$$F(\mu, \phi) = a_2 \phi^2(0) + a_3 \phi^3(0) + b_2 \phi^2(-1) + b_3 \phi^3(-1) + O(|\phi|^4)$$

由 Riesz 表示定理，在 $\theta \in [-1, 0]$ 上存在一个有界变差函数 $\eta(\theta, \mu)$，使得

$$L_\mu \phi = \int_{-1}^0 d\eta(\theta, \mu)\phi(\theta)d\theta, \quad \phi \in C \tag{2-50}$$

如果我们选取

$$\eta(\theta, \mu) = (a_1 - 1)\delta(\theta) + b_1 \delta(\theta + 1), \quad \theta \in [-1, 0]$$

那么式(2-50)满足。

对于 $\phi \in C^1([-1, 0], R)$，定义

$$
A(\mu)\phi =
\begin{cases}
\dfrac{d\phi(\theta)}{d\theta}, & -1 \leqslant \theta < 0 \\
\displaystyle\int_{-1}^0 d\eta(\theta, u)\phi(\theta)d\theta, & \theta = 0
\end{cases}
\tag{2-51}
$$

$$
R(\mu)\phi =
\begin{cases}
0, & -1 \leqslant \theta < 0 \\
F(\mu, \phi), & \theta = 0
\end{cases}
\tag{2-52}
$$

那么,方程(2-49)可以写为

$$\dot{u}_t(t) = A(\mu)u_t + R(\mu)u_t \tag{2-53}$$

其中,　　　　　$u(t) = y(t) - y^*$;　$u_t = u(t+\theta)$;　$\theta \in [-1, 0]$。

对于 $\varphi \in C^1[0, 1]$,A 的伴随算子 A^* 定义为

$$A^* \varphi(\delta) = \begin{cases} -\dfrac{\mathrm{d}\varphi(\delta)}{\mathrm{d}\delta}, & 0 < \delta < 1 \\[2mm] \displaystyle\int_{-1}^{0} \mathrm{d}\eta(\delta, \mu)\varphi(-\delta), & \delta = 0 \end{cases} \tag{2-54}$$

对于 $\varphi \in C([0,1], (C^2)^*)$ 和 $\phi \in C([-1,0], C^2)$,我们定义内积为

$$\langle \varphi, \phi \rangle = \overline{\varphi}(0)\phi(0) - \int_{\theta=-1}^{0} \int_{s=0}^{\theta} \overline{\varphi}(s-\theta)\mathrm{d}\eta(\theta)\phi(s)\mathrm{d}s \tag{2-55}$$

为了确定算子 A 的庞加莱规范式,我们需要计算 A 属于特征值 $\mathrm{i}\omega_0$ 的特征向量 q 和 A^* 属于特征值 $-\mathrm{i}\omega_0$ 的特征向量 q^*。直接计算可得 $A(0)$ 相应于特征值 $\mathrm{i}\omega_0$ 的特征向量,即

$$q(\theta) = \exp(\mathrm{i}\omega_0\theta), \quad -1 \leqslant \theta < 0$$

$A^*(0)$ 相应于特征值 $-\mathrm{i}\omega_0$ 的特征向量为

$$q^*(s) = D\exp(\mathrm{i}\omega_0 s), \quad 0 \leqslant s \leqslant 1$$

其中,$D = 1/(1 + b_1 \mathrm{e}^{\mathrm{i}\omega_0})$。

因此,我们有

$$<q^*, q> = 1, \quad <q^*, \overline{q}> = 0$$

利用1.1节的方法,经过繁琐的数学推导可以得下面量的值,即

$$C_1(0) = \frac{\mathrm{i}}{2\omega_0}\left(g_{20}g_{11} - 2|g_{11}|^2 - \frac{1}{3}|g_{02}|^2\right) + \frac{g_{21}}{2}$$

$$\mu_2 = -\frac{\mathrm{Re}\{C_1(0)\}}{\mathrm{Re}\lambda'(0)}$$

$$T_2 = -\frac{\mathrm{Im}\{C_1(0)\} + \mu_2\mathrm{Im}\lambda'(0)}{\omega_0}$$

$$\beta_2 = 2\mathrm{Re}\{C_1(0)\} \tag{2-56}$$

因此,有下面的定理。

定理 2.6　在式(2-56)中,μ_2 决定了 Hopf 分岔的方向:如果 $\mu_2 > 0 (< 0)$,那么 Hopf 分岔是在上临界的(下临界的),且对于 $b_1 > b_1^0 (< b_1^0)$ 分岔周期解是存在的,β_2 决定了分岔周期解的稳定性;如果 $\beta_2 < 0 (> 0)$,那么分岔周期解是轨道稳定的(不稳定的),T_2 决定了分岔周期解的周期;如果 $T_2 > 0 (< 0)$,那么周期解是增加的(减小的)。

2.2.4　一个典型时滞系统的 Hopf 分岔

文献[41],[42]提出一个简单的单变量时滞系统模型,包含立方非线性项。该模型为

$$\dot{x}(t)=ax(t-\tau)-bx^3(t-\tau) \tag{2-57}$$

其中,a 和 b 是正参数;时滞 $\tau \geqslant 0$。

实际上,在方程(2-16)中将双曲正切函数展成前两项有

$$\dot{y}(t) \approx -y(t)+ay(t)+ab\left[y(t-\tau)-\frac{aby^3(t-\tau)}{3}\right]$$

$$\approx (-1+a)y(t)+aby(t-\tau)-\frac{ab}{3}y^3(t-\tau)$$

当 $a=1$ 时,上式可变为与方程(2-57)类似的方程。在文献[43]中,我们讨论了方程(2-57)的 Hopf 分岔,应用规范形式理论和中心流形定理研究 Hopf 分岔方向、周期解的周期,以及分岔周期解的稳定性。

为了获得方程(2-57)的局部稳定性和不稳定性,可以从文献[43],[44]获得下面的结果。

引理 2.2(Hayes)　超越方程 $be^\lambda+c-\lambda e^\lambda=0$ 的所有根(这里 b 和 c 是实数)有负实部,当且仅当 $b<1$,且 $b<-c<\sqrt{a_1^2+b^2}$,这里 a_1 是 $a=\tan a$ 的根,使得 $0<a<\pi$。如果 $b=0$,我们取 $a_1=\dfrac{\pi}{2}$。

系统(2-57)有三个平衡点,$x^*=0,\sqrt{a/b},-\sqrt{a/b}$;在 $x^*=0$ 中,系统是局部不稳定的,因此我们仅考虑 $x^*=\pm\sqrt{a/b}$,设 $u(t)=x(t)-x^*$,在 $x^*=\pm\sqrt{a/b}$ 附近,系统(2-57)可以表示为

$$\dot{u}(t)=b_1u(t-\tau)+b_2u^2(t-\tau)+b_3u^3(t-\tau) \tag{2-58}$$

这里

$$b_1=-2a,\quad b_2=\begin{cases}-3b\sqrt{a/b},&x^*=\sqrt{a/b}\\3b\sqrt{a/b},&x^*=-\sqrt{a/b}\end{cases},\quad b_3=-b$$

系统(2-58)的线性化方程为

$$\dot{u}(t)=b_1u(t-\tau) \tag{2-59}$$

系统(2-59)的特征方程为

$$\lambda-b_1e^{-\lambda\tau}=0$$

设 $s=\lambda\tau$,我们有

$$-se^s+b_1\tau=0$$

如果上面方程的所有根有负实部,则平衡点是局部稳定的。对于每个 τ,a 的最大

值使得系统(2-57)是局部稳定的。因此,由引理 2.2,下面的定理是直接的。

定理 2.7 如果 $a < \dfrac{\pi}{4\tau}$,系统(2-57)是局部稳定的;如果 $a > \dfrac{\pi}{4\tau}$,系统(2-57)是局部不稳定的。

与上节讨论的类似,经过 Hopf 分岔的存在性分析,我们可以获得下面的结果。

定理 2.8 当正参数 a 通过临界值 $a^* = \pi - 4\tau$,系统(2-57)在两个平衡点 $x^* = \pm\sqrt{a/b}$ 存在 Hopf 分岔。

设 $a = a^* + \mu$,那么 $\mu = 0$ 是 Hopf 分岔点,利用上节讨论的方法经过一系列繁琐的数学计算可得系统(2-56)中 $C_1(0)$、μ_2、T_2 和 β_2 的值,因此定理 2.6 的结论成立。

2.2.5　带分布时滞 Gopalsamy 神经元方程

传输时滞在生物系统中是固有的,将它结合于系统中会产生丰富的动态行为,在许多神经系统中,这些时滞具有关键的重要性,且在建模中是不可忽略的。在大脑中的轴突时滞可成组为两类:在一个给定结构内的时滞(如大脑皮层)和在不同结构之间的时滞(如大脑皮层和丘脑之间)。然而,在许多研究中已经探索了在单个结构中的时滞性质,直到目前通过近似仅详细处理了单个离散时滞。通常神经元之间的信息传递并不是用离散时滞来反映,相反传递又有空间分布,所以分布时滞应更能反映神经元信息的传递本质,并且构成的带分布时滞的神经网络尤其适合解决语音识别、图像处理、预测和系统识别[37,45,46]。

在文献[38]中,我们考虑带分布时滞的纯量自治微分方程,即分布时滞 Gopalsamy 模型(2-13)。在模型(2-13)中,我们假设分布时滞的引入并不影响时滞神经系统的平衡点,进而规范化核使得

$$\int_0^\infty k(s)\mathrm{d}s = 1 \tag{2-60}$$

定义平均时滞为

$$T = \int_0^\infty sk(s)\mathrm{d}s$$

特别地,弱核为

$$k(s) = \alpha\exp(-\alpha s), \quad \alpha > 0$$

且强核为

$$k(s) = \alpha^2 s\exp(-\alpha s), \quad \alpha > 0$$

对于弱核和强核的平均时滞分别是 $T = \dfrac{1}{\alpha}$ 和 $T = \dfrac{2}{\alpha}$。

考虑系统(2-13)在下面的初始条件,即

$$x(s) = \phi(s), \quad -\infty \leqslant s < 0$$

其中,$\phi(s)$是定义在$(-\infty, 0]$上的连续函数,为方便取$c = 0$。

对于$c \neq 0$,可类似进行讨论。令

$$y(t) \equiv x(t) - b\int_0^\infty k(s)x(t-s)\mathrm{d}s$$

因此,从上面的方程,我们有

$$\frac{\mathrm{d}y(t)}{\mathrm{d}t} = -y(t) + a\tanh[y(t)] - ab\int_{-\infty}^0 k(s)\tanh[y(t+s)]\mathrm{d}s \quad (2\text{-}61)$$

由前面的讨论,我们假设a和b满足下式,即

$$a > 0, \quad b \geqslant 0, \quad a(1-b) < 1 \quad (2\text{-}62)$$

因此,系统(2-61)有唯一平衡点$y(t) \equiv 0$。

下面讨论系统(2-61)在强核情形下的稳定性和 Hopf 分岔,对于弱核的情形可以进行类似讨论。对于强核情形,我们发现当平均时滞增加时,一个平衡点的稳定性也许失去,进一步增加平均时滞也许导致再稳定化。

用 Taylor 展式将系统(2-61)展为一阶、二阶、三阶和高阶项,有

$$\frac{\mathrm{d}y(t)}{\mathrm{d}t} = Ly(t) + \int_{-\infty}^0 k(s)y(t+s)\mathrm{d}s + H(y) + 高阶项$$

其中

$$L = -(1-a)$$
$$k(s) = -abk(-s)$$
$$H(y) = -\frac{a}{3}y^3(t) + \frac{ab}{3}\int_{-\infty}^0 k(-s)y^3(t+s)\mathrm{d}s$$

线性化系统的特征方程为

$$D(\lambda) = \lambda + (1-a) + ab\int_{-\infty}^0 k(-s)\exp(\lambda s)\mathrm{d}s$$

如果$k(s)$是强核,即$k(s) = \alpha^2 s\exp(-\lambda s), \alpha > 0$,那么特征方程为

$$\lambda^3 + (2\alpha + 1 - a)\lambda^2 + \alpha[\alpha + 2(1-a)]\lambda + \alpha^2[1 - a(1-b)] = 0 \quad (2\text{-}63)$$

令

$$b_1 = b_1(\alpha) = 2\alpha + (1-a)$$
$$b_2 = b_2(\alpha) = \alpha[\alpha + 2(1-a)]$$
$$b_3 = b_3(\alpha) = \alpha^2[1 - a(1-b)]$$

特征方程(2-63)变为

$$\lambda^3 + b_1\lambda^2 + b_2\lambda + b_3 = 0$$

设$\varphi:(0,\infty) \to R$是连续可微函数,且定义为

$$\varphi(\alpha) = b_1(\alpha)b_2(\alpha) - b_3(\alpha)$$

如果$\varphi(\alpha) > 0$,Routh-Hurwitz 准则[38]蕴含平衡点$y^* = 0$是局部渐近稳定的,因此

我们有

$$\varphi(\alpha)=\alpha\{2\alpha^2+[4(1-a)-ab]\alpha+2(1-a)^2\}$$

设

$$\varphi_1(\alpha)=2\alpha^2+[4(1-a)-ab]\alpha+2(1-a)^2 \tag{2-64}$$

因此,函数 $\varphi_1(\alpha)$ 的两个根是

$$\alpha_{\pm}=\frac{[ab+4(a-1)]\pm\sqrt{ab[ab+8(a-1)]}}{4}$$

在下面的讨论中,我们考虑两种情形。

① 通过 $a<1$,因为 $\alpha>0$,那么由式(2-64)有

$$b<\frac{2\alpha}{a}+\frac{4(1-a)}{a}+\frac{2(1-a)^2}{\alpha a}\equiv f(\alpha) \tag{2-65}$$

当 α 从 0 到 $+\infty$ 变化时,在不等式右边的 α 函数 $f(\alpha)$ 从 $-\infty$ 衰减到 $\alpha=1-a$ 处的最小值 $8(1-a)/a$,然后再增加。因此,如果 $b<8(1-a)/a$,那么不等式(2-65)对所有 α 均成立;如果 $b>8(1-a)/a$,不等式(2-65)对小的 α 和大的 α 成立,即 $\alpha<\alpha_-$ 或 $\alpha>\alpha_+$,这里 $\alpha_{\pm}$ 由上面给出。但是,有一个 $\alpha\in(\alpha_-,\alpha_+)$ 的区间,不等式(2-65)成立。在后一种情形中,当 α 变化时,有一个从稳定到不稳定再返回到稳定的变化。

② 如果 $\alpha>1$,且 $\alpha>2(a-1)$,那么 $b_1>0,b_2>0$,由条件(2-62),我们有 $b_3>0$,显然 $\alpha_+>\alpha>0$,因此当 $\alpha\in(\alpha_+,+\infty)$ 时,我们有 $\varphi(\alpha)>0$,即系统(2-61)是局部渐近稳定的。

在上面的分析中,如果存在一个 $\alpha_0>0$,我们有 $\varphi(\alpha_0)=0$,那么特征方程有一对纯虚根 $\lambda_{1,2}=\pm\omega_0 i$ 和一个实根 $\lambda_3=-b_1(\alpha)<0$,这里 $\omega_0=\sqrt{b_2(\alpha)}$。

经过一些计算,我们有

$$\frac{\mathrm{d}}{\mathrm{d}\alpha}[\mathrm{Re}\lambda_1]_{\alpha_0}=-\frac{1}{2(b_1^2+b_2)}\cdot\frac{\mathrm{d}\varphi(\alpha)}{\mathrm{d}\alpha}\bigg|_{\alpha_0}$$

其中

$$\frac{\mathrm{d}\varphi(\alpha)}{\mathrm{d}\alpha}\bigg|_{\alpha_0}=6\alpha_0^2+2\alpha_0(4-4a-ab)+2(1-a)^2$$

因此,我们有下面的结果。

定理 2.9(稳定性切换和 Hopf 分岔的存在性)

① 如果 $a<1$,且 $b>8(1-a)/a$,那么系统(2-61)对所有 α 是渐近稳定的。

② 如果 $a<1$,且 $b>8(1-a)/a$,那么对于 $\alpha<\alpha_-$ 或 $\alpha>\alpha_+$,系统(2-61)是渐近稳定的,但有一个 $\alpha\in(\alpha_-,\alpha_+)$ 的区间,稳定性失稳。

③ 如果 $\alpha_0=\alpha_-$ 或 $\alpha_0=\alpha_+$,使得 $\varphi(\alpha_0)=0$ 且 $(\mathrm{d}\varphi/\mathrm{d}\alpha)_{\alpha_0}\neq0$,那么当 α 通过 α_0 时,在 $y^*=0$ 处 Hopf 分岔出现。

定理 2.10　如果 $a>1$ 且 $\alpha>2(a-1)$，$\alpha\in(\alpha_+,+\infty)$，系统(2-61)是局部渐近稳定的。然而，当 $\alpha\in(0,\alpha_+)$ 时，系统(2-61)在 $y^*=0$ 处是不稳定的。如果 $\alpha_0=\alpha_+$，使得 $\varphi(\alpha_0)=0$ 且 $(\mathrm{d}\varphi/\mathrm{d}\alpha)_{\alpha_0}\neq0$，那么当 α 通过 α_0 时，在 $y^*=0$ 处，系统(2-61)出现 Hopf 分岔。

下面我们研究分岔周期解的稳定性。首先将系统(2-61)转化为下面形式的算子方程，即

$$\frac{\mathrm{d}y_t}{\mathrm{d}t}=Ay_t+Ry_t$$

其中，$y_t=y(t+\theta)$，$\theta\in[-\infty,0]$，且算子 A 和 R 定义为

$$A\phi(\theta)=\begin{cases}\dfrac{\mathrm{d}\phi(\theta)}{\mathrm{d}\theta}, & -\infty<\theta<0\\[2mm] L\phi(\theta)+\displaystyle\int_{-\infty}^{0}k(s)\phi(s)\mathrm{d}s, & \theta=0\end{cases}$$

$$R\phi(\theta)=\begin{cases}0, & -\infty<\theta<0\\[2mm] -\dfrac{a}{3}\phi^3(0)+\dfrac{ab}{3}\displaystyle\int_{-\infty}^{0}k(-s)\phi^3(s)\mathrm{d}s, & \theta=0\end{cases}$$

注意到算子 A 依赖于分岔函数 α_0，由定理 2.9 和定理 2.10 可知，当 α 通过 α_0 时 Hopf 分岔出现。设 $\mu=\alpha-\alpha_0$，那么当 $\mu=0$ 时，出现 Hopf 分岔。

利用 Hassard 方法[1]，我们容易得到

$$g_{20}=0, \quad g_{11}=0, \quad g_{12}=0$$

$$\frac{g_{12}}{2}=-\frac{a(\alpha+\mathrm{i}\omega_0)^3-\alpha^2ab(\alpha+\mathrm{i}\omega_0)}{(\alpha+\mathrm{i}\omega_0)^3-2\alpha^2ab}$$

因此，在系统(2-56)中，$C_1(0)$、μ_2、T_2 和 β_2 的值就可以求得，进而定理 2.6 的结论成立。

2.3　具有反射对称性的一阶非线性时滞微分方程的分岔

2.3.1　引言

考虑下面的方程，即

$$\frac{\mathrm{d}x(t)}{\mathrm{d}t}=f(x(t),x(t-\delta)) \tag{2-66}$$

其中，$\delta>0$ 是时滞；f 是任意光滑函数，具有如下意义的反射对称性，即对任意 a,b 有 $f(-a,-b)=-f(a,b)$。

在方程(2-66)中，f 的反射对称性意味着 $f(0,0)=0$，即原点是平衡解。

本节研究平凡平衡点的分岔。具体地，我们集中于在 $(0,0)$ 点方程(2-66)的 Taylor 展开式，对时间再尺度化后有

$$\frac{\mathrm{d}x(t)}{\mathrm{d}t} = x(t) + \alpha x(t-\tau) + \gamma_1 x(t)^3 + \gamma_2 x(t)^2 x(t-\tau)$$

$$+ \gamma_3 x(t) x(t-\tau)^2 + \gamma_4 x(t-\tau)^3 + O(|x|^5) \tag{2-67}$$

其中，$\tau = D_1 f(0,0)\delta$；$\alpha = D_2 f(0,0)/D_1 f(0,0)$；$\gamma_1 = D_{111} f(0,0)/6D_1 f(0,0)$；$\gamma_2 = D_{112} f(0,0)/2D_1 f(0,0)$；$\gamma_3 = D_{122} f(0,0)/2D_1 f(0,0)$；$\gamma_4 = D_{222} f(0,0)/6D_1 f(0,0)$。

在我们的记号中，$D_i f(0,0)$ 记函数 f 关于它的第 i 个分量（$i = 1,2,\cdots$）在 $(0,0)$ 点计算的一阶偏导数，类似的记号用在高阶的偏导数。这里假设 Taylor 系数 $D_1 f(0,0)$ 是正的，为了达到在系统（2-67）中 $x(t)$ 的项的系数为 1。我们可以看到在这种情形下，余维 1 分岔曲线可能相交导致余维 2 的分岔点。对于 $D_1 f(0,0) < 0$ 的情形没有任何困难可进行研究。然而，在这种意义下，余维 1 分岔曲线并不相交[47,48]。

2.3.2　线性稳定性分析

下面确定方程（2-67）的平衡解 $x(t) = 0$ 的稳定性域。在这个平衡解附近线性化方程（2-67），我们有

$$\frac{\mathrm{d}x(t)}{\mathrm{d}t} = x(t) + \alpha x(t-\tau) \tag{2-68}$$

将 $x(t) = e^{\lambda t}$ 代入方程（2-68），λ 是复参数，有下面的特征方程，即

$$\lambda = 1 + \alpha e^{-\lambda \tau} \tag{2-69}$$

利用文献[4]中的定理 A.5，我们发现方程（2-69）的所有根有负实部，当且仅当

$$\tau < 1, \quad \alpha < -1, \quad \alpha\tau > -\xi\sin\xi - \tau\cos\xi \tag{2-70}$$

其中，ξ 是 $\xi = \tau\tan\xi$ 的根，$0 < \xi < \pi$，如果 $\tau = 0$，那么 $\xi = \dfrac{\pi}{2}$。

因为 τ 是正的，由方程（2-70）定义的域可用图 2.1 来刻画。在图 2.1 阴影域的上面和边界，方程（2-69）有有限个具有零实部的解和所有其他解具有负实部，因此对于在这两条曲线上的参数值分岔出现，设 $\lambda = \mathrm{i}\omega$，则上面（图 2.1）的边界曲线可以特征化，分离实部和虚部后，我们有

$$1 = -\alpha\cos\omega\tau, \quad \omega = -\alpha\sin\omega\tau$$

将两个方程平方相加，有

$$\omega = \pm\sqrt{\alpha^2 - 1}$$

在方程（2-69）中，置入 $\lambda = 0$ 的右边界曲线可以特征化，这个替代给出 $\alpha = -1$。

在图 2.1 中，我们可以看到右边界线 $\alpha = -1$ 是一条线，特征方程有单个零根。由于方程（2-67）的反射对称性，这条线相应于一条 Pitchfork 分岔曲线。在图 2.1 中，上边界是一条曲线，特征方程有纯虚复共轭根（Hopf 分岔曲线）。在点 $(\alpha,\tau) =$

(−1,1),这两条曲线相交,方程(2-69)有两重零根,即方程(2-68)有两个线性独立解 $x(t)=1$ 和 $x(t)=t$。因此,这个点相应于一个 Takens-Bogdanov 分岔。

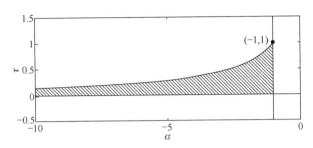

图 2.1　方程(2-67)平衡解的稳定性(阴影部分相应于稳定性域)

2.3.3　时滞微分方程的中心流形缩减

在本节,我们简要的概括带参数的时滞微分方程的中心流形缩减理论[4],然后应用这些结果来计算系统(2-67)平凡平衡点的 Hopf 分岔和 Pitchfork 分岔的规范式。在下一节,我们将对 Takens-Bogdanov 分岔进行类似分析。

首先设 $X \triangleq C([-\tau,0], R^{1+p})$,$\tau \geqslant 0$ 为从区间 $[-\tau,0]$ 到 R^{1+p} 的连续函数空间,考虑下面自治的时滞微分方程,即

$$\frac{\mathrm{d}y(t)}{\mathrm{d}t} = Ly_t + F(y_t), \quad t \geqslant 0 \tag{2-71}$$

其中,$y_t(\theta) = [x(t+\theta), \mu_1(t+\theta), \cdots, \mu_p(t+\theta)]^{\mathrm{T}} \in X$,$-\tau \leqslant \theta \leqslant 0$；$L: X \to R^{1+p}$ 是一个有界线性算子；$F \in C^r(X, R^{1+p})$,$r \geqslant 1$ 是某些光滑非线性,且 $F(0)=0$。

注意方程(2-71)应看成一个支配系统,包括 p 个参数作为具有平凡动态的动态变量,为此对于支配系统的参数空间的维数 p 将等于 1 或 2,依赖于研究的分岔。方程(2-71)在平凡平衡点线性化为

$$\frac{\mathrm{d}y(t)}{\mathrm{d}t} = Ly(t), \quad t \geqslant 0 \tag{2-72}$$

因为 L 是一个从 X 到 R^{1+p} 的一个有界线性算子,由 Riesz 定理,L 可以由 Riemann-Stieltjes 积分表示为

$$L\phi = \int_{-\tau}^{0} [\mathrm{d}\eta(\theta)]\phi(\theta), \quad \phi \in X \tag{2-73}$$

其中,$\eta(\theta)$；$-\tau \leqslant \theta \leqslant 0$ 是一个 $(1+p) \times (1+p)$ 的矩阵,元素具有有界变差。

再写方程(2-71)为

$$\frac{\mathrm{d}y(t)}{\mathrm{d}t} = \int_{-\tau}^{0} [\mathrm{d}\eta(\theta)] y(t+\theta), \quad t \geqslant 0 \tag{2-74}$$

定义 $X' = C([0,\tau], R^{(1+p)*})$，这里 $R^{(1+p)*}$ 是行向量空间，方程(2-74)的转置为

$$\frac{\mathrm{d}y(t)}{\mathrm{d}t} = -\int_{-\tau}^{0} y(t-\theta) [\mathrm{d}\eta(\theta)], \quad t \geqslant 0, \quad y_0 = \varphi \in X' \tag{2-75}$$

对于 $\phi \in X$ 和 $\varphi \in X'$，定义双线性形式为

$$<\varphi, \phi> = \varphi(\theta)\phi(0) - \int_{-\tau}^{0}\int_{0}^{\theta} \varphi(\xi-\theta) [\mathrm{d}\eta(\theta)] \phi(\xi) \mathrm{d}\xi \tag{2-76}$$

在上面定义的双线性形式中，对 $\mathrm{d}\eta(\theta)$ 的积分是最后完成的(具有积分限 $-\tau$ 到 0)。

因为方程(2-71)具有动态的 p 个分量，那么相应于方程(2-72)的特征方程总有 p 个在虚轴(在原点)的特征值，因此在分岔点，这个特征方程有 $m+p$ 个在虚轴上的特征值(计数重数)，并且假设所有其他特征值有负实部。对于方程(2-74)，存在一个 $(m+p)$ 维中心子空间 $P \subset X$，在方程(2-72)的半流下是不变的。对于 P，我们记一个基为 $(1+p) \times (m+p)$ 阶矩阵 Φ，Φ 的列是基向量，那么对于方程(2-75)的解有一个相应的 X' 的 $(m+p)$ 维子空间 P'。对于 P'，我们记它的基为 $(m+p) \times (1+p)$ 阶矩阵 Ψ'。Hale 和 Lunel[4] 已证明 $(m+p) \times (m+p)$ 阶矩阵 $<\Psi', \Phi>$ 总是非奇异的，那么对于 P'，我们定义一个新基 Ψ 为 $\Psi = <\Psi', \Phi>^{-1}\Psi'$，使得 $<\Psi, \Phi> = I$。

空间 X 可以分为

$$X = P \oplus Q$$

其中，Q 是无穷维的，且对于方程(2-72)的半流是不变的，那么利用积分流形技巧[4]能够证明对于方程(2-71)存在一个 $m+p$ 维中心流形 M_F，即

$$M_F = \{\phi \in X: \phi = \Phi z + h(z, F), z \text{ 在 } R^{m+p} \text{ 中的零点附近}\}$$

其中，$z, h(z, F) \in Q$，且它是 z 的 C^{r-1} 函数。

这个中心流形上的流为

$$y_t = \Phi z(t) + h(z(t), F)$$

且 z 是满足常微分方程，即

$$\frac{\mathrm{d}z}{\mathrm{d}t} = Bz + \Psi(0)F(\Phi z + h(z, F)) \tag{2-77}$$

其中，$(m+p) \times (m+p)$ 阶矩阵 B 满足如下关系，即

$$\frac{\mathrm{d}\Phi}{\mathrm{d}\theta} = \Phi B \tag{2-78}$$

方程(2-77)的流非常好地逼近在原点附近整个非线性系统(2-71)的流的长期行为，这也是我们将研究系统(2-69)的平凡平衡点的分岔。

1. Pitchfork 分岔

对于方程(2-67)的平凡平衡点,当 $\alpha=-1$ 和 $\tau\neq1$ 时,经历了一个 Pitchfork 分岔,因此我们处理 α 作分岔参数,且接近 -1 的情形,假设 τ 是固定的,且不等于 1,因此有 $m=1$ 和 $p=1$,再写方程(2-67)为

$$\frac{\mathrm{d}}{\mathrm{d}t}x(t)=x(t)-x(t-\tau)+\mu x(t-\tau)+\gamma_1 x(t)^3+\gamma_2 x(t)^2 x(t-\tau)+\gamma_3 x(t)x(t-\tau)^2$$

$$+\gamma_4 x(t-\tau)^3+O(|x|^5),\quad \frac{\mathrm{d}}{\mathrm{d}t}\mu(t)=0 \tag{2-79}$$

其中,$\alpha=\mu-1$。

在平凡平衡点线性化方程(2-79),我们有

$$\frac{\mathrm{d}x(t)}{\mathrm{d}t}=x(t)-x(t-\tau),\quad \frac{\mathrm{d}}{\mathrm{d}t}\mu(t)=0 \tag{2-80}$$

线性系统(2-80)的中心子空间的一个基为

$$\Phi=\begin{bmatrix}1 & 0\\ 0 & 1\end{bmatrix}$$

对于这个问题,方程(2-76)的双线性形式为

$$<\varphi,\phi>=\varphi(0)\phi(0)-\int_{-\tau}^{0}\varphi(\xi+\tau)\begin{bmatrix}1 & 0\\ 0 & 0\end{bmatrix}\phi(\xi)\mathrm{d}\xi$$

且矩阵

$$B=\begin{bmatrix}0 & 0\\ 0 & 0\end{bmatrix}$$

满足关系(2-78),写 $z=[z_1,\mu]^{\mathrm{T}}$ 为中心流形的坐标。

方程(2-79)的非线性项可以写为

$$F([v_1,v_2]^{\mathrm{T}})=[v_2(0)v_1(-\tau)+\gamma_1 v_1(0)^3+\gamma_2 v_1(0)^2 v_1(-\tau)+\gamma_3 v_1(0)v_1(-\tau)^2$$

$$+\gamma_4 v_1(-\tau)^3+O(|v|^5),0]^{\mathrm{T}}$$

关于 μ 保留到一个阶项,整个达到三阶项,在中心流形得到下面的方程,即

$$\frac{\mathrm{d}z_1}{\mathrm{d}t}=\frac{1}{1-\tau}[\mu z_1+(\gamma_1+\gamma_2+\gamma_3+\gamma_4)z_1^3]$$

$$\frac{\mathrm{d}\mu}{\mathrm{d}t}=0 \tag{2-81}$$

注意 $1-\tau$ 是非零的,当且仅当 $\tau\neq1$,因此上面的缩减在 $\tau=1$ 处受破坏,正如我们看到的,这个点实际就是 Takens-Bogdanov 点。一般地,立方系数 $\gamma_1+\gamma_2+\gamma_3+\gamma_4$ 是非零的,并且方程(2-81)是 Pitchfork 分岔的规范式,根据原始模型的参数,方程(2-81)变为

$$\frac{\mathrm{d}z_1}{\mathrm{d}t}=\frac{1}{1-\tau}[(\alpha+1)z_1+(\gamma_1+\gamma_2+\gamma_3+\gamma_4)z_1^3]$$

2. Hopf 分岔

现在假设(α_0,τ_0)是图 2.1 边界曲线上的点,在这种情形下,方程(2-69)有一对纯虚根,并且所有其他根有负实部,再写方程(2-67)为

$$\frac{\mathrm{d}x(t)}{\mathrm{d}t}=x(t)+\alpha_0 x(t-\tau_0)+\mu x(t-\tau_0)+\gamma_1 x(t)^3+\gamma_2 x(t)^2 x(t-\tau_0)$$

$$+\gamma_3 x(t)x\,(t-\tau_0)^2+\gamma_4 x\,(t-\tau_0)^3+O(|x|^5),\quad \frac{\mathrm{d}\mu(t)}{\mathrm{d}t}=0 \quad (2\text{-}82)$$

其中,$\alpha=\mu+\alpha_0$。

方程可以在平凡平衡点线性化为

$$\frac{\mathrm{d}x(t)}{\mathrm{d}t}=x(t)+\alpha_0 x(t-\tau_0),\quad \frac{\mathrm{d}\mu(t)}{\mathrm{d}t}=0 \quad (2\text{-}83)$$

线性系统(2-83)的中心子空间的一组基是

$$\Phi=\begin{bmatrix}\sin(\omega_0\theta) & \cos(\omega_0\theta) & 0 \\ 0 & 0 & 1\end{bmatrix}$$

其中,$\omega_0=\sqrt{\alpha_0^2-1}$。

双线性形式变为

$$<\varphi,\phi>=\varphi(0)\phi(0)+\alpha_0\int_{-\tau}^0\varphi(\xi+\tau_0)\begin{bmatrix}1 & 0 \\ 0 & 0\end{bmatrix}\phi(\xi)\mathrm{d}\xi \quad (2\text{-}84)$$

并且置

$$\Psi=<\Phi^{\mathrm{T}},\Phi>^{-1}\Phi^{\mathrm{T}}=k\begin{bmatrix}\dfrac{1}{2}[(1-\tau_0)\sin(\omega_0\theta)+\omega_0\tau_0\cos(\omega_0\theta)] & 0 \\ \dfrac{1}{2}[-\omega_0\tau_0\sin(\omega_0\theta)+(1-\tau_0)\cos(\omega_0\theta)] & 0 \\ 0 & k^{-1}\end{bmatrix}\triangleq\begin{bmatrix}b_1(\theta) & 0 \\ b_2(\theta) & 0 \\ 0 & 1\end{bmatrix}$$

是方程(2-83)转置系统的一组基,这里$k=4/((1-\tau_0)^2+(\omega_0\tau_0)^2)$,容易检查矩阵

$$B=\begin{bmatrix}0 & -\omega_0 & 0 \\ \omega_0 & 0 & 0 \\ 0 & 0 & 0\end{bmatrix} \quad (2\text{-}85)$$

满足关系(2-78)。记$z=[z_1,z_2,\mu]^{\mathrm{T}}$是中心流形的坐标,在方程(2-82)中的非线性项为

$$F([v_1,v_2]^{\mathrm{T}})=[v_2(0)v_1(-\tau_0)+\gamma_1 v_1\,(0)^3+\gamma_2 v_1\,(0)^2 v_1(-\tau_0)$$

$$+\gamma_3 v_1(0)v_1\,(-\tau_0)^2+\gamma_4 v_1\,(-\tau_0)^3+O(|v|^5),0]^{\mathrm{T}}$$

代入方程(2-77)且截断,在中心流形我们得到下面的常微分方程组,即

$$\frac{\mathrm{d}z_1}{\mathrm{d}t}=-\omega_0 z_2+b_1(0)[\mu(-\sin(\omega_0\tau_0)z_1+\cos(\omega_0\tau_0)z_2)+\gamma_1 z_2^3$$

$$+\gamma_2 z_2^2(-\sin(\omega_0\tau_0)z_1+\cos(\omega_0\tau_0)z_2)+\gamma_3 z_2\ (-\sin(\omega_0\tau_0)z_1+\cos(\omega_0\tau_0)z_2)^2$$
$$+\gamma_4\ (-\sin(\omega_0\tau_0)z_1+\cos(\omega_0\tau_0)z_2)^3\big] \tag{2-86}$$

$$\frac{\mathrm{d}z_2}{\mathrm{d}t}=\omega_0 z_1+b_2(0)\big[\mu(-\sin(\omega_0\tau_0)z_1+\cos(\omega_0 z_0)z_2)+\gamma_1 z_2^3$$

$$+\gamma_2 z_2^2(-\sin(\omega_0\tau_0)z_1+\cos(\omega_0\tau_0)z_2)+\gamma_3 z_2\ (-\sin(\omega_0\tau_0)z_1+\cos(\omega_0\tau_0)z_2)^2$$
$$+\gamma_4\ (-\sin(\omega_0\tau_0)z_1+\cos(\omega_0\tau_0)z_2)^3\big] \tag{2-87}$$

$$\frac{\mathrm{d}\mu(t)}{\mathrm{d}t}=0$$

考虑方程(2-86)和方程(2-87)关于(z_1,z_2)的线性部分,即

$$\frac{\mathrm{d}z}{\mathrm{d}t}=B'z$$

其中

$$B'=\begin{bmatrix} -b_1(0)\mu\sin(\omega_0\tau_0) & -\omega_0+b_1(0)\mu\cos(\omega_0\tau_0) \\ \omega_0-b_2(0)\mu\sin(\omega_0\tau_0) & b_2(0)\mu\cos(\omega_0\tau_0) \end{bmatrix}$$

且我们已定义 z,使 $z=[z_1,z_2]^{\mathrm{T}}$,由 z 的变量的线性变换,矩阵 B' 可以导致下面的若当规范式,即

$$B''=\begin{bmatrix} c_1 & -c_2 \\ c_2 & c_1 \end{bmatrix}$$

这也是关于 μ 到一阶项,即

$$c_1=\frac{1}{2}\mu(b_2(0)\cos(\omega_0\tau_0)-b_1(0)\sin(\omega_0\tau_0))$$

进一步,方程在中心流形的变量经(非)线性变换后可导致规范式,且在三阶以后截断有

$$\frac{\mathrm{d}z_1}{\mathrm{d}t}=(c_1+a(z_1^2+z_2^2))z_1-(c_2+b(z_1^2+z_2^2))z_2 \tag{2-88}$$

$$\frac{\mathrm{d}z_2}{\mathrm{d}t}=(c_2+b(z_1^2+z_2^2))z_1+(c_1+a(z_1^2+z_2^2))z_2$$

其中,a 和 b 是常数,可以用极坐标表示这些方程为

$$\frac{\mathrm{d}r}{\mathrm{d}t}=c_1 r+a r^3 \tag{2-89}$$

$$\frac{\mathrm{d}\theta}{\mathrm{d}t}=c_2+b r^2$$

第一个 Lyapunuv 系数 a 计算为

$$a(\mu)=\frac{1}{2[(1-\tau_0)^2+(\omega_0\tau_0)^2]}\Big[\gamma_1\Big(\frac{3}{2}-\frac{3\tau_0}{2}\Big)+\gamma_2\Big(\frac{\alpha_0\tau_0}{2}+\frac{\tau_0}{\alpha_0}-\frac{3}{2\alpha_0}\Big)$$

$$+\gamma_3(\frac{1}{2}-\frac{3\tau_0}{2}+\frac{1}{\alpha_0^2})+\gamma_4(\frac{3\alpha_0\tau_0}{2}-\frac{3}{2\alpha_0})\Big]+O(\mu)\qquad(2\text{-}90)$$

其中,常数 α_0、τ_0 和 ω_0 使方程 $1=-\alpha\cos\omega\tau$ 和 $\omega=-\alpha\sin\omega\tau$ 成立。

方程(2-88)是对标准 Hopf 分岔的一个规范式,提供了第一个 Lyapunuv 系数 $a(0)$ 和特征值穿越速度 $\partial c_1/\partial\mu\big|_{\mu=0}$ 均有限且非零。我们可以看到,在点 $(\alpha_0,\tau_0)=(-1,1)$ 受到破坏(如期望的),它将在下面看到这是一个 Takens-Bogdanov 点。一个直接计算表明,对于所有在 Hopf 分岔曲线上的 $(\alpha_0,\tau_0)\neq(-1,1)$,我们有 $\partial c_1/\partial\mu\big|_{\mu=0}>0$,因此穿越条件总是满足的。然而,系数 $a(0)$ 在 Hopf 分岔曲线的一个孤立点远离 Takens-Bogdanov 点,可能是零,这依赖于系数 $\gamma_i(1\leqslant i\leqslant4)$ 的值。在这个点,方程(2-88)不再是 Hopf 分岔的规范式(五阶项是需要的)。

2.3.4　Takens-Bogdanov 分岔

下面利用规范式缩减计算方程(2-67)在点 $(\alpha,\tau)=(-1,1)$ 附近的中心流形,并证明系统的平凡平衡点在这点经历 Takens-Bogdanov 分岔。因为这个奇异性有余维2,我们用两个参数来完成中心流形计算,通过再尺度化时滞为单位1,并再写方程(2-67)为

$$\frac{\mathrm{d}x(t)}{\mathrm{d}t}=x(t)-x(t-1)+\mu_2[x(t)-x(t-1)]+(1+\mu_2)[\mu_1 x(t-1)+\gamma_1 x(t)^3$$
$$+\gamma_2 x^2(t)x(t-1)+\gamma_3 x(t)x(t-1)^2+\gamma_4 x(t-1)^3+O(|x|^5)]$$

$$\frac{\mathrm{d}\mu_1(t)}{\mathrm{d}t}=0$$

$$\frac{\mathrm{d}\mu_2(t)}{\mathrm{d}t}=0\qquad(2\text{-}91)$$

设 $\alpha=\mu_1-1,\tau=\mu_2+1$,线性化方程(2-91)有

$$\frac{\mathrm{d}x(t)}{\mathrm{d}t}=x(t)-x(t-1),\quad\frac{\mathrm{d}\mu_1(t)}{\mathrm{d}t}=0,\quad\frac{\mathrm{d}\mu_2(t)}{\mathrm{d}t}=0\qquad(2\text{-}92)$$

线性系统(2-92)的中心子空间的一组基为

$$\Phi=\begin{bmatrix}1&\theta&0&0\\0&0&1&0\\0&0&0&1\end{bmatrix}$$

双线性形式系统(2-76)变为

$$<\varphi,\phi>=\varphi(0)\phi(0)-\int_{-1}^{0}\varphi(\xi+1)\begin{bmatrix}1&0&0\\0&0&0\\0&0&0\end{bmatrix}\phi(\xi)\mathrm{d}\xi$$

且容易检查矩阵,即

$$B=\begin{bmatrix}0 & 1 & 0 & 0\\0 & 0 & 0 & 0\\0 & 0 & 0 & 0\\0 & 0 & 0 & 0\end{bmatrix}$$

满足关系(2-78),记 $z=[z_1,z_2,\mu_1,\mu_2]^{\mathrm{T}}$ 为在中心流形的坐标。最后,注意到系统(2-91)的非线性为

$$F([v_1,v_2,v_3]^{\mathrm{T}})=[v_3(0)(v_1(0)-v_1(-1))+(1+v_3(0))(v_2(0)v_1(-1)$$
$$+\gamma_1 v_1(0)^3+\gamma_2 v_1(0)^2 v_1(-1)+\gamma_3 v_1(0)v_1(-1)^2$$
$$+\gamma_4 v_1(-1)^3+O(|v|^5)),0,0]^{\mathrm{T}}$$

保留关于 μ_1 和 μ_2 的一阶项,且对所有其他直至三阶项,在中心流形得到下面的截断方程,即

$$\frac{\mathrm{d}z_1}{\mathrm{d}t}=z_2+\frac{2}{3}[\mu_2 z_2+\mu_1(z_1-z_2)+a_1 z_1^3+a_2 z_1^2 z_2+a_3 z_1 z_2^2+a_4 z_2^3]$$

$$\frac{\mathrm{d}z_2}{\mathrm{d}t}=2[\mu_2 z_2+\mu_1(z_1-z_2)+a_1 z_1^3+a_2 z_1^2 z_2+a_3 z_1 z_2^2+a_4 z_2^3]$$

$$\frac{\mathrm{d}\mu_1(t)}{\mathrm{d}t}=0 \tag{2-93}$$

$$\frac{\mathrm{d}\mu_2(t)}{\mathrm{d}t}=0$$

其中, $a_1=\gamma_1+\gamma_2+\gamma_3+\gamma_4$; $a_2=-\gamma_2-2\gamma_3-3\gamma_4$; $a_3=\gamma_3+3\gamma_4$; $a_4=-\gamma_4$ 。

通过一个拟恒等变换,方程(2-93)可以简化为规范式(仅给出三阶项),即

$$\frac{\mathrm{d}z_1}{\mathrm{d}t}=z_2,\quad\frac{\mathrm{d}z_2}{\mathrm{d}t}=2[\mu_2 z_2+\mu_1(z_1-\frac{2}{3}z_2)+(a_1+a_2)z_1^2 z_2+a_1 z_1^3] \quad (2\text{-}94)$$

根据原始参数,方程(2.173)变为

$$\frac{\mathrm{d}z_1}{\mathrm{d}t}=z_2$$

$$\frac{\mathrm{d}z_2}{\mathrm{d}t}=(2\alpha+2)z_1+(-\frac{4\alpha}{3}+2\tau-\frac{10}{3})z_2+2(\gamma_1-\gamma_3-2\gamma_4)z_1^2 z_2 \tag{2-95}$$
$$+2(\gamma_1+\gamma_2+\gamma_3+\gamma_4)z_1^3$$

众所周知[49],对于带反射对称性的 Takens-Bogdanov 奇异性的规范式由立方阶确定,即

$$\frac{\mathrm{d}z_1}{\mathrm{d}t}=z_2, \quad \frac{\mathrm{d}z_2}{\mathrm{d}t}=az_1^3+bz_1^2z_2 \tag{2-96}$$

其中,a 和 b 均是非零的。

下面两参族提供了对方程(2-96)的全部开折[11],即

$$\frac{\mathrm{d}z_1}{\mathrm{d}t}=z_2, \quad \frac{\mathrm{d}z_2}{\mathrm{d}t}=\beta_1 z_1+\beta_2 z_2+az_1^3+bz_1^2z_2 \tag{2-97}$$

因此,比较方程(2-95)和方程(2-96),我们能立即得到原始的 DDE 参数 α, τ, γ_i ($i=1,2,\cdots,4$)和在带反射对称性的 Takens-Bogdanov 奇异性的全部开折系统(2-97)中的参数 β_1 和 β_2,a 和 b 之间的关系。

关于反射与时间逆转,在系统(2-97)中有两个精确的拓扑规范式。这些都可选为情形 $a>0,b<0$ 和 $a<0,b<0$。然而,时间逆转是不可能的,因为我们处理的是时滞微分方程。因此,我们也必须考虑两种情形,那里 $b>0$。容易看到,仅倒流的方向从两个标准情形可获得这些,反映了相空间穿过垂直轴和参数空间穿过 β_1 轴。现在考虑每个拓扑情形。

情形一,$a>0$。

对于 $b<0$,在这种情形下,接近 Takens-Bogdanov 点的所有可能的动态描述在图 2.2(a)中(倒转箭头方向,$b>0$ 反映相空间穿过垂直轴,且反映参数空间穿过 β_1 轴)。对于在第二象限的对角线,一阶方程为[11]

$$\beta_2=-\frac{\beta_1}{5} \tag{2-98}$$

对于平凡平衡点,线 $\beta_1=0$ 是一个 Pitchfork 分岔线,线 $\beta_2=0(\beta_1<0)$ 是一个 Hopf 分岔线。

情形二,$a<0$。

对于 $b<0$,在这种情形下,接近 Takens-Bogdanov 点的所有可能的动态描述在图 2.2(b)中(倒转箭头方向,$b>0$ 反映相空间穿过垂直轴,且反映参数空间穿过 β_1 轴)。对角线的一阶方程(从上到下)为[11]

$$\beta_2=\beta_1, \quad \text{非平凡平衡点的 Hopf 分岔}$$

$$\beta_2=\frac{4\beta_1}{5}, \quad \text{线 }C\text{:平凡平衡点的同宿连接} \tag{2-99}$$

$$\beta_2=c\beta_1, \quad \text{线 }S\text{:周期轨道的鞍结}$$

其中,$c\approx0.752$。

进而,对于平凡平衡点线 $\beta_1=0$ 是 Pitchfork 分岔线,线 $\beta_2=0(\beta_1<0)$ 是 Hopf 分岔线。因此,如果方程(2-67)的立方项系数 $\gamma_1(1\leqslant i\leqslant4)$ 满足一般条件,即 $\gamma_1+\gamma_2+\gamma_3+\gamma_4\neq0$ 和 $\gamma_1-\gamma_3-2\gamma_4\neq0$,那么方程(2-67)的 Takens-Bogdanov 分岔是非退化的,且方程(2-67)在平凡平衡点和点 $(\alpha,\tau)=(-1,1)$ 附近的动态变为图 2.2

的相图之一,具有可能的倒转箭头,且不涉及五阶和高阶项。

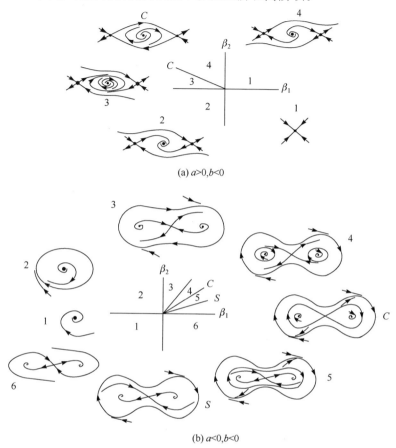

(a) $a>0,b<0$

(b) $a<0,b<0$

图 2.2 具有反射对称的 Takens-Bogdanov 分岔的两种拓扑情形的开折,给出了接近 Tankens-Bogdanov 点(原点)的所有可能的动态

2.3.5 具体例子

下面给出方程(2-67)的具体例子,并用数值模拟进行比较。模拟方程采用带线性插值的固定步长的四阶 Runge-Kutta 方法。线性插值是估计时滞变量两中点值,时间步长的范围需要用来保证模拟精度。在所有情形中,采用常数初始值。

1. 标准的双稳系统

我们给出的第一个例子是带时滞线性反馈的标准的双稳系统。正如在 2.3.1 节提到这个方程已在 ENSO 现象中引起注意,那里它们充当一个简单的启发式模型-时滞功能振荡器,同时出现在带内部双稳元的神经网络中,形式为

$$\frac{\mathrm{d}x(t)}{\mathrm{d}t}=x(t)+\alpha x(t-\tau)-x(t)^3 \qquad (2\text{-}100)$$

其中,$\alpha;\tau\in R$ 且 $\tau>0$。

　　注意这个模型是方程(2-67)的特殊形式,且$(\gamma_1,\gamma_2,\gamma_3,\gamma_4)=(-1,0,0,0)$。在 ENSO 情形下,状态变量 x 表示海洋温度(SST)异常,方程右边的第一项表示不稳定海洋-大气扰动,第三项表示限制生长的非线性效应,即在海洋中的平流过程和在大气中的潮温过程。不稳定的海洋-大气扰动的边界效应是海洋波的产生,时滞反馈项表示这些海洋波的影响,即在海洋温度突变层向西传播Rossby波,从西边界反射后变成向东传播 Kelvin 波,一个时滞等于它们的传输时间以后再进入耦合海洋-大气系统。

　　利用 2.3.4 节的结果,我们发现在参数空间接近点$(\alpha,\tau)=(-1,1)$,方程(2-100)逼近于平凡平衡点的中心流形方程,即

$$\frac{\mathrm{d}z_1}{\mathrm{d}t}=z_2, \quad \frac{\mathrm{d}z_2}{\mathrm{d}t}=(2\alpha+2)z_1+(-\frac{4\alpha}{3}+2\tau-\frac{10}{3})z_2-2z_1^2z_2-2z_1^3 \quad (2\text{-}101)$$

　　实际上,基于数值模拟,方程的整体行为也逼近这些方程。我们看到方程(2-101)的系数是使得它们进入 Takens-Bogdanov 分类的情形(图 2.2(b))。图 2.2(b)预示在区域 4 我们应看到多稳定性。利用方程(2-100),我们看到线 $\beta_2=9\beta_1/10$ 位于区域 4。依据原始参数,这条线变为 $\tau=47\alpha/30+77/30$,点$(\alpha,\tau)=(-19/20,647/600)$位于这条线(且在区域 4)和接近 Takens-Bogdanov 点,因此对于这些参数值,我们期望在时滞微分方程中看到多稳定性。事实上,在图 2.3 中,我们看到的这个多稳定性、极限环和非平凡平衡点是稳定的。

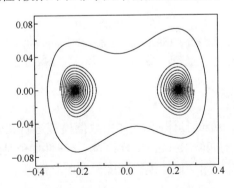

图 2.3　多稳定性方程(2-100)在$(\alpha,\tau)=(-10/20,647/600)$情形的数值模拟

(参数值进入图 2.2(b)的区域 4,那里系统展示多稳定性,垂直轴是 $\dot{x}$,水平轴是 x)

　　作为另一个例子,考虑点$(\alpha,\tau)=(-10/9,9/10)$,这个点位于图 2.2(b)的区域 1。我们期望仅看到一个稳定的平凡平衡点,如图 2.4 所示。我们的方法利用了一个支配系统,包括参数作为动态变量,使我们能精确地确定在参数空间由图

2.2(b)描述的特征在那里出现,它也使模型的物理参数与方程(2-67)的开折参数相联系。

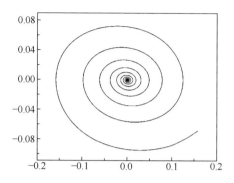

图 2.4 方程(2-100)在$(\alpha, \tau) = (-10/9, 9/10)$情形的数值模拟(参数值进入图 2.2(b)的区域 1,那里系统仅有一个稳定的平凡平衡点,垂直轴是$\dot{x}$,水平轴是x)

2. 海洋-大气耦合模型

在文献[50]中,作者分析了一个简单的海洋-大气耦合模型,讨论了该模型的基本物理性质,模型可由一个线性时滞振荡器来描述(设有立方非线性的 Suarez 和 Schopf 模型)。在整个耦合模型中,作者发现了重要的非线性性质,且取对 EN-SO 的一阶非线性模拟模型。它取下面的非线性时滞微分方程,即

$$\frac{\mathrm{d}x(t)}{\mathrm{d}t} = x(t) + \alpha x(t-\tau) - e\left[x(t) - rx(t-\tau)\right]^3 \qquad (2-102)$$

其中,x表示 SST 异常;e和r是正实参数;α和τ如上定义。

这个模型也是方程(2-67)的特殊情形,且$(\gamma_1, \gamma_2, \gamma_3, \gamma_4) = (-e, 3er, -3er^2, er^3)$,尽管在形式上类似于 Suarez 和 Schopf 模型,但 Battisti 和 Hirst 模型表示在基本过程中的不同平衡。用 2.3.4 节的结果证明方程(2-102)在参数空间接近点$(\alpha, \tau) = (-1, 1)$,且在平凡平衡点附近的中心流形方程为

$$\frac{\mathrm{d}z_1}{\mathrm{d}t} = z_2 \qquad (2-103)$$

$$\frac{\mathrm{d}z_2}{\mathrm{d}t} = (2\alpha + 2)z_1 + \left(-\frac{4\alpha}{3} + 2\tau - \frac{10}{3}\right)z_2 + (-e + 3\gamma - 2\gamma)z_1^2 z_2$$
$$+ (-e + 3er - 3er^2 + er^3)z_1^3 \qquad (2-104)$$

容易证明,在方程(2-102)中不管参数e的值,方程(2-104)中$z_1^2 z$项中的系数对所有r的值将是负的,且在方程(2-104)中,如果z_1^3项中的系数$r<1$,则是负的,如果$r>1$,则是正的。概括来说,如果$r>1$,那么接近 TB 点的动态在图 2.2(a)中描述,且如果$r<1$,那么接近 TB 点的动态在图 2.2(b)中描述。在文献[50]中,作

者利用 $3r$ 的值小于 1,因此模型进入 Takens-Bogdanov 分类的情形二,但有趣的是如果我们允许 $r>1$ 的值(也许通过选择不同的海洋"盒"几何),它可能进入情形一。为了阐明这种情形,我们设 $(e,r)=(-1,3/2)$,那么这个时滞系统(2-104)接近 Takens-Bogdanov 点的长期动态行为可概括为图 2.2(a)。在图 2.2(a)的区域 3 中,我们看到有一个稳定的极限环围绕着平凡平衡点,在时滞系统(2-104)中发现这个极限环的参数值在区域 3,如图 2.5 所示。

2.3.6　结论

我们已对带反射对称的一阶非线性时滞微分方程进行了分岔分析,结果揭示了 Takens-Bogdanov 点的出现,即它们提供了根据原始时滞微分方程的参数的这种分岔的开折,作出这种可能是由于支配时滞微分方程的中心流形分析。

将来的工作将研究方程(2-67)带多时滞的情形,也要研究混沌行为的起源。具体地,考虑下面的时滞微分方程,它是方程(2-67)的特殊形式,具有 $(\gamma_1,\gamma_2,\gamma_3,\gamma_4)=(0,-2,1,0)$,$\dfrac{\mathrm{d}x(t)}{\mathrm{d}t}=x(t)+\alpha x(t-\tau)-2x(t)^2x(t-\tau)+x(t)x(t-\tau)^2$。因为 $\gamma_1-\gamma_3-2\gamma_4=-1$ 和 $\gamma_1+\gamma_2+\gamma_3+\gamma_4=-1$,我们进入 Takens-Bogdanov 分类的情形二(图 2.2(b)),用方程(2-90)容易证实接近 Takens-Bogdanov 点,Hopf 分岔是上临界的(即在方程(2-89)的系数 a 是负的)。然而,偏离这点临界性也许变化。实际上,如果近似地 $\alpha<-1.65$,那么 Hopf 系数 a 是正的,接近 Hopf 分岔 a 是零的点,时滞微分方程似乎是混沌行为。例如,取 $(\alpha,\tau)=(-1.65,0.705)$,图 2.6 是用这些参数对时滞微分方程的数值模拟。

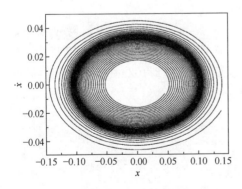

图 2.5　稳定的极限环(方程(2-102)在 $(\alpha,\tau)=(-20/19,553/570)$ 的数值模拟)

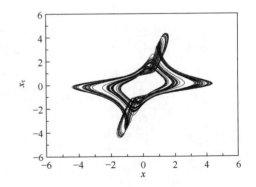

图 2.6　混沌解(方程(2-104)在 $(\alpha,\tau)=(-1.65,0.705)$ 的数值模拟)

2.4　纯量时滞微方程的局部和全局 Hopf 分岔

2.4.1　引言

在本节,我们研究下面的纯量时滞微分方程的分岔性质,即

$$x(t) = -x(t) + F(x(t-\tau)) \qquad (2\text{-}105)$$

用时滞 $\tau > 0$ 作为分岔参数,这里 $F \in C^k(R,R), k \geqslant 3$,且 $F(0) = 0$。方程(2-105)是一个典型的泛函微分方程,已在科学与工程领域获得广泛的应用,如物理学和生物学[32,51-53]。

对于一族宽的函数 F(单调的 F),方程(2-105)的动态行为也许由周期解确定[54,55]。在实际应用中,周期动态行为也具有特殊的意义[54]。已有许多文章涉及方程(2-105)周期解的存在性,且研究了它们依赖于时滞 $\tau > 0$[56,57]。时滞的序列 $0 < \tau_0 < \cdots < \tau_k < \cdots$,且当 $k \to \infty$ 时,$\tau_k \to +\infty$ 存在,当 $|F'(0)| > 1$ 时,在 $\tau = \tau_k$ 处出现一个局部 Hopf 分岔[56]。当 $F'(0) < -1$ 时,文献[47]给出了在 $\tau = \tau_0$ 处出现上临界 Hopf 分岔的条件。在文献[57]中,当 $F'(0) < -1, F''(0) = 0$,且 $F'''(0) \neq 0$ 时,作者给出了在 $\tau = \tau_0$ 处产生上临界和下临界 Hopf 分岔的条件。在文献[58]中,作者阐明在 $\tau = \tau_k$ 局部存在 Hopf 分岔对于 $\tau > \tau_k$ 的全局延拓,并给出全局分岔的条件是存在紧区间 $I \subset R$, $O \in \mathrm{int}(I)$,使得 $F(I) \subset I$(不变条件),对所有的 $x \in I \setminus \{0\}, xF(x) < 0$,且 $F'(0) < -1$(负反馈条件)。

在应用中,许多函数 F 并不满足上面提供的条件[59],因此从定性分析的观点来看,也是具有重要性的研究,如果上面的条件之一不满足,方程(2-105)的性质是怎样变化的。这个工作的主要目的是扩展上面的工作到更一般的函数族 F,更为具体地,假设 $F \in C^3$,我们给出 Hopf 分岔方向、局部存在性,以及从平凡解 $\bar{x} = 0$(在 $\tau = \tau_k$ 处,$k \in N$)分岔处周期解的稳定性的充分必要条件。这里所取的 Hopf 分岔公式有一个容易应用的形式,且提供了所有可能分岔的方案。对于这个公式的取法,我们考虑在恰当的中心流形(2.4.2)描述方程(2-105)流的两个常微分方程组,进而给出函数 $F \in C^2$,这里 $F'(\bar{x}) \neq 1$,对于 F 的所有不动点 $\bar{x}$,且 $F'(0) > 1$(2.4.4)的局部 Hopf 分岔的全局延拓的全局分岔。最后,讨论几个例子获得的结果,并描述如果不变条件或负反馈条件不成立时可能发生什么。

2.4.2　局部行为

假设 (LH)　$F \in C^3, F(0) = 0$,且 $|F'(0)| > 1$。

本节给出关于局部 Hopf 分岔的主要结果,首先我们需要一些定义。

定义 2.1 对于 $k \in N_0$,设 $b_k, \tau_k : R \backslash [-1,1] \to R_+$ 是 λ 的正函数,定义为

$$b_k(\lambda) := \begin{cases} \arccos(\dfrac{1}{\lambda}) + 2k\pi, & \lambda < -1 \\ 2(k+1)\pi - \arccos(\dfrac{1}{\lambda}), & \lambda > 1 \end{cases} \tag{2-106}$$

$$\tau_k(\lambda) := \frac{b_k(\lambda)}{\sqrt{\lambda^2 - 1}} \tag{2-107}$$

其中,$\arccos(x)$在$(0,\pi)$。

定义

$$C_k(\lambda) = \begin{cases} \dfrac{11\lambda^2 + 6\lambda - 2}{(5\lambda+4)(\lambda-1)} + \dfrac{2(\lambda+1)^2}{(5\lambda+4)(1+\lambda^2\tau)}, & \lambda < -1 \\ \dfrac{11\lambda^3 + 35\lambda^2 + 24\lambda - 6}{(\lambda-1)(5\lambda^2+15\lambda+12)} - \dfrac{2(\lambda+1)(\lambda^2-3)}{(5\lambda^2+15\lambda+12)(1+\lambda^2\tau)}, & \lambda > 1 \end{cases}$$

其中,$\tau = \tau_k(\lambda)$;$k \in N_0$

定理 2.11(局部 Hopf 分岔) 设 $|\lambda| > 1$,且 $\lambda = F'(0)$。

① 在 $\bar{\tau} = \tau_k(\lambda)$,$k \in N_0$ 处,方程(2-105)经历了一个 Hopf 分岔,即在每个小的邻域($\bar{x} = 0$,$\bar{\tau} = \tau_k(\lambda)$)存在一个周期解 $x_k(t,\tau)$ 的唯一分支,且 $x_k(t,\tau) \to 0$,当 $\tau \to \tau_k(\lambda)$时,对于 $x_k(t,\tau)$ 的周期,$P_k(\lambda,\tau)$,$P_k(\lambda,\tau) \to 2\pi\tau_k(\lambda)/b_k(\lambda) = 2\pi/\sqrt{\lambda^2-1} =: P(\lambda)$。

② 假设 $F'''(0)F'(0) < F''(0)^2 C_k(\lambda)$,那么对于 $\tau > \tau_k(\lambda)$周期解的分岔分支存在(上临界分岔),进而如果 $\lambda < -1$ 和 $k=0$,那么出现的周期解是稳定的,且如果 $\lambda < -1$和 $k \geqslant 1$ 或 $\lambda > 1$,那么出现的周期解是不稳定的。

③ 假设 $F'''(0)F'(0) > F''(0)^2 C_k(\lambda)$,那么对于 $\tau < \tau_k(\lambda)$周期解的分岔分支存在(下临界分岔),在这个分支上的所有周期解是不稳定的。

关于这个定理的证明将在 2.4.5 中给出。值得注意的是,对于 $|\lambda| \leqslant 1$,没有 Hopf 分岔点存在;$\tau = \tilde{\tau}$ 是一个 Hopf 分岔点,当且仅当 $\tilde{\tau} = \tau_k(\lambda)$,$k \in N_0$。

利用函数 $C_k(\lambda)$ 的性质,对于分岔周期解的方向(图 2.7),我们可以得到下面的准则。

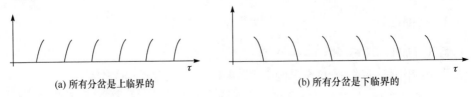

(a) 所有分岔是上临界的   (b) 所有分岔是下临界的

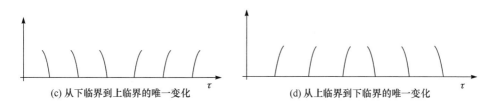

图 2.7 所有可能的分岔方案(推论 2.1)

推论 2.1 设 $F''(0)$ 和 $F'''(0)$ 不同时等于零,且 $|\lambda|>1, \lambda=F'(0)$。

① 如果 $F'''(0)F'(0) \leqslant 0$,那么所有分岔是上临界的。

② 如果 $F''(0)=0, F'''(0)F'(0)>0$,那么所有分岔是下临界的。

③ 如果 $F''(0) \neq 0, F'''(0)F'(0)>0$,那么

第一,对于 $\lambda \in (-\infty, -1) \bigcup (\sqrt{3}, \infty)$,出现在 $\tau = \tau_k(\lambda)$ 的 Hopf 分岔对于所有 $k \in N_0$ 是上临界的,或者下临界的,或者存在一个唯一的 $k_C \in N$,使出现在 $\tau = \tau_k(\lambda)$ 处的 Hopf 分岔对于 $k < k_C$ 是下临界的,对于 $k > k_C$ 是上临界的。

第二,对于 $\lambda \in (1, \sqrt{3})$,出现在 $\tau = \tau_k(\lambda)$ 处的 Hopf 分岔对于所有 $k \in N_0$ 是上临界的,或者下临界的,或者存在一个唯一的 $k_C \in N$,使得出现在 $\tau = \tau_k(\lambda)$ 处的 Hopf 分岔对于 $k < k_C$ 是上临界的,或者对于 $k > k_C$ 是下临界的。

第三,对于 $\lambda = \sqrt{3}$ 和 $F'''(0)F'(0) \neq F''(0)^2 C_k(\sqrt{3})$,出现在 $\tau = \tau_k(\lambda)$ 处的 Hopf 分岔对于所有 $k \in N_0$ 是上临界的,或者下临界的。

这个推论的证明见 2.4.4 节。

2.4.3 特征方程

本节的目的是研究相应于方程(2-105)线性化特征方程的性质。为了简单起见,我们再尺度化时间 t 为 $t \mapsto \dfrac{t}{\tau}$,这就提供了带常时滞 1 的纯量时滞微分方程,即

$$\dot{x}(t) = -\tau x(t) + \tau F(x(t-1)) \tag{2-108}$$

关于平衡点 $\bar{x}=0$ 线性化后,我们得到

$$\dot{x}(t) = -\tau x(t) + \tau \lambda x(t-1), \quad \lambda := F'(0) \tag{2-109}$$

其特征方程为

$$\Delta(z; \tau, \lambda) := z + \tau - \tau \lambda \exp(-z) = 0 \tag{2-110}$$

关于方程(2-110)的分析是满足平衡点 $\bar{x}=0$ 的稳定性和在 Hopf 分岔出现的临界参数的条件。关于特征方程 $\Delta=0$ 的更多的情况可参见文献[4],[56],[58]。这里为了完整性我们仅给出一些相关结果。

引理 2.3 特征方程(2-110)有一对纯虚共轭复根 $z = \pm ib, b > 0$,当且仅当

$|\lambda|>1, b=b_k(\lambda), \tau=\tau_k(\lambda), k\in N_0, b_k$ 和 τ_k 如定义(2-106)和定义(2-107)。函数 b_k, τ_k 是 C',且 b_k 满足

$$b_k\in\ ](2k+\frac{3}{2})\pi, (2k+2)\pi[,\quad k\in N_0,\quad \lambda>1$$

$$b_k(\lambda)\in\ ](2k+\frac{1}{2})\pi, (2k+1)\pi[,\quad k\in N_0,\quad \lambda<-1$$

证明　参见文献[56]的性质 A.2,对 b_k 的估计从定义 2.1 可以得出。　　■

引理 2.4（τ_k 的性质）　τ_k 是当 $\lambda>1$ 时的减函数,且当 $\lambda<-1$ 时的增函数,$k\in N_0$,进而对于 $k\in N_0$,下面的结果成立,即

$$\tau_{k+1}(\lambda)-\tau_k(\lambda)=\frac{2\pi}{\sqrt{\lambda^2-1}},\quad \forall\lambda\in R\backslash[-1,1],\quad 关于 k 的单调性$$

并且 $\lim\limits_{\lambda\to\pm\infty}\tau_k(\lambda)=0, \lim\limits_{\lambda\to\pm1}\tau_k(\lambda)=\infty$。

证明　由定义 2.1 和引理 2.3 可得结论。　　■

引理 2.5　设 $|\lambda|>1$,那么存在一个 $\varepsilon>0$,且对于 $|\tau-\tau_k(\lambda)|<\varepsilon, k\in N_0$,方程(2-110)有一个单重特征根 $z(\tau)=a(\tau)+ib(\tau), z$ 关于 τ 是 C 的,且 $a(\tau_k(\lambda))=0$,$b(\tau_k(\lambda))=b_k(\lambda)$,因此 $\dfrac{\mathrm{d}}{\mathrm{d}\tau}a(\tau_k(\lambda))>0$。

证明　参见文献[60]中的引理 3.1。　　■

引理 2.6（(λ,τ) 平面的 D 分划）　特征方程(2-110)有如下解(图 2.8)。

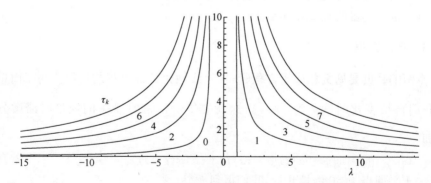

图 2.8　(λ,τ)-平面的 D 分划(在每个由 $\tau=\tau_k(\lambda), \lambda=1$ 围成的有界区域中,具有正实部的特征根的数目是常数)

① 如果 $\tau\geq0, \lambda\in[-1,1)$,或 $0\leq\tau<\tau_0(\lambda), \lambda<-1$,特征方程(2-110)仅有负实部的解。

② 如果 $0\leq\tau\leq\tau_0(\lambda), \lambda>1$,则特征方程(2-110)恰有一个具有正实部的解。

③ 如果 $\tau_{k-1}(\lambda)<\tau\leq\tau_k(\lambda)$ 且 $\lambda<-1, k\in N$,则特征方程(2-110)恰有 $2k$ 个具有正实部的解。

④ 如果 $\tau_{k-1}(\lambda)<\tau\leqslant\tau_k(\lambda)$,且 $\lambda>1,k\in N$,则特征方程(2-110)恰有 $2k+1$ 的具有正实部的解。

证明 参见文献[61]。 ■

如果 $(\lambda,\tau)\in[-1,1)\times R_+^0\bigcup(-\infty,-1)\times[0,\tau_0(\lambda))$,平衡点 $\overline{x}=0$ 是渐近稳定的。如果 $(\lambda,\tau)\in(1,\infty)\times R_+^0\bigcup(-\infty,-1)\times(\tau_0(\lambda),\infty)$,平衡点 $\overline{x}=0$ 是不稳定的。

2.4.4 Hopf 分岔和分岔方向

在下面的定理中,我们证明 Hopf 分岔出现在 $\tau=\tau_k(\lambda)$ 点,它是时滞泛函微分方程 Hopf 定理的应用[4]。用类似于文献[56],[60]的方法,可以证明 Hopf 分岔的存在性。

定理 2.12 设 $|\lambda|>1$ 且 $\lambda=F'(0),k\in N_0$,那么方程(2-105)的 Hopf 分岔出现在 $\overline{\tau}=\tau_k(\lambda)$ 处,即 $(\overline{x}=0,\overline{\tau}=\tau_k(\lambda))$ 的小邻域内,有一个周期解 $x_k(t,\tau),x_k(t,\tau)\to$ 0,当 $\tau\to\tau_k(\lambda)$ 的唯一分支,对于 $x_k(t,\tau)$ 的周期 $P_k(\lambda,\tau)$;当 $\tau\to\tau_k(\lambda)$ 时,$P_k(\lambda,\tau)\to$ $2\pi\tau_k(\lambda)/b_k(\lambda)=2\pi/\sqrt{\lambda^2-1}=:P(\lambda)$。

证明 引理 2.3 和引理 2.5 提供了 Hopf 定理的假设条件[61],因此可证得上面的结论。 ■

由引理 2.3,我们仅在 $\tau=\tau_0(\lambda)$,且 $\lambda<-1$ 处得到 Hopf 分岔,这也提供了慢振荡周期解,即 $P_0(\lambda,\tau)>2\tau$,对于 $\lambda<-1$ 和 $k\geqslant 1,P_k(\lambda,\tau)\in\,](\tau/(k+\frac{1}{2}),\tau/$ $(k+\frac{1}{4}))[$,对于 $\lambda>1$ 和 $k\in N_0,P_k(\lambda,\tau)\in\,](\tau/(k+1),\tau/(k+\frac{3}{4}))[$,对于慢振荡周期解的定义可参见文献[58]。

为了更详细地分析 Hopf 分岔,我们计算方程(2-110)的特征方程相应的一对共振纯虚根 $\Lambda=\{ib_k(\lambda),-ib_k(\lambda)\}$ 在中心流形的缩减系统。由这个缩减系统,我们能够确定 Hopf 分岔的方向,即回答是否对于 $\tau>\tau_k(\lambda)$(上临界分岔)或 $\tau<\tau_k(\lambda)$ (下临界分岔)的周期解分岔的局部存在性的质疑。下面我们用 b_k 和 τ_k 来代替 $b_k(\lambda)$ 和 $\tau_k(\lambda)$,一般计算中心流形本身是很困难的。第一章利用文献[29]规范形式给出了在中心流形上的缩减系统,但并不计算流形本身的方法。文献[30]通过利用 Lyapunov 和 Schmidt 的方法,给出了估计 Hopf 分岔方向的类似方法。

因为有两重纯虚特征解,所以考虑的中心流形是二维的,且按照文献[29]的方法,我们能够计算在中心流形的缩减系统,并用极坐标 (ρ,ξ) 表示为

$$\dot{\rho}=(\tau-\tau_k)\frac{d}{d\tau}a(\tau_k)\rho+K\rho^3+O(\tau^2\rho+|(\rho,\tau)|^4) \tag{2-111}$$

$$\dot{\xi}=-b_k+O(|\tau,\rho|) \tag{2-112}$$

因为$\dfrac{\mathrm{d}}{\mathrm{d}\tau}a(\tau_k)>0$(引理 2.5),因子 K 的符号决定了 Hopf 分岔的方向,一个正的 K

值意味着一个下临界分岔;一个负的 K 值意味着一个上临界分岔。我们的目的是根据 F 在零点的导数来计算因子 K,要达到此目的,我们首先给出方程(2-108)右端的 Taylor 展式,设 $\alpha:=\tau-\tau_k$,那么方程(2-108)变为

$$\dot{x}(t)=L_\alpha x_t+G(x(t-1);\alpha)$$

其中

$$L_\alpha\phi=-(\tau_k+\alpha)\phi(0)+(\tau_k+\alpha)\lambda\phi(-1)$$
$$=(\tau_k+\alpha)\int_{-1}^0\mathrm{d}\eta(\theta)\phi(\theta)$$
$$G(u;\alpha)=(\tau_k+\alpha)F(u)-(\tau_k+\alpha)\lambda u$$

函数 G 满足

$$G(0;\alpha)=0,\quad DG(0;\alpha)=0$$
$$G(u;\alpha)=\tau_k\frac{F''(0)}{2}u^2+\frac{F''(0)}{2}\alpha u^2+\tau_k\frac{F'''(0)}{3!}u^3+O(|(u,\alpha)|^4)$$

即

$$G(u;0)=\tau_k\frac{F''(0)}{2}u^2+\tau_k\frac{F'''(0)}{3!}u^3+O(u^4)$$

正如文献[29],考虑相空间 $\Omega=C([-1,0],R)=P\oplus Q$ 的分解,这里 P 是与单重特征值 $\Lambda=\{ib_k,-ib_k\}$ 集合相应的二维特征空间。设 $\Phi=(\phi_1,\phi_2)=(e^{ib_k},e^{-ib_k})$ 是 P 的基,$\Psi=\mathrm{col}(\varphi_1,\varphi_2)=(\varphi_1(0)e^{-ib_k},\varphi_2(0)e^{ib_k})$,在 Ω^* 中,对偶空间 P^* 的基具有如下性质,即

$$(\Psi,\Phi):=((\varphi_i,\phi_j),i,j=1,2)=I_2$$

上面的双线性形式为[4]

$$(\varphi,\phi)=\varphi(0)\phi(0)-\int_{-1}^0\int_0^\theta\varphi(\xi-\theta)\mathrm{d}\eta(\theta)\phi(\xi)\mathrm{d}\xi$$

对$(\Psi,\Phi)=I_2$,有

$$\varphi_1(0)=[1-L_0(\theta e^{ib_k\theta})]^{-1},\quad\varphi_2(0)=\overline{\varphi_1(0)} \tag{2-113}$$

因此,方程(2-111)的因子 K 为

$$K=\frac{F'''(0)\tau_k}{2}\mathrm{Re}(e^{-ib_k}\varphi_1(0))+F''(0)^2\tau_k^2\left\{-\frac{\mathrm{Re}(e^{-ib_k}\varphi_1(0))}{L_0(1)}+\frac12\mathrm{Re}\frac{e^{-3ib_k}\varphi_1(0)}{2ib_k-L_0(e^{2ib_k\theta})}\right\}$$
$$\tag{2-114}$$

其中,$L_0(1)=\tau_k(\lambda-1)$;　$L_0(\theta e^{ib_k\theta})=-\tau_k\lambda e^{-ib_k}$;$L_0(e^{2ib_k\theta})=\tau_k(-1+\lambda e^{-2ib_k})$;

$\varphi_1(0)=\dfrac{1}{1+\tau_k\lambda e^{-ib_k}}$。

代入方程(2-114),我们可以得到 K 作为 λ 的函数。

现在我们证明下面的引理。

引理 2.7　设 $\tau = \tau_k(\lambda)$，$k \in N_0$，那么对于 $\lambda < -1$，有

$$K = \frac{F'''(0)\tau}{2} \frac{1 + \lambda^2 \tau}{\lambda(1 + 2\tau + \lambda^2\tau^2)} - \frac{F''(0)^2 \tau \lambda^2 \tau(11\lambda^2 + 6\lambda - 2) + (2\lambda^3 + 13\lambda^2 + 4\lambda - 4)}{2 \quad \lambda^2(5\lambda + 4)(\lambda - 1)(1 + 2\tau + \lambda^2\tau^2)}$$

对于 $\lambda > 1$，有

$$K = \frac{F''(0)\tau}{2} \frac{1 + \lambda^2 \tau}{\lambda(1 + 2\tau + \lambda^2\tau^2)} - \frac{F''(0)^2 \tau \lambda^2 \tau(11\lambda^3 + 35\lambda^2 + 24\lambda - 6) + (-2\lambda^4 + 11\lambda^3 + 43\lambda^2 + 24\lambda - 12)}{2 \quad \lambda^2(\lambda - 1)(5\lambda^2 + 15\lambda + 12)(1 + 2\tau + \lambda^2\tau^2)}$$

证明　设 $\tau = \tau_k(\lambda)$，$b = b_k(\lambda)$，$k \in N_0$，我们用下面几步计算 K(方程(2-114))。

① 首先注意下面的等式成立,即

$$\cos(b) = \frac{1}{\lambda}, \quad \cos(2b) = \frac{2 - \lambda^2}{\lambda^2}, \quad \cos(3b) = \frac{4 - 3\lambda^2}{\lambda^3}$$

$$\sin(b) = \frac{\sqrt{\lambda^2 - 1}}{|\lambda|}, \quad \sin(2b) = 2\frac{\sqrt{\lambda^2 - 1}}{\lambda|\lambda|}, \quad \sin(3b) = \frac{\sqrt{\lambda^2 - 1}}{\lambda^2|\lambda|}, \quad b = \tau\sqrt{\lambda^2 - 1}$$

② 我们得到 $\varphi_1(0) = \frac{1}{\beta}$，$\beta := 1 + \tau\lambda e^{-ib}$，这给出

$$|\beta|^2 = \beta\bar{\beta} = (1 + \tau\lambda e^{-ib})(1 + \tau\lambda e^{ib}) = 1 + 2\tau + \tau^2\lambda^2$$

③ 设 $C_1 := \mathrm{Re}(e^{-ib}\varphi_1(0))$，因此有

$$C_1 = \mathrm{Re}\frac{e^{-ib}\bar{\beta}}{|\beta|^2} = \frac{1 + \tau\lambda^2}{(1 + 2\tau + \tau^2\lambda^2)\lambda}$$

④ $-\dfrac{\mathrm{Re}(e^{-ib}\varphi_1(0))}{L(1)} = -\dfrac{1 + \tau\lambda^2}{(1 + 2\tau + \tau^2\lambda^2)\lambda(\lambda - 1)\tau} =: T_2$。

⑤ $\alpha := 2ib - \tau(-1 + \lambda e^{-2ib}) = \dfrac{\tau}{\lambda}(\lambda + 2)(\lambda - 1) + i\dfrac{2\tau\sqrt{\lambda^2 - 1}}{|\lambda|}(|\lambda| + 1)$。

因此

$$\bar{\alpha} = \frac{\tau}{\lambda}(\lambda + 2)(\lambda - 1) - i\frac{2\tau\sqrt{\lambda^2 - 1}}{|\lambda|}(|\lambda| + 1)$$

并且,我们有

$$|\alpha|^2 = \alpha\bar{\alpha} = \frac{\tau^2(\lambda - 1)}{\lambda^2}((\lambda - 1)(\lambda + 2)^2 + 4(\lambda + 1)(|\lambda| + 1)^2)$$

考虑 $\lambda > 1$ 和 $\lambda < -1$ 两种情形。

情形一,$\lambda > 1$。

$$|\alpha|^2 = \frac{\tau^2(\lambda - 1)}{\lambda}(5\lambda^2 + 15\lambda + 12)$$

情形二,$\lambda < -1$。

$$|\alpha|^2 = \frac{\tau^2 (\lambda-1)^2}{\lambda}(5\lambda+4)$$

⑥ 计算两个辅助项 A 和 B,即

$$A_: = \cos(3b) + \tau\lambda\cos(2b) = \frac{4-3\lambda^2+\tau\lambda^2(2-\lambda^2)}{\lambda^3}$$

$$B_: = \sin(3b) + \tau\lambda\sin(2b) = \frac{\sqrt{\lambda^2-1}}{\lambda^2|\lambda|}(4-\lambda^2+2\tau\lambda^2)$$

⑦

$$\text{Re}(e^{-3ib}\bar{\beta}\bar{\alpha}) = \text{Re}\left(e^{-3ib}(1+\lambda\tau e^{ib})\left(\frac{\tau}{\lambda}(\lambda+2)(\lambda-1)-i\frac{2\tau\sqrt{\lambda^2-1}}{|\lambda|}(|\lambda|+1)\right)\right)$$

$$= \frac{\tau(\lambda-1)}{\lambda^4}((\lambda+2)(4-3\lambda^2)-2(\lambda+1)(|\lambda|+1)(4-\lambda^2)$$

$$+\tau\lambda^2((2-\lambda^2)(\lambda+2)-4(\lambda+1)(|\lambda|+1)))$$

⑧ 设 $T_3: = \text{Re}\dfrac{e^{-3ib}\varphi_1(0)}{L(e^{2ib\theta})} = \dfrac{\text{Re}(e^{-3ib}\bar{\beta}\bar{\alpha})}{|\alpha|^2|\beta|^2}$,有如下情形。

情形一,$\lambda > 1$。

$$T_3 = \frac{(\lambda+2)(4-3\lambda^2-2(\lambda+1)^2(2-\lambda))+\tau\lambda^2((2-\lambda^2)(\lambda+2)-4(\lambda+1)^2)}{\tau\lambda^3(5\lambda^2+15\lambda+12)(1+2\tau+\tau^2\lambda^2)}$$

情形二,$\lambda < -1$。

$$T_3 = \frac{(\lambda+2)(4-3\lambda^2-2(\lambda+1)^2(2-\lambda))+\tau\lambda^2((2-\lambda^2)(\lambda+2)-4(\lambda-1)^2)}{\tau\lambda^3(\lambda-1)(5\lambda+4)(1+2\tau+\tau^2\lambda^2)}$$

⑨ 计算 $C_2: = T_2 + \dfrac{1}{2}T_3$,有如下情形。

情形一,$\lambda > 1$。

$$C_2 = \frac{\tau\lambda^2(-11\lambda^3-35\lambda^2-24\lambda+6)+(2\lambda^4-11\lambda^3-43\lambda^2-24\lambda+12)}{2\tau\lambda^2(\lambda-1)(5\lambda^2+15\lambda+12)(1+2\tau+\tau^2\lambda^2)}$$

情形二,$\lambda < -1$。

$$C_2 = \frac{\tau\lambda^2(-11\lambda^2-6\lambda+2)+(-2\lambda^3-13\lambda^2-4\lambda+4)}{2\tau\lambda^2(\lambda-1)(5\lambda+4)(1+2\tau+\tau^2\lambda^2)}$$

⑩ 计算 $K = (F'''(0)\tau/2)C_1 + F''(0)^2\tau^2 C_2$,且证明完成。

要决定 Hopf 分岔的方向,可计算项 K 或用下面的条件来保证 K 的符号。

引理 2.8 设 $|\lambda| > 1, \tau = \tau_k(\lambda), k \in N_0$,那么

$$K < 0 \Leftrightarrow F'''(0)F'(0) < F''(0)^2 C_k(\lambda)$$

$$K > 0 \Leftrightarrow F'''(0)F'(0) > F''(0)^2 C_k(\lambda)$$

$$K = 0 \Leftrightarrow F'''(0)F'(0) = F''(0)^2 C_k(\lambda)$$

其中

$$C_k(\lambda) := \begin{cases} \dfrac{11\lambda^2 + 6\lambda - 2}{(5\lambda + 4)(\lambda - 1)} + \dfrac{2(\lambda + 1)^2}{(5\lambda + 4)(1 + \lambda^2 \tau)}, & \lambda < -1 \\[3mm] \dfrac{11\lambda^3 + 35\lambda^2 + 24\lambda - 6}{(\lambda - 1)(5\lambda^2 + 15\lambda + 12)} - \dfrac{2(\lambda + 1)(\lambda^2 - 3)}{(5\lambda^2 + 15\lambda + 12)(1 + \lambda^2 \tau)}, & \lambda > 1 \end{cases}$$

证明 用 $\lambda^2 (2/\tau)(1 + 2\tau + \tau^2 \lambda^2)/(1 + \lambda^2 \tau)$ 乘在引理 2.7 给定的 K，即可获得引理的结果。◼

推论 2.2 设 $|\lambda| > 1$，这里 $\lambda = F'(0)$ 且 $\tau = \tau_k(\lambda), k \in N_0$，那么在 $\tau = \tau_k(\lambda)$ 处分岔的周期解存在，如果

① 对于 $\tau > \tau_k(\lambda)$，提供 $F'''(0)F'(0) < F''(0)^2 C_k(\lambda)$（上临界分岔）。

② 对于 $\tau < \tau_k(\lambda)$，提供 $F'''(0)F'(0) > F''(0)^2 C_k(\lambda)$（下临界分岔）。

证明：方程(2-111)、方程(2-112)和引理 2.8 提供了证实。◼

下面的引理处理序列 $(C_k(\lambda))_{k \in N_0}$ 的性质。

引理 2.9 下面的结果成立。

① 对于 $\lambda < -1$ 或 $\lambda > \sqrt{3}$，序列 $(C_k(\lambda))_{k \in N_0}$ 是正的、有界的和严格单增的。

② 对于 $1 < \lambda < \sqrt{3}$，序列 $(C_k(\lambda))_{k \in N_0}$ 是正的、有界的和严格单减的。

③ 对于 $\lambda = \sqrt{3}$，$(C_k(\lambda))_{k \in N_0}$ 是常数序列。

证明 这些结论是 $C_k(\lambda)$ 定义的结果。◼

我们能证明 $C_k(\lambda), k \in N_0$ 是有界的，对于 $\lambda < -1$，有

$$1.4887 \cong 2\frac{126 + 125\sqrt{7}}{(2 + 5\sqrt{7})(35 + 2\sqrt{7})} < C_k(\lambda) < \frac{11}{5}$$

对于 $\lambda > 1$，有

$$C_k(\lambda) > \frac{21}{10}$$

序列 $(C_k(\lambda))_{k \in N_0}$ 的单调性和有界性容易为在 $\tau = \tau_k(\lambda)$ 处 Hopf 分岔方向提供可以应用的准则。例如，单调性意味着推论 2.1 的断言，对于有界性，我们有如下结论。

① 如果 $\lambda < -1$ 和 $F'''(0)F'(0) < 2((126 + 125\sqrt{7})/(2 + 5\sqrt{7})(35 + 2\sqrt{7})F''(0))^2$，那么所有分岔是上临界的（$K < 0$）。

② 如果 $\lambda < -1$ 和 $F'''(0)F'(0) > \dfrac{11}{5}F''(0)^2$，那么所有分岔是下临界的（$K > 0$）。

③ 如果 $\lambda > 1$ 和 $F'''(0)F'(0) < \dfrac{21}{10}F''(0)^2$，那么所有分岔是上临界的（$K < 0$）。

如果 $K = 0$，即 $C = C_k(\lambda)$（见推论 2.1 的证明）或 $F''(0) = F'''(0) = 0$，我们必须

计算 F 的高阶项和计算在中心流形缩减系统的规范式的高阶项。

下面给出主要结果的证明。

定理 2.11 的证明 定理 2.12 提供了在 $\tau=\tau_k(\lambda)$ 处 Hopf 分岔的存在性,通过应用推论 2.2,我们可以得到 Hopf 分岔方向的条件,分岔周期解的稳定性质可以从引理 2.6 获得。

推论 2.1 的证明 如果 $F''(0)F'(0)\leqslant0$,那么 $K<0$,因此在这种情形下,所有的分岔是上临界的。如果 $F''(0)=0$ 和 $F'''(0)\neq0$,那么 $\mathrm{sign}K=\mathrm{sign}F'''(0)F'(0)$,因此所有分岔或者是上临界的或者是下临界的;否则,存在一个唯一的 $C>0$,且 $F'''(0)F'(0)=F''(0)^2C$。如果 $C<C_k(\lambda)$,那么分岔是上临界的;如果 $C>C_k(\lambda)$,那么分岔是下临界的。由引理 2.9,假设 $\lambda\neq\sqrt{3}$,显然最多有一个 $k\in N_0$,但是 Hopf 分岔的方向可能改变,即 $(C-C_{k-1}(\lambda))(C-C_{k+1}(\lambda))<0$。 ■

2.4.5 全局延拓

在本节,我们研究从点 $(\bar{x},\tau)=(0,\tau_k(\lambda))$,$k\in N_0$ 的局部 Hopf 分岔的全局延拓,证明每个这些分支位于带各自不相交的 S_k^λ,$k\in N_0$ 的周期的一个无界连续统 S_k^λ 中。

首先需要一些记号,设 $S^\lambda:=\{(\phi,\tau,P)\in\Omega\times R_+\times R_+:x(t)$ 是方程 (2-105) 具有 $\lambda=F'(0)$ 和 $x_{|[-\tau,0]}=\phi$ 的非常数 P 周期解$\}$,$\bar{S}^\lambda:=S^\lambda$ 在 $\Omega\times R_+\times R_+$ 的闭。同时,设 $P(\lambda)=2\pi\tau_k(\lambda)/b_k(\lambda)=2\pi/\sqrt{\lambda^2-1}$,$\lambda=F'(0)$;$\tau_k(\lambda)$ 和 $b_k(\lambda)$ 如定义 2.1,$k\in N_0$。记 S_k^λ 是 $\bar{S}^\lambda$ 在 $\Omega\times R_+\times R_+$ 的最大连通分量,包含 $(0,\tau_k(\lambda),P(\lambda))$,$k\in N_0$,这里 $\Omega=C([-\tau,0],R)$。本节我们需要下面的假设。

（GH$_1$） $F\in C^2$,$F(0)=0$,且 $|F'(0)|>1$。

（GH$_2$） 如果 $F(\bar{x})=\bar{x}$,$\bar{x}\in R$,那么 $F'(\bar{x})\neq1$。

定理 2.13 假设 (GH$_1$) 和 (GH$_2$) 成立,那么包含 $(0,\tau_k(\lambda),P(\lambda))$ 的最大连通分量 $S_k^\lambda\subset\Omega\times R_+\times R_+$ 是无界的,这里 $\lambda=F'(0)$。$(\bar{x},\bar{\tau},\bar{P})\in S_k^\lambda$ 且 $\bar{x}\in R$,当且仅当 $\bar{x}=0$,$\bar{\tau}=\tau_k(\lambda)$,$\bar{P}=P(\lambda)=2\pi\tau_k(\lambda)/b_k(\lambda)$,这里 $b_k(\lambda)$ 和 $\tau_k(\lambda)$ 分别由方程 (2-106) 和方程 (2-107) 给出。进一步,如果 $(\varphi,\tau,P)\in S_k^\lambda$,且 $\varphi\neq0$,那么具有 $x_{1[-\tau,0]}=\varphi$ 的方程 (2-105) 存在唯一解 $x(t)$,且是周期的。最小周期 P 满足如下方面。

① 当 $\lambda<-1$ 和 $k=0$ 时,$P>2\tau$。

② 当 $\lambda<-1$ 和 $k\geqslant1$ 时,$P\in\left]\tau\big/\left(k+\dfrac{1}{2}\right),\tau\big/\left(k+\dfrac{1}{4}\right)\right[$。

③ 当 $\lambda>1$ 和 $k\in N_0$ 时,$P\in\left]\tau\big/(k+1),\tau\big/\left(k+\dfrac{3}{4}\right)\right[$。

证明 要证明 S_k^λ 是无界的,我们应用文献 [62] 的定理 3.3(也可见文献 [60]

定理 2.5)。上面提到的定理提供了在某种假设下，S_k^{λ} 是无界的或者 S_k^{λ} 是有界的，且附加

$$S_k^{\lambda} \bigcap \{(\bar{x}, \bar{\tau}, \bar{P}) \in \Omega \times R_+ \times R_+ : \bar{x} \in R, \bar{x} = F(\bar{x})\}$$
$$= \{(\bar{x}_l, \bar{\tau}_l, \bar{P}_l) \in R \times R_+ \times R_+ : l = 0, 1, 2, \cdots, n\}$$

和

$$\sum_{l=0}^{n} \gamma(\bar{x}_l, \bar{\tau}_l, \bar{P}_l) = 0 \tag{2-115}$$

其中，$\gamma(\bar{x}_l, \bar{\tau}_l, \bar{P}_l)$ 是所谓 $(\bar{x}_l, \bar{\tau}_l, \bar{P}_l)$ 的穿越数，它的定义将在下面给出。

为了证明 S_k^{λ} 是无界的，也要证明方程(2-115)并不能成立，首先需要给出 $\gamma(\bar{x}_l, \bar{\tau}_l, \bar{P}_l)$ 的定义[60,62]。

设 $(\bar{x}, \bar{\tau}, \bar{P})$ 是方程(2-105)的孤立中心，即 $\bar{x} = F(\bar{x})$，$\Delta(\mathrm{i}(2\pi\bar{\tau}/\bar{P}); \bar{\tau}, F'(\bar{x})) = 0$，并且存在 $(\bar{x}, \bar{\tau}, \bar{P})$ 的一个邻域 $\bigcup(\bar{x}, \bar{\tau}, \bar{P})$，使 $(\bar{x}, \bar{\tau}, \bar{P})$ 在 $\bigcup(\bar{x}, \bar{\tau}, \bar{P})$ 中是唯一的中心。

用 Δ 的定义(方程(2-110))和引理 2.5，我们能证明 $\Delta(z; \tau, \bar{\lambda})$ 在 $z \in C$ 是解析的，且在 $\tau \in]\bar{\tau} - \varepsilon_0, \bar{\tau} + \varepsilon_0[$ 是连续的，这里 $\varepsilon_0 > 0$ 是一个适当的正常数，且 $\bar{\lambda} = F'(\bar{x})$（见文献[60]的条件 A_3）。因此，从引理 2.3 和引理 2.5 存在小的正数 δ，$\varepsilon \in]0, \varepsilon_0[$ 使得在 $\partial\Omega_{\varepsilon, \bar{P}} \times [\bar{\tau} - \delta, \bar{\tau} + \delta]$ 上有

$$\Delta\left(a + \mathrm{i}\frac{2\pi\tau}{P}, \tau, \bar{\lambda}\right) = 0, \quad 当且仅当 \tau = \bar{\tau}, \quad a = 0, \quad P = \bar{P}$$

其中，$\Omega_{\varepsilon, \bar{P}} := \{(a, P) : 0 < a < \varepsilon, P \in]\bar{P} - \varepsilon, \bar{P} + \varepsilon[\}$（见文献[60]的条件 A_4）。

注意 $z = \pm\mathrm{i}(2\pi\bar{\tau}/\bar{P})$ 是在虚轴上，且 $\Delta(z; \bar{\tau}, \bar{\lambda})$ 的唯一零点(引理 2.3)，我们定义

$$H_{\tau}(a, P) := \Delta\left(a + \mathrm{i}\frac{2\pi\tau}{P}, \tau, \bar{\lambda}\right)$$

其中，$H_{\tau} : \Omega_{\varepsilon, \bar{P}} \to R^2 \cong C$ 是 $(a, P) \in \Omega_{\varepsilon, \bar{P}}$ 的可微函数，现在穿越数 $\gamma(\bar{x}, \bar{\tau}, \bar{P})$ 为

$$\gamma(\bar{x}, \bar{\tau}, \bar{P}) := \deg(H_{\bar{\tau} - \delta}, \Omega_{\varepsilon, \bar{P}}) - \deg(H_{\bar{\tau} + \delta}, \Omega_{\varepsilon, \bar{P}})$$

其中，$\deg$ 记为关于 $(0, 0) \in R^2 \cong C$ 和 $\Omega_{\varepsilon, \bar{P}}$ 的 Brouwer 度[60,62]。

这就蕴含穿越数是适定的，计算给出

$$\det(DH_{\tau}(a, P)_{|(a, P) \in H_{\tau}^{-1}(0,0)}) = -\frac{2\pi\tau}{P^2}\left((1 + a + \tau)^2 + \frac{4\pi^2\tau^2}{P^2}\right) < 0$$

用度的定义[63]，我们可以获得

$$\deg(H_{\tau}, \Omega_{\varepsilon, \bar{P}}) = \sum_{(a, P) \in H_{\tau}^{-1}(0,0)} (-1) = -\sharp H_{\tau}^{-1}(0, 0)$$

其中，$\sharp H_{\tau}^{-1}(0, 0)$ 记为集 $H_{\tau}^{-1}(0, 0)$ 中元素的数目，且假设 $H_{\tau}^{-1}(0, 0)$ 在 $\Omega_{\varepsilon, \bar{P}}$ 中仅包含有限的点数。

引理 2.6 提供了对于充分小的 δ 和 $\varepsilon > 0$，$H_{\bar{\tau} - \delta}^{-1}(0, 0) = \phi$，且 $H_{\bar{\tau} + \delta}^{-1}(0, 0)$ 在 $\Omega_{\varepsilon, \bar{P}}$

中仅包含一个点，这就蕴含

$$\gamma(\overline{x},\overline{\tau},\overline{P})=-1$$

假如 $(\overline{x},\overline{\tau},\overline{P})$ 是一个孤立中心，如果 $(\overline{x},\overline{\tau},\overline{P})$ 不是中心，我们容易证明 $\gamma(\overline{x},\overline{\tau},\overline{P})=0$。

为了能应用文献[62]中的定理 3.3（文献[60]的定理 2.5），我们还必须证明方程(2-105)的所有中心是孤立的，引理 2.4 提供如果 $\overline{x}\in R$ 是一个静态的解，那么相应于 $\overline{x}$ 的所有中心 $(\overline{x},\tau_k,\overline{P}_k)$，$k\in N_0$ 是孤立的，由假设(GH₂)这就满足所有中心是孤立的，并且因此我们已证明 S_k^λ 是无界的，且 $(\overline{x},\overline{\tau},\overline{P})\in S_k^\lambda$，当且仅当 $\overline{x}=0$，$\overline{\tau}=\tau_k(\lambda)$ 和 $\overline{P}=P(\lambda)$，且 $\lambda=F'(0)$。

应用文献[64]中的引理 4.1 于方程(2-108)，我们得到方程(2-105)对于任意 $m\in N$ 没有周期为 $\dfrac{2\tau}{m}$ 的非常数周期解。从定理 2.11 和引理 2.3，我们知道

$$P(\lambda)=\frac{2\pi}{b_k(\lambda)}\tau_k(\lambda),\quad k\in N_0$$

对于 $k\in N_0,\lambda>1$，有

$$b_k(\lambda)\in\left]\left(2k+\frac{3}{2}\right)\pi,(2k+2)\pi\right[$$

对于 $k\in N_0,\lambda<-1$，有

$$b_k(\lambda)\in\left]\left(2k+\frac{1}{2}\right)\pi,(2k+1)\pi\right[$$

这就提供了对于 $k=0$，如果 $\lambda<-1$，那么 $P(\lambda)>2\tau_0(\lambda)$。

对于任意 $k\in N$，如果 $\lambda<-1$，那么

$$P(\lambda)\in\left]\frac{\tau_k(\lambda)}{k+\frac{1}{2}},\frac{\tau_k(\lambda)}{k+\frac{1}{4}}\right[$$

对于任意 $k\in N_0$，如果 $\lambda>1$，那么

$$P(\lambda)\in\left]\frac{\tau_k(\lambda)}{k+1},\frac{\tau_k(\lambda)}{k+\frac{3}{4}}\right[$$

因此，我们就证明了如果 $(\varphi,\tau,P)\in S_k^\lambda$ 和 $\varphi\neq0$，具有初值 $x_{1[-\tau,0]}=\varphi$ 的方程(2-105)的周期解的最小周期 P 满足性质①～③之一。这就完成了定理的证明。∎

如果 $\overline{x}=0$ 是方程(2-105)的唯一平衡点，定理 2.13 也可应用整体指标定理（文献[64]的定理 2.2 和第 3 节）。

我们用一个推论得到这节的结论，它提供了保证 τ 分量的无界性条件（即 S_k^λ

投影在 τ 线上是无界的）。

除 (GH_1) 和 (GH_2) 外，我们还需要下面的假设。

(GH_3)　存在一个具有 $0\in int(I)$ 的紧区间 $I\subset R$，使得 $F(I)\subset I$。

推论 2.3　假设 $(GH_1),(GH_2)$ 和 (GH_3) 满足，那么

① 对于 $\lambda=F'(0)<-1$，存在 $\bar{\tau}_k(\lambda)\in]0,\tau_k(\lambda)]$，使得对任意 $\tau\geqslant\bar{\tau}_k(\lambda)$ 有 $\phi\in\Omega$ 和 $P\in\left(\tau\Big/\left(k+\dfrac{1}{2}\right),\tau\Big/\left(k+\dfrac{1}{4}\right)\right[,(\varphi,\tau,P)\in S_k^\lambda,k\in N$。进而，如果 $(\varphi,\tau,P)\in S_k^\lambda,k\in N$，且 $x(t)$ 是系统(2-105)具有初值 $x_{1[-\tau,0]}=\varphi$ 的存在唯一的 P 周期解，那么对于所有 $t\geqslant-\tau$，有 $x(t)\in Int(I)$。

② 对于 $\lambda=F'(0)>1$，存在 $\bar{\tau}_k(\lambda)\in]0,\tau_k(\lambda)]$，使得对任意 $\tau\geqslant\tilde{\tau}_k(\lambda)$ 有 $\phi\in\Omega$ 和 $P\in\left(\tau\Big/(k+1),\tau\Big/\left(k+\dfrac{3}{4}\right)\right[$ 使得 $(\varphi,\tau,P)\in S_k^\lambda,k\in N_0$。进而，如果 $(\varphi,\tau,P)\in S_k^\lambda,k\in N_0$，且 $x(t)$ 是系统(2-105)具有初值 $x_{1[-\tau,0]}=\varphi$ 的存在唯一的 P 周期解，那么对于所有 $t\geqslant-\tau$，有 $x(t)\in int(I)$。

证明　应用定理 2.13 于方程(2-105)，我们得到包含 $(0,\tau_k(\lambda),P(\lambda))$ 的闭集 $\overline{S}^\lambda$ 的最大连通分量 S_k^λ 是无界的。从文献[58]中的推论 1.1 我们知道，由于不变性条件 (GH_3)，如果 $x(t)$ 是方程(2-105)满足 x 对所有 $t\geqslant-\tau,x(t)\in I$ 的一个非常数周期解，那么对所有 $t\geqslant-\tau,x(t)\in int(I)$。另一方面，利用局部 Hopf 分岔定理 2.11，我们能够证明对于 $\tau>0$ 接近 $\tau_k(\lambda)$ 存在具有 $x_{1[-\tau,0]}=\phi\in\Omega$ 的一个非常数 P 周期解 $x(t)$，且对所有 $t\geqslant-\tau$ 有 $x(t)\in int(I)$，使得 $(\tau,\varphi,P)\in S_k^\lambda$。因为方程(2-105)的解连续依赖于参数和初始数据，且 $\overline{S}^\lambda$ 是连通的，得到对于任意 $(\tau,\varphi,P)\in S_k^\lambda$，系统(2-105)具有初值 $x_{1[-\tau,0]}=\varphi$ 的存在唯一的 P 周期解 $x(t)$ 满足对所有 $t\geqslant-\tau$ 有 $x(t)\in int(I)$。那么，定理 2.13 的性质提供了对于 $k\in N$，如果 $\lambda<-1$；或对于 $k\in N_0$，如果 $\lambda>1,S_k^\lambda$ 投影在 τ 线上是无界的(文献[60]中定理 4.7 的证明)。这就蕴含了一个正实常数 $\tilde{\tau}_k(\lambda)\in]0,\tau_k(\lambda)]$ 的存在性(对于 $\tau=0$，方程(2-105)并不拥有非常数周期解)，使得对任意 $\tau\geqslant\bar{\tau}_k(\lambda)$，存在 $\phi\in\Omega$ 和 $P\in](\tau\Big/(k+\dfrac{1}{2}),\tau\Big/(k+\dfrac{1}{4})[$ $(P\in](\tau\Big/(k+1),\tau\Big/(k+\dfrac{3}{4})[)$，如果 $\lambda<-1(\lambda>1)$ 使得 $(\varphi,\tau,P)\in S_k^\lambda$。∎

① 假设 $F'(0)<-1$，在文献[58]中已证明了推论 2.3 的结论，然而文献[58]是在下面的假设条件。

(GH'_1)　F 是连续的满足 $F(0)=0$，且在点 $x=0$ 可微，$F'(0)<-1$。

(GH_3)　如上面，且有 (GH_4)。

(GH_4)　$xF(x)<0$，对于 $x\in I\backslash\{0\}$。

注意在我们的证明中,并不需要假设(GH₄),在另一方面,(GH₁)比(GH′₁)强。

② 类似于推论 2.3 的结论,已在文献[60]中的定理 4.1 和定理 4.2 中给出,然而它们是在附加假设 F 是一个有界的,且单调的函数在 $x=0$ 处有最大陡度,注意在文献[60]中的证明仅对 $F'(0)<-1$ 有效(文献[60]的方程 4.4)。

为了证明 S_k^λ 的 τ 分量是无界的,这里 $\lambda<-1$,我们需要附加假设 F 满足负反馈条件(GH₄)(注 2.9(1))。更为具体地,在文献[58]中,定理 1.1 设(GH′₁),(GH₃)和(GH₄)满足,那么对于 $\lambda<-1$ 存在 $\tilde{\tau}_0(\lambda)\in]0,\tau_0(\lambda)[$ 使得对任意 $\tau>\tilde{\tau}_0$ (λ) 有 $\varphi\in C([-\tau,0],I)$ 和 $P>2\tau$ 具有 $(\varphi,\tau,P)\in S_0^\lambda$。进而,如果 $(\varphi,\tau,P)\in S_0^\lambda$,且 $x(t)$ 是系统(2-105)具有初值 $x_{1[-\tau,0]}=\varphi$ 的唯一解,那么对于所有 $t\geqslant 0$,$x(t)\in \mathrm{int}(I)$。

2.4.6　数值例子

下面给出五个例子以证实我们的局部(定理 2.11 和推论 2.2)和全局结果(定理 2.13 和推论 2.3)。进而,通过利用时滞微分方程的数值延拓方法[65],我们提供了分岔图,这里周期解是通过 Fourier 多项式逼近得到。最后两个例子描述如果不变条件(GH₃)或反馈条件(GH₄)不满足将发生什么。

例 1　在这个例子中,用 sigmoid 型非线性,即

$$F(x)=F_1(x)=\frac{3}{2}\frac{1}{1+\exp(-4x)}-\frac{3}{4}$$

它得到 F 是有界的,即 $-\frac{3}{4}<F(x)<\frac{3}{4}$,对所有 $x\in R$,且是严格增的,在 0 处恰有一个转点($F'''(0)=0,F''(0)<0$),因此有 $F(0)=0$ 和 $\lambda=F'(0)=\frac{3}{2}>1$。$F$ 有三个不动点,即 $\bar{x}=0$,$\tilde{x}\cong 0.644$ 和 $-\tilde{x}$。

由定理 2.11,我们得到在 $(\bar{x},\tau)=(0,\tau_k(\lambda)),k\in N_0$ 处一个上临界 Hopf 分岔出现,推论 2.3 提供了 $\tilde{\tau}_k(\lambda)\in]0,\tau_k(\lambda)[,k\in N_0$,使得对所有 $\tau>\tilde{\tau}_k(\lambda)$ 有一个属于 S_k^λ 的周期解 $x(t)$。进而,我们知道 $x(t)$ 的周期 P 满足 $P\in]\tau/(k+1),\tau/(k+\frac{3}{4})[$。图 2.9 和图 2.10 给出了数值结果,我们能够观察到解的振幅是关于 τ 严格增的。

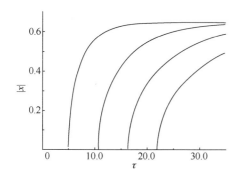
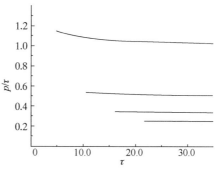

图 2.9　$(\tau,|x|)$ 平面周期解的分岔　　　　图 2.10　$\left(\dfrac{p}{\tau},\tau\right)$ 平面周期解的分岔

例 2　现在用非线性 $F(x)=-F_1(x)$，F_1 如第一个例子，$\bar{x}=0$ 是 F 的唯一不动点，且有 $\lambda=F'(0)=-\dfrac{3}{2}<-1$，$F''(0)=0$，$F'''(0)>0$。定理 2.11 给出了在 $\tau=\tau_k(\lambda)$，$k\in N_0$ 处出现一个上临界 Hopf 分岔，因为 F 满足 (GH_1)、(GH_2)、(GH_3) 和 (GH_4)，且具有 $I=[-\tilde{x},\tilde{x}]$，$\tilde{x}$ 如例 1，从推论 2.3，我们获得周期解的分岔 S_k^λ 关于 τ 是无界的。对于属于 S_k^λ 的解 $x(t)$ 的周期 P：当 $k=0$ 时，$P>2\tau$；当 $k\geqslant 1$ 时，$P\in]\tau/(k+\dfrac{1}{2}),\tau/(k+\dfrac{1}{4})[$。数值模拟描述了解的振幅是关于 τ 严格增的，且对于每个 $\tau>\tau_0(\lambda)$，有一个唯一的慢振荡周期解，对于慢振荡周期解的性质可以解析证明。

例 3　这个例子说明 Hopf 分岔方向的改变（推论 2.2），考虑方程（2-105）具有

$$F(x)=-575\arctan(x+10\sqrt{5})+575\arctan(10\sqrt{5})$$

它有 $F(0)=0$，$\lambda:=F'(0)=-575/(1+500)<-1$，$F''(0)=(11500/251001)\sqrt{5}$，$F'''(0)=-1723850/125751501$。因此，我们得到 $C=(F'''(0)F'(0)/F''(0))^2=1499/1000=1.4990$（推论 2.2 的证明），$1.49716\cong C_0(\lambda)<C<C_1(\lambda)\cong 1.49952$。应用定理 2.11，我们能证明在 $\tau=\tau_k(\lambda)$，$k\in N_0$ 处出现 Hopf 分岔，在 $\tau=\tau_k(\lambda)$ 处第一次 Hopf 分岔是下临界的，所有其他 Hopf 分岔是上临界的（图 2.11 和图 2.12）

例 4　这里我们讨论函数 F 不满足条件 (GH_3)，考虑下式，即

$$F(x)=-15\sinh(x)$$

它有 $F(0)=0$，$\lambda:=F'(0)=-15$，$F''(0)=0$，$F'''(0)=-15F$，且 F 是严格减且满足 (GH_1) 和 (GH_2)，但不满足条件 (GH_3)，$\bar{x}=0$ 是 F 的唯一不动点，利用推论 2.1，我们得到在 $\tau=\tau_k(\lambda)$ 处出现上临界 Hopf 分岔。由定理 2.13，我们知道从 $(\bar{x}=0$，

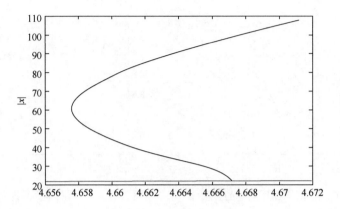

图 2.11　在 $\tau = \tau_0(\lambda) = 4.66712$ 处的上临界 Hopf 分岔（例 3）

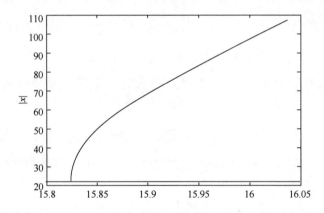

图 2.12　在 $\tau = \tau_1(\lambda) = 15.82280$ 处的上临界 Hopf 分岔（例 3）

$\tau = \tau_k(\lambda)$）分岔的周期解 S_k^{λ} 的分支是无界的，但我们并不知道 S_k^{λ} 的那个分量是无界的。实际上，数值计算的分岔图给出了分支关于 τ 是有界的（图 2.13），数值计算属于 S_k^{λ} 的 P 周期解仅对于 $0 < \tau < \tau_k(\lambda)$ 和 $|x_k| \rightarrow \infty$，当 $\tau \rightarrow 0$ 时存在。进而，对于 $x_0(t, \tau)$ 的周期 P，我们得到 $\dfrac{P}{\tau} \rightarrow 4$，当 $\tau \rightarrow 0$ 时。

例 5　F 不满足负反馈条件（GH$_4$）的情形，考虑方程（2-105）具有如下情形，即

$$F(x) = 2\,\frac{x+1}{1+(x+1)^{10}} - 2$$

这个方程由 Mackey 和 Glass 作了一个白血球细胞产生的数学模型而引入[66]，F 是有界函数，且 $F(0) = 0$，$\lambda = F'(0) = -4 < -1$，$F''(0) = -5$，$F'''(0) = 255$。应用推论 2.1，我们得到在 $(\bar{x} = 0, \bar{\tau} = \tau_k(\lambda))$ $k \in N_0$ 处出现上临界 Hopf 分岔。由推论

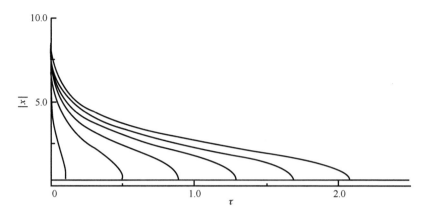

图 2.13　对于 $F(x) = -15\sinh(x)$ 周期解 C_0 分岔(例 4)

2.3,我们知道对于 $k \geqslant 1$,S_k^λ 的 τ 分量是无界的,因为(GH$_4$)不满足,我们不能利用文献[58]来研究 S_0^λ。在文献[60]中,Mackey-Glass 方程进行了数值研究,数值研究给出慢振荡周期解的分支 S_0^λ 经历了倍周期分岔的级联,进而对于充分大的时滞 τ,数值计算描述混沌吸引子的存在性。

2.5　带两个时滞的纯量时滞微分方程

2.5.1　引言

在上个 20 年里,注意力已经集中于多时滞系统,该系统具有重要的生物和物理学背景。考虑下面带两个时滞的方程,即

$$\dot{x}(t) = f(x(t), x(t-\tau_1), x(t-\tau_2)) \tag{2-116}$$

其中,τ_1 和 τ_2 是正常数;$f(0,0,0) = 0$,且 $f:R \times R \times R \to R$ 是连续可微的,设 $-A_0$、$-A_1$ 和 $-A_2$ 是 $f(u_1, u_2, u_3)$ 分别关于 u_1、u_2 和 u_3 在 $u_1 = u_2 = u_3 = 0$ 处计算的一阶导数,即

$$-A_0 = \frac{\partial f}{\partial u_1}(0,0,0), \quad -A_1 = \frac{\partial f}{\partial u_2}(0,0,0), \quad -A_2 = \frac{\partial f}{\partial u_3}(0,0,0)$$

那么方程(2-116)在平凡解线性化方程是

$$\dot{x}(t) = -A_0 x(t) - A_1 x(t-\tau_1) - A_2 x(t-\tau_2) \tag{2-117}$$

已有的工作研究了方程(2-126)在 (τ_1, τ_2) 平面对于各种区间关于 A_0, A_1 和 A_2 的稳定性,并且确定了稳定域的全局几何性质,相关的工作可以参见 Bellman 和 Cooke[44]、Hale[4]、Mahaly 等[63]、Marriot 等[67]。

假设 $A_0 = 0, A_1 > 0, A_2 > 0$,那么方程(2-117)变为

$$\dot{x}(t) = -A_1 x(t-\tau_1) - A_2 x(t-\tau_2) \tag{2-118}$$

本节的目的是研究两个时滞方程(2-116)的动态行为。首先通过分析线性化方程(2-118)相应的特征方程,研究方程(2-116)零解的局部稳定性,可以获得涉及时滞和参数的一般稳定性准则。其次,通过选择时滞之一作为分岔参数,证明两个时滞方程出现的 Hopf 分岔,然后应用中心流形定理与规范形式理论,讨论分岔解的性质,证明 Hopf 分岔是上临界的,且分岔周期解在某种条件下是轨道稳定的。最后,作为一个例子,获得的结果已改进了文献[48]的一些结果。

在分析线性方程(2-118)的特征方程时,下面关于方程根作为参数函数连续性的 Rouché 定理是需要的,对于这个定理的证明,可以参见文献[68]。

引理 2.10(Rouché) 设 A 是在 Ω 中的开集,即复数集合,F 是一个度量空间,f 是在 $A \times F$ 上的一个连续复值函数,使得对于每个 $\alpha \in F$,$z \to f(z, \alpha)$ 在 A 中是解析的,设 B 是 A 的开集,它在 Ω 的闭集 $\bar{B}$ 是紧的,且包含于 A,设 $\alpha_0 \in F$ 使得 $f(z, \alpha_0)$ 的非零点是在 B 的边界,那么在 F 上存在 α_0 的邻域对任意 $\alpha \in W$,$f(z, \alpha)$ 在 B 的边界没有零点;对任意 $\alpha \in W$,属于 B 的 $f(z, \alpha)$ 的零点的阶与 α 无关。

2.5.2 局部稳定性分析

方程(2-118)的特征方程为

$$z = -A_1 e^{-z\tau_1} - A_2 e^{-z\tau_2} \tag{2-119}$$

我们并不尺度时间让一个时滞等于 1,相反正如文献[48],仅尺度化度量以便系数 A_i 等于 1,设

$$\lambda = \frac{z}{A_1}, \quad A = \frac{A_2}{A_1}, \quad r_1 = A_1 \tau_1, \quad r_2 = A_2 \tau_2$$

由此获得规范化的特征方程,即

$$\lambda = -e^{-\lambda r_1} - A e^{-\lambda r_2} \tag{2-120}$$

当 $A = 0$ 时,容易证明下面的结果。

引理 2.11 超越方程,即

$$\lambda = -e^{-\lambda r_1} \tag{2-121}$$

有纯虚根,当且仅当 $r_1 = 2j\pi + \dfrac{\pi}{2} (j = 0, 1, 2, \cdots)$。进而,如果 $r_1 = 2j\pi + \dfrac{\pi}{2}$,方程(2-121)有一对纯虚根 $\pm i$,它是单重的。

记 $r_1^j = 2j\pi + \dfrac{\pi}{2} (j = 0, 1, 2, \cdots)$,并设 $\lambda_j(r_1)$ 是方程(2-121)的根,满足 $\mathrm{Re}\lambda_j(r_1^j) = 0$,$\mathrm{Im}\lambda_j(r_1^j) = 1$,那么我们有

$$\frac{\mathrm{dRe}\lambda_j(r_1)}{\mathrm{d}r_1}\Big|_{r_1 = r_1^j} = \frac{1}{1 + \left(2j\pi + \dfrac{\pi}{2}\right)^2} \tag{2-122}$$

下面引理的证明可在文献[69]中发现。

引理 2.12　如果 $r_1 \in \left[0, \frac{\pi}{2}\right)$，那么方程(2-121)所有的根有严格的负实部，如果 $r_1 \in \left(2j\pi + \frac{\pi}{2}, 2(j+1)\pi + \frac{\pi}{2}\right]$，那么方程(2-121)恰有 $2j$ 个具有严格正实部的根。

利用引理 2.11 和引理 2.12，我们能证明下面的引理。

引理 2.13　对任意 $r_1 > \frac{\pi}{2}$，且 $r_1 \neq 2j\pi + \frac{\pi}{2}$，并固定 $r_2 > 0$，存在 $\delta > 0$，使得 $A = A_2/A_1 < \delta$，方程(2-120)至少有一个具有正实部的根。

证明　定义

$$h(\lambda, A) = \lambda + e^{-\lambda r_1} + A e^{-\lambda r_2}$$

那么 $h(\lambda, A)$ 是关于 λ 和 A 得解析函数，由引理 2.11，当 $r_1 \neq 2j\pi + \frac{\pi}{2}$ 时，函数 $h(\lambda, 0)$ 在 Ω 的边界上没有零点，这里 $\Omega = \{\lambda \mid \mathrm{Re}\lambda \geqslant 0, |\lambda| \leqslant 2\}$，因此 Rouché 定理蕴含存在一个 $\delta > 0$，使得当 $A < \delta, h(\lambda, A)$ 和 $h(\lambda, 0)$ 有相同的零点的阶的和。

由引理 2.12，当 $r_1 > \frac{\pi}{2}$ 时，$h(\lambda, 0)$ 的零点的阶的和至少是 2，因此当 $r_1 > \frac{\pi}{2}$，$r_1 \neq 2j\pi + \frac{\pi}{2}$，且 $A < \delta, h(\lambda, A)$ 的零点的阶的和至少是 2，这就证明了引理。　■

引理 2.14　设 $A \in (0,1)$，且 $r_1 \leqslant \frac{1}{1+A}$，那么方程(2-120)有严格负实部的解。

证明　因为当 $r_1 = 0$ 时，方程(2-120)的所有根有负实部，如果结论不成立，那么一定有某个 $r_1 \in \left(0, \frac{1}{1+A}\right]$，使得方程(2-120)有纯虚根 $\pm i\omega(\omega > 0)$ 满足下式，即

$$\cos\omega r_1 = -A\cos\omega r_2$$
$$\omega - \sin\omega r_1 = A\sin\omega r_2$$

两个方程两边再相加，我们有

$$\omega^2 - 2\omega\sin\omega r_1 + 1 = A^2$$

即

$$g(\omega) \triangleq \frac{\omega^2 + 1 - A^2}{2\omega} = \sin\omega r_1 \tag{2-123}$$

因为 $|\sin\omega r_1| \leqslant 1$，可以得到 $\omega \in [1-A, 1+A]$。另一方面，有

$$g(\omega) = \frac{1}{2}\omega\left[1 + \frac{1-A^2}{\omega^2}\right] \geqslant \omega\frac{1}{1+A} \geqslant \omega r_1 \geqslant \sin\omega r_1$$

矛盾,因此方程(2-120)的所有根一定有负实部。

应用引理 2.13 和引理 2.14 于方程(2-118),我们有下面关于方程(2-116)的零解的局部稳定性的结果。

定理 2.14 对于方程(2-116),我们有

① 对于任意 $\tau_1 > \pi/2A_1$,且 $\tau_1 \neq (2j\pi + \pi/2)/A_1(j=1,2,\cdots)$ 和固定 $\tau_2 > 0$,存在 $\delta > 0$ 使得当 $A_2/A_1 < \delta$ 时,方程(2-118)的零解是不稳定的。

② 当 $A_2 < A_1$,$\tau_1 \leqslant 1/(A_1 + A_2)$ 时,方程(2-128)的零解是渐近稳定的。

2.5.3 Hopf 分岔

本节通过选择时滞之一作为分岔参数,研究方程(2-118)的 Hopf 分岔。我们知道,当方程(2-117)在 $A_0 = 0$ 时有纯虚根 $\pm i\omega(\omega > 0)$。显然,如果 $\pm i\omega$ 是方程 (2-117) 在 $A_0 = 0$ 时的根,那么方程(2-123)成立。考虑三种情形,即 $A = A_2/A_1 > 1$、$A < 1$ 和 $A = 1$。

(1) $A > 1$

在这种情形下,由方程(2-123)定义的函数 $g(\omega)$ 具有如下的性质(图 2.14)。

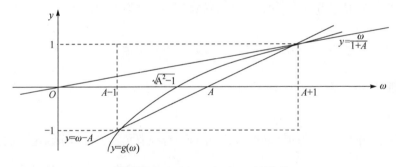

图 2.14 当 $A > 1$ 时,$g(\omega)$ 的图形

① $g(\omega)$ 在 $[0, +\infty)$ 上是严格单调增的和凸的,且 $\lim\limits_{\omega \to 0} g(\omega) = -\infty$, $\lim\limits_{\omega \to +\infty} g(\omega) = +\infty$。

② $g(A+1) = 1$,$g(A-1) = -1$ 且 $g(\sqrt{A^2-1}) = 0$。

③ $\omega - A \leqslant g(\omega) \leqslant \dfrac{\omega}{1+A}$,如果 $\omega \in [A-1, A+1]$。

显然,$g(\omega)$ 与 $\sin(\omega r_1)$ 相交仅在由 $y = \pm 1$ 和 $\omega = A \pm 1$ 的矩形界内,这就意味着如果方程(2-120)有纯虚根 $\pm i\omega_0$,那么 $\omega_0 \in [A-1, A+1]$。

$g(\omega)$ 上面的性质可以概括为下面的引理。

引理 2.15 对于 $A > 1$,我们有

① 如果 $r_1 < \dfrac{5\pi}{2(A+1)}$,那么方程(2-123)有唯一解 $\omega_0 \in [A-1, A+1]$。

② 如果 $r_1 \geqslant \dfrac{5\pi}{2(A+1)}$，那么方程(2-123)在 $[A-1, A+1]$ 至少有两个解。

引理 2.16　如果 $A>1$，那么对任意 $r_1 \geqslant 0$，即

$$\lambda = -\mathrm{e}^{-\lambda r_1} - A \tag{2-124}$$

所有根有严格负实部。

显然，当 $A>1$ 和 $r_1 \geqslant 0$ 时，方程(2-124)没有纯虚根或者没有具有正负部的根，因此引理获证。

对于 $r_1 < \dfrac{5\pi}{2(A+1)}$，因为 $A>1$，可得

$$\cos\omega_0 r_1 = -A\cos\omega_0 r_2 \tag{2-125}$$

有一个解 r_2^0，这里 ω_0 在引理 2.15① 中定义。

对于 $r_1 \geqslant \dfrac{5\pi}{2(A+1)}$，引理 2.15② 蕴含方程(2-123)至少有两个解，记为 ω_1，$\omega_2, \cdots, \omega_m(m \geqslant 2)$，从 $A>1$ 可得方程，即

$$\cos\omega_j r_1 = -A\cos\omega_j r_2, \quad j=1,2,\cdots,m$$

有一解 $r_2^{(j)}$，设 $\bar{r}_2 = \min\{r_2^{(1)}, r_2^{(2)}, \cdots, r_2^{(m)}\}$。

引理 2.17　设 r_2^0 和 $\bar{r}_2$ 在方程(2-124)和方程(2-125)中分别定义。

① 设 $r_1 < \dfrac{5\pi}{2(A+1)}$，如果 $r_2 \in [0, r_2^0)$，那么方程(2-123)的所有根有严格负实部；如果 $r_2 = r_2^0$，那么方程(2-123)有一对纯虚根，且所有其他根有严格负实部。

② 设 $r_1 \geqslant \dfrac{5\pi}{2(A+1)}$，如果 $r_2 \in [0, \bar{r}_2)$，那么方程(2-123)的所有根有严格负实部；如果 $r_2 = \bar{r}_2$，那么方程(2-123)有一对纯虚根，且所有其他根有严格负实部。

证明　我们仅证明①，②可类似证明。由 r_2^0 的定义，当 $r_2 = r_2^0$ 时，可以得到方程(2-123)有唯一一对纯虚根，且当 $r_2 < r_2^0$ 时，方程(2-123)没有纯虚根。另一方面，如果方程(2-123)有一个根 λ 具有正实部，那么一定有 $|\lambda| < 2 + A$，记

$$\Omega_1 = \{\lambda \in \Omega \mid \mathrm{Re}\lambda \geqslant 0, |\lambda| \leqslant 2 + A\}$$

那么方程(2-123)的有正负部的所有根位于 Ω_1 内部。

由引理 2.16，当 $r_2 = 0$ 时，方程(2-123)根的阶之和在 Ω_1 中为零，因此 Rouché 定理蕴含对于 $r_2 \in [0, r_2^0)$，方程(2-123)在 Ω_1 中没有根，这就完成了引理 2.17 的证明。∎

由引理 2.17，当 $r_2 = r_2^0$ 时，方程(2-118)可能出现 Hopf 分岔，要证实这一点，我们需要考虑横截性条件。

引理 2.18　对于任意 $r_1 > 0$ 时，如果 $A>1$ 满足条件，即

$$\dfrac{\pi}{2r_1} < \sqrt{A^2-1} < \dfrac{3\pi}{2r_1} \tag{2-126}$$

那么存在 $r_2^0 > 0$，使得对于 $r_2 \in [0, r_2^0)$，方程(2-123)有严格负实部；对于 $r_2 = r_2^0$，方程(2-123)有唯一一对纯虚根 $\pm i\omega_0$，且所有其他根有严格负实部，这里 $\omega_0 r_2^0 < \dfrac{\pi}{2}$。

证明　如果 $\pm i\omega$ 是方程(2-123)的根，由 $g(\omega)$ 的性质，$g(\sqrt{A^2-1}) = 0$ 有一个 $\omega_0 \in (\sqrt{A^2-1}, \pi/r_1)$，使得

$$g(\omega_0) = \frac{\omega_0^2 + 1 - A^2}{2\omega_0} = \sin\omega_0 r_1$$

从方程(2-126)得到 $\omega_0 r_1 \in (\dfrac{\pi}{2}, \dfrac{3\pi}{2})$，因此 $\cos\omega_0 r_1 < 0$。

设

$$r_2^0 = \frac{1}{\omega_0}\arccos\left(-\frac{\cos\omega_0 r_1}{A}\right) \tag{2-127}$$

如果 $A > 1$ 满足方程(2-126)，那么对于 $r_1 = r_2^0$，方程(2-123)有一解 ω_0，即 $\pm i\omega_0$，当 $r_2 = r_2^0$ 时，有唯一一对纯虚根，由方程(2-127)有 $\omega_0 r_2^0 < \dfrac{\pi}{2}$。

如果 $r_2 = 0$，那么引理 2.33 蕴含方程(2-123)的所有根，有严格负实部且当 $r_2 < r_2^0$ 时，方程(2-123)没有纯虚根。通过应用类似引理 2.34 证明中的讨论，可以证明如果 $r_2 \in [0, r_2^0)$，那么方程(2-123)的所有根有严格负实部；如果 $r_2 = r_2^0$，那么方程(2-123)有唯一一对纯虚根，且所有其他根有严格负实部。

下面证明 $\pm i\omega$ 是方程(2-123)的单重根，从上面的分析知道 $\omega_0 r_1 \in \left(\dfrac{\pi}{2}, \dfrac{3\pi}{2}\right)$，$\omega_0 r_2^0 \in \left(0, \dfrac{\pi}{2}\right)$，因此 $r_1 > r_2^0$。

设

$$h(\lambda) = \lambda + e^{-\lambda r_1} + Ae^{-\lambda r_2^0}$$

我们有

$$\frac{dh(\lambda)}{d\lambda} = 1 - r_1 e^{-\lambda r_1} - Ar_2^0 e^{-\lambda r_2^0}$$

$$\frac{dh(i\omega_0)}{d\lambda} = 1 - r_1(\cos\omega_0 r_1 - i\sin\omega_0 r_1) - Ar_2^0(\cos\omega_0 r_2^0 - i\sin\omega_0 r_2^0)$$

注意 $\cos\omega_0 r_1 = -A\cos\omega_0 r_2^0$，$\omega_0 r_1 \in \left(\dfrac{\pi}{2}, \dfrac{3\pi}{2}\right)$ 和 $r_1 > r_2^0$，我们有

$$\frac{d}{d\lambda}Reh(i\omega_0) = 1 - (r_1 - r_2^0)\cos\omega_0 r_1 > 0$$

即 $dh(i\omega_0)/d\lambda \neq 0$，因此当 $r_2 = r_2^0$ 时，$\pm i\omega_0$ 是方程(2-120)的单重根。

设 $\lambda(r_2) = \alpha(r_2) + i\omega(r_2)$ 是方程(2-120)的根,它满足

$$\alpha(r_2{}^0) = 0, \quad \omega(r_2{}^0) = \omega_1$$

引理 2.19　在引理 2.18 的假设下,我们有

$$\alpha'(r_2)\big|_{r_2 = r_2^0} = \frac{\omega_0 A[\sin\omega_0 r_2^0 + \omega_0 r_1 \cos\omega_0 r_2^0]}{[1 + (r_2^0 - r_1)\cos\omega_0 r_1]^2 + [\omega_0 r_2^0 - (r_2^0 - r_1)\sin\omega_0 r_1]^2} > 0$$

证明　在方程(2-120)两边关于 r_2 微分,有

$$\frac{d\lambda(r_2)}{dr_2} = \frac{A\lambda e^{-\lambda r_2}}{1 - r_1 e^{-\lambda r_1} - Ar_2 e^{-\lambda r_2}}$$

由方程(2-123)有

$$\alpha'(r_2)\big|_{r_2 = r_2^0} = \frac{d}{dr_2}\mathrm{Re}\lambda(r_2)\big|_{r_2 = r_2^0} = \frac{\omega_0 A[\sin\omega_0 r_2^0 + \omega_0 r_1 \cos\omega_0 r_2^0]}{[1 + (r_2 - r_1)\cos\omega_0 r_1]^2 + [\omega_0 r_2^0 - (r_2^0 - r_1)\sin\omega_0 r_1]^2} > 0$$

这可以从 $\omega_0 r_2^0 < \dfrac{\pi}{2}$ 获得上面结果。　■

应用引理 2.18 和引理 2.19 于方程(2-116),我们有如下定理。

定理 2.15　对于任意 $\tau_1 > 0$,如果 $A_2 > A_1$,且 $\dfrac{\pi}{2\tau_1} < \sqrt{A_2^2 - A_1^2} < \dfrac{3\pi}{2\tau_1}$,那么存在 $\tau_2^0 > 0$,使得对 $\tau_2 \in [0, \tau_2^0)$,方程(2-116)的零解是渐近稳定的。当 $\tau_2 = \tau_2^0$ 时,方程(2-116)出现 Hopf 分岔,这里 $\tau_2^0 = r_2^0/A_1$ 和 r_2^0 定义于方程(2-127)。

(2) $A < 1$

在这种情形下,定义方程(2-123)的函数有下面的性质(图 2.15 和图 2.16)。

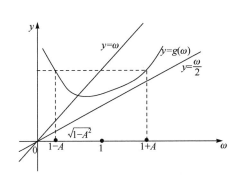

图 2.15　当 $A < 1$ 时,$g(\omega)$ 的图形

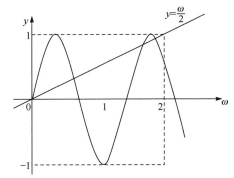

图 2.16　当 $A = 1$ 时,$g(\omega)$ 的图形

① 当 $\omega = \sqrt{1 - A^2}$ 时,$g(\omega)$ 达到极小值 $\sqrt{1 - A^2}$,且 $g(1-A) = g(1+A) = 1$。

② 如果 $\omega \in (0, \sqrt{1 - A^2})$,那么 $g(\omega)$ 是向下凹的函数且是严格单调减的;如果 $\omega \in (\sqrt{1 - A^2}, \infty)$,那么 $g(\omega)$ 是严格单调增的。进而,$\lim\limits_{\omega \to 0} g(\omega) = \lim\limits_{\omega \to \infty} g(\omega) = \infty$。

③ $g(\omega) > \dfrac{\omega}{2}, \omega \in (0, +\infty)$。

如果 $\pm i\omega(\omega > 0)$ 是方程(2-120)的根,那么 ω 一定满足方程(2-123),从图 2.15可看出解位于 $[1-A, 1+A]$,当 $r_1 \geqslant 0$ 充分小时,$\sin r_1\omega$ 和 $g(\omega)$ 并不相交;当 $r_1 > \dfrac{\pi}{2(1+A)}$ 时,$\sin r_1\omega$ 和 $g(\omega)$ 至少相交两次,设

$$r_1^0 = \min\{r_1 \mid \sin r_1\omega \text{ 相交 } g(\omega)\} \tag{2-128}$$

它得到 $r_1^0 > 0$,并且当 $r_1 = r_1^0$ 时,$\sin r_1\omega$ 和 $g(\omega)$ 恰相交一次;当 $r_1 > r_1^0$ 时,$\sin r_1\omega$ 和 $g(\omega)$ 至少相交两次。显然,对于任意 $r_1 > r_1^0$,方程 $g(\omega) = \sin r_1\omega$ 有无穷多个解,记为 $\omega_1, \omega_2, \cdots, \omega_m$。$g(\omega)$ 的第一个性质蕴含

$$g(\omega_i) = \sin r_1\omega_i \geqslant \sqrt{1-A^2}, \quad i = 1, 2, \cdots, m$$

那么可得

$$0 \leqslant \frac{|\cos r_1\omega_i|}{A} = \frac{\sqrt{1-\sin^2 r_1\omega_i}}{A} \leqslant \frac{\sqrt{1-(1-A^2)}}{A} = 1$$

因此

$$r_2^i = \frac{1}{\omega_i}\arccos\left(-\frac{\cos r_1\omega}{A}\right) \tag{2-129}$$

是适定的,且 $r_2^i\omega_i \in [0, \pi)$,记

$$r_2^0 = \min\{r_2^1, r_2^2, \cdots, r_2^m\} \tag{2-130}$$

我们有下面的引理。

引理 2.20 设

$$\bar{r}_1 = \frac{\arcsin\sqrt{1-A^2}}{\sqrt{1-A^2}} \tag{2-131}$$

① 如果 $r_1 \in [0, \bar{r}_1)$,那么方程

$$\lambda = -e^{-\lambda r_1} - A \tag{2-132}$$

的所有根有严格负实部。

② 如果 $r_1 > \bar{r}_1$,那么方程(2-132)至少有一个根有正实部。

引理 2.21 设 r_1^0、$\bar{r}_1$ 和 r_2^0 分别定义于方程(2-127)、方程(2-129)和方程(2-131)。

① 如果 $r_1 \in [0, r_1^0)$,那么方程(2-120)所有根有严格负实部。

② 如果 $r_1 \in [r_1^0, \bar{r}_1)$,$r_2 \in [0, r_2^0)$,那么方程(2-120)所有根有严格负实部;如果 $r_2 = r_2^0$,那么方程(2-120)有唯一一对单重纯虚根,且所有其他根有严格负实部。

证明 ① $\pm i\omega$ 是方程(2-120)的根,当且仅当 ω 是方程(2-123)的根,由 r_1^0 的

定义,如果 $r_1 \in [0, r_1^0)$,那么方程(2-123)没有解,因此方程(2-120)没有纯虚根;如果 $r_1 = 0$,那么方程(2-120)对于 $r_2 \geqslant 0$ 没有带正实部的根,因此由 Rouché 定理有对于任意 $r_2 \geqslant 0$;如果 $r_1 \in [0, r_1^0)$,那么方程(2-120)的所有根有负实部。

② 从方程(2-129)和方程(2-130)可得存在 $j \in \{1, 2, \cdots, m\}$,使得

$$r_2^0 = \frac{1}{\omega_j} \arccos\left(-\frac{\cos r_1 \omega_j}{A}\right)$$

记 $\omega_0 = \omega_j$,由引理 2.20 可知,如果 $r_1 \in [r_1^0, \bar{r}_1)$ 和 $r_2 = 0$,那么方程(2-120)的所有根有严格负实部。由 r_2^0 的定义,如果 $r_2 \in [0, r_2^0)$,那么方程(2-120)没有纯虚根,再次由 Rouché 定理对任意 $r_2 \in [0, r_2^0)$,方程(2-120)的所有根有负实部。■

r_2^0 的定义也蕴含当 $r_2 = r_2^0$ 时,$\pm i\omega$ 是方程(2-120)唯一一对纯虚根,且所有其他根有严格的负实部。当 $r_2^0 \omega_0 \in (0, \pi)$ 时,我们有 $\sin r_1 \omega_0 > 0$,记 $h(\lambda) = \lambda + e^{-\lambda r_1} + e^{-\lambda r_2^0}$,利用引理 2.18 证明中的类似讨论,我们有

$$\frac{d}{d\lambda} \operatorname{Im} h(i\omega_0) = r_1 \sin r_1 \omega_0 + A r_2^0 \sin r_2^0 \omega_0 > 0$$

即 $dh(i\omega_0)/d\lambda \neq 0$,因此当 $r_2 = r_2^0$ 时,$\pm i\omega$ 是方程(2-120)的单重根。

对于 $r_1 \in [r_1^0, \bar{r}_1)$,设

$$\lambda(r_2) = \alpha(r_2) + i\omega(r_2)$$

是方程(2-120)的解,满足

$$\alpha(r_2^0) = 0, \quad \omega(r_2^0) = \omega_0$$

类似于引理 2.19 的证明过程,我们可以证明下面的引理。

引理 2.22 如果 $u = r_2^0 \omega_0$ 不是方程 $\tan u = -u$ 在 $\left(\frac{\pi}{2}, \pi\right)$ 上的根,那么

$$\alpha'(r_2)|_{r_2 = r_2^0} \neq 0$$

现在将取一些条件保证 $u = r_2^0 \omega_0$,不是方程 $\tan u = -u$ 在 $\left(\frac{\pi}{2}, \pi\right)$ 上的根。

引理 2.23 设 $\bar{r}_1 > \frac{\pi}{2(1+A)}$,如果 $r_1 \in \left[\frac{\pi}{2(1+A)}, \bar{r}_1\right)$,那么

$$\alpha'(r_2)|_{r_2 = r_2^0} > 0$$

证明 因为 $r_1 \geqslant \frac{\pi}{2(1+A)}$,可得方程(2-123)至少有一个解 ω_j 满足 $r_1 \omega_j \in \left[\frac{\pi}{2}, \pi\right)$,因此方程(2-129)和方程(2-130)蕴含 $r_2^0 \omega_0 \in \left(0, \frac{\pi}{2}\right)$,从引理 2.19 的证明中的类似讨论可得结论。■

注意在上面的证明中 $r_2^0 \omega_0 \in \left(0, \frac{\pi}{2}\right)$,这说明 $r_2^0 \omega_0$ 不是方程 $\tan u = -u$ 在区间

$\left(\dfrac{\pi}{2},\pi\right)$上的解,应用上面的引理于方程(2-116),我们有如下定理。

定理 2.16　假设 r_1^0、r_2^0 和 $\overline{r}_1$ 分别由方程(2-128)、方程(2-130)和方程(2-131)定义,记

$$\tau_1^0 = r_1^0/A_1, \quad \tau_2^0 = r_2^0/A_2, \quad \overline{\tau}_1 = \overline{r}_1/A_1$$

① 如果 $\tau_1 \in [0, \tau_1^0)$,那么方程(2-116)的平凡解是渐近稳定的。

② 假设 $\tau_1^0 < \overline{\tau}_1$,如果 $\tau_1 \in [\tau_1^0, \overline{\tau}_1)$ 和 $\tau_2 \in [0, \tau_2^0)$,那么方程(2-116)的平凡解是渐近稳定的的;如果 $u = A_1\tau_2^0\,\omega_0$ 不是方程 $\tan u = -u$ 在 $\left(\dfrac{\pi}{2},\pi\right)$ 上的根,那么 $\tau_2 = \tau_2^0$ 是方程(2-116)是 Hopf 分岔点。

③ 假设 $\overline{\tau}_1 > \pi/2(A_1+A_2)$,如果 $\tau_1 \in [\pi/2(A_1+A_2), \overline{\tau}_1]$ 和 $\tau_2 = \tau_2^0$,那么 $\tau_2 = \tau_2^0$ 是方程(2-116)的 Hopf 分岔点。

(3) $A = 1$

在这种情形下,方程(2-120)变为

$$\lambda = -e^{-\lambda r_1} - e^{-\lambda r_2} \tag{2-133}$$

$\pm i\omega(\omega > 0)$是方程(2-133)的解,当且仅当 ω 满足下面的方程,即

$$\omega - \sin r_1\omega = \sin r_2\omega$$
$$\cos r_1\omega = \cos r_2\omega \tag{2-134}$$

因此,对于 $\pm i\omega(\omega > 0)$ 是方程(2-133)解的必要条件是 ω 是方程,即

$$\frac{\omega}{2} = \sin r_1\omega$$

的解。显然,方程(2-134)的所有正解位于$(0, 2]$,并且对于 $\dfrac{1}{2} < r_1 \leqslant \dfrac{5\pi}{4}$,方程(2-134)恰有一个正解,当 $r_1 > \dfrac{5\pi}{4}$ 时,它至少有两个正解,如图 2.16 所示。

对于 $r_1 > \dfrac{1}{2}$,记方程(2-134)的正解为 $\omega_0 < \omega_1 < \cdots < \omega_m$。对每个 ω_i,设

$$r_2^i = \frac{1}{\omega_i}\arccos(-\cos r_1\omega_i) \tag{2-135}$$

我们能证明 $r_2^i\omega_i \in (0, \pi]$,有 $r_2^0 = \min\limits_{0 \leqslant i \leqslant m}\{r_2^i\}$,且 $r_2^0\omega_0 \in \left(0, \dfrac{\pi}{2}\right]$。

正如在上面的讨论中,我们有下面的引理。

引理 2.24　方程 $\lambda = -e^{-\lambda r_1} - 1$ 的所有根有严格负实部。

引理 2.25

① 如果 $r_1 \in \left[0, \dfrac{1}{2}\right]$，那么对任意 $r_2 \geqslant 0$，方程(2-133)的所有根有严格负实部。

② 对于 $r_1 > \dfrac{1}{2}$，存在 r_2^0(由(2-148)定义)使得如果 $r_2 \in [0, r_2^0)$，方程(2-133)的所有根有严格负实部;如果 $r_2 = r_2^0$，那么方程(2-133)有唯一一对纯虚根，且所有其他根有严格负实部。

引理 2.26　对于 $r_1 \geqslant \dfrac{1}{2}$，设 $\lambda(r_2) = \alpha(r_2) + i\omega(r_2)$ 是方程(2-133)的解，满足 $\alpha(r_2^0) = 0$ 和 $\omega(r_2^0) = \omega_0$，那么

$$\left.\frac{d\alpha(r_2)}{dr_2}\right|_{r_2 = r_2^0} > 0$$

上面的分析及隐函数定理给方程(2-133)的根在 (r_1, r_2) 平面上的分布(图 2.17)，如果 (r_1, r_2) 位于曲线 l、r_1 和 r_2 轴围成的区域内，那么方程(2-133)的所有根有严格负实部;如果 (r_1, r_2) 位于曲线 l 上并穿过点 $\left(\dfrac{\pi}{4}, \dfrac{\pi}{4}\right)$，那么方程(2-133)有唯一一对纯虚根，所有其他根有严格负实部，并且横截性条件满足。

应用引理 2.25 和引理 2.26 于方程(2-116)，我们可以获得下面定理。

定理 2.17　假设 $A_1 = A_2$。

① 如果 $\tau_1 \in \left[0, \dfrac{1}{2A_1}\right]$，那么对任意 $\tau_2 \geqslant 0$，方程(2-116)的平凡解是渐近稳定的。

② 对于 $\tau_1 > \dfrac{1}{2A_1}$，存在 $\tau_2{}^0 = r_2^0/A_1$，如果 $\tau_2 \in [0, \tau_2{}^0)$，那么方程(2-116)的平凡解是渐近稳定的;如果 $\tau_2 = \tau_2{}^0$，那么方程(2-116)出现 Hopf 分岔。

2.5.4　Hopf 分岔的稳定性

在本节，我们用 Hassard 等[1]引入的规范形式理论来研究分岔周期解的稳定性。

不失一般性，假设 $\tau_1 > \tau_2{}^0$，且定义相空间为 $C = C([-\tau, 0], R)$。对于 $\phi \in C$，相应的范数为 $|\phi| = \sup\limits_{-\tau_1 \leqslant \theta \leqslant 0} |\phi(\theta)|$。

方程(2-116)在平衡点展开为

$$\dot{x}(t) = -A_1 x(t - \tau_1) - A_2 x(t - \tau_2) + F(x(t), x(t - \tau_1), x(t - \tau_2)) \quad (2\text{-}136)$$

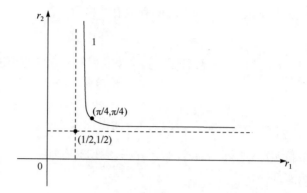

图 2.17 　(2-133)的根在(r_1,r_2)平面上的分布

其中

$$F(x(t),x(t-\tau_1),x(t-\tau_2))$$

$$=\frac{1}{2}\big[a_{11}x^2(t)+a_{22}x^2(t-\tau_1)+a_{33}x^2(t-\tau_2)+2a_{12}x(t)x(t-\tau_1)$$

$$+2a_{13}x(t)x(t-\tau_2)+2a_{23}x(t-\tau_1)x(t-\tau_2)\big]$$

$$+\frac{1}{3!}\big[b_{111}x^3(t)+b_{222}x^3(t-\tau_1)+b_{333}x^3(t-\tau_2)+3b_{112}x^2(t)x(t-\tau_1)$$

$$+3b_{113}x^2(t)x(t-\tau_2)+3b_{122}x(t)x^2(t-\tau_1)+3b_{133}x(t)x^2(t-\tau_2)$$

$$+6b_{123}x(t)x(t-\tau_1)x(t-\tau_2)+3b_{223}x^2(t-\tau_1)x(t-\tau_2)$$

$$+3b_{233}x(t-\tau_1)x^2(t-\tau_2)\big]+O(x^4)$$

$$a_{ij}=\frac{\partial^2 f(0,0,0)}{\partial u_i \partial u_j},\quad i,j=1,2,3$$

$$b_{ijk}=\frac{\partial^3 f(0,0,0)}{\partial u_i \partial u_j \partial u_k},\quad i,j,k=1,2,3$$

对于(A_1,A_2,τ_1),假设存在$\tau_2^0>0$,方程(2-136)出现 Hopf 分岔,记$\tau_2=\tau_2^0+\mu$。下面考虑μ作为分岔参数,对于$\phi\in C$,定义

$$F(\mu,\phi)=F(\phi(0),\phi(-\tau_1),\phi(-\tau_2))$$

由 Reisz 表示定理,对于任意$\phi\in C^1[-\tau_1,0]$,我们有

$$-A_1x(t-\tau_1)-A_2x(t-\tau_2)=\int_{-\tau_1}^0 \mathrm{d}\eta(\theta,\mu)\phi(\theta)$$

其中

$$\eta(\theta,u)=\begin{cases}-A_2\delta(\theta), & \theta\in(-\tau_2,0] \\ A_1\delta(\theta+\tau_1), & \theta\in[-\tau_1,-\tau_2]\end{cases}$$

设

$$
L(\mu)\phi = \begin{cases} \dfrac{\mathrm{d}\phi(\theta)}{\mathrm{d}\theta}, & \theta \in [-\tau_1, 0) \\[2mm] \displaystyle\int_{-\tau_1}^{0} \mathrm{d}\eta(s,\mu)\phi(s), & \theta = 0 \end{cases}
$$

$$
R(\mu)\phi = \begin{cases} 0, & \theta \in [-\tau_1, 0) \\ F(\mu,\phi), & \theta = 0 \end{cases}
$$

那么,方程(2-136)可以写为

$$
\dot{x}_t = L(\mu)x_t + R(\mu)x_t \tag{2-137}
$$

对于 $\varphi \in C^1[0,\tau_1]$,定义

$$
L^*\varphi(s) = \begin{cases} -\dfrac{\mathrm{d}\varphi(s)}{\mathrm{d}s}, & s \in (0,\tau_1] \\[2mm] \displaystyle\int_{-\tau_1}^{0} \mathrm{d}\eta(t,0)\varphi(-t), & s = 0 \end{cases}
$$

对于 $\phi \in C[-\tau_1, 0]$,且 $\varphi \in C[0,\tau_1]$,定义双线性形式为

$$
\langle \varphi, \phi \rangle = \overline{\varphi}(0)\phi(0) - \int_{\theta=-\tau_1}^{0} \int_{\xi=0}^{\theta} \overline{\varphi}(\xi-\theta)\mathrm{d}\eta(\theta)\phi(\xi)\mathrm{d}\xi
$$

那么,L^* 和 $L=L(0)$ 是伴随算子。

由 2.5.3 节的结果,我们假设 $\pm\mathrm{i}\omega_0$ 是 L 的特征值,因此这也是 L^* 的特征值,$q(\theta)=\mathrm{e}^{\mathrm{i}\omega_0\theta}$ 是 L 相应于 $\mathrm{i}\omega_0$ 的特征向量;$q^*(\theta)=D\mathrm{e}^{\mathrm{i}\omega_0\theta}$ 是 L^* 相应于 $-\mathrm{i}\omega_0$ 的特征向量。进一步,有

$$
<q^*, q> = 1, \quad <q^*, \overline{q}> = 0
$$

其中,$D = (1 - \tau_1 A_1 \mathrm{e}^{-\mathrm{i}\omega_0\tau_1} - \tau_2^0 A_2 \mathrm{e}^{\mathrm{i}\omega_0\tau_2^0})^{-1}$。

利用文献[1]或第一章 1.1 节相同的符号,我们可以计算描述中心流形 Ω_0 在 $\mu=0$ 的坐标,设 x_t 是方程(2-137)在 $\mu=0$ 时的解,定义

$$
z(t) = <q^*, x_t>
$$

$$
w(t,\theta) = x_t(\theta) - 2\mathrm{Re}\{z(t)q(\theta)\}
$$

在中心流形 Ω_0,我们有

$$
w(t,\theta) = w(z(t), \overline{z}(t), 0)
$$

其中,$w(z,\overline{z},0) = w_{20}(\theta)\dfrac{z^2}{2} + w_{11}z\overline{z} + w_{02}(\theta)\dfrac{\overline{z}^2}{2} + w_{30}\dfrac{z^3}{6} + \cdots$;$z$ 和 $\overline{z}$ 是对于中心流形 Ω_0 在 q^* 和 $\overline{q^*}$ 方向上的局部坐标。

注意如果 x_t 是实的,则 w 是实的,我们仅考虑实数解。对于方程(2-136)的解 $x_t \in \Omega_0$,因为 $\mu=0$,则

$$\dot{z}(t) = i\omega_0 z(t) + \langle q^*(\theta), F(0, w + 2\text{Re}\{z(t)q(\theta)\}) \rangle$$

$$= i\omega_0 z + \overline{q^*}(0)F(0, w(z, \bar{z}, 0) + 2\text{Re}\{z(t)q(0)\})$$

$$\triangleq i\omega_0 z + \overline{q^*}(0)F_0(z, \bar{z}) \tag{2-138}$$

我们再写为

$$\dot{z} = i\omega_0 z(t) + g(z, \bar{z})$$

其中

$$g(z, \bar{z}) = \overline{q^*}(0)F(0, w(z, \bar{z}, 0) + 2\text{Re}\{z(t)q(0)\})$$

$$= g_{20}\frac{z^2}{2} + g_{11}z\bar{z} + g_{02}\frac{\bar{z}^2}{2} + g_{21}\frac{z^2\bar{z}}{2} + \cdots \tag{2-139}$$

由方程(2-136)和方程(2-137),我们有

$$\dot{w} = \dot{x}_t - \dot{z}q + \dot{\bar{z}}\bar{q}$$

$$= \begin{cases} Lw - 2\text{Re}\{\overline{q^*}F_0 q(\theta)\}, & \theta \in [-\tau_1, 0) \\ Lw - 2\text{Re}\{\overline{q^*}F_0 q(\theta)\} + F_0, & \theta = 0 \end{cases}$$

$$\triangleq Lw + H(z, \bar{z}, \theta)$$

其中

$$H(z, \bar{z}, \theta) = 2\text{Re}\{g(z, \bar{z})q(\theta)\} + F(0, w + 2\text{Re}\{z(t)q(\theta)\})$$

$$= H_{20}(\theta)\frac{z^2}{2} + H_{11}(\theta)z\bar{z} + H_{02}(\theta)\frac{\bar{z}^2}{2} + \cdots \tag{2-140}$$

展开上面的级数并比较系数,我们有

$$(L - 2i\omega_0)w_{20}(\theta) = -H_{20}(\theta)$$

$$Lw_{11}(\theta) = -H_{11}(\theta)$$

$$(L + 2i\omega_0)w_{02}(\theta) = -H_{02}(\theta) \tag{2-141}$$

因为 $q^*(0) = D$,我们有

$$g(z, \bar{z}) = \frac{\overline{D}}{2}[a_{11}x^2(t) + a_{22}x^2(t-\tau_1) + a_{33}x^2(t-\tau_2^0) + 2a_{12}x(t)x(t-\tau_1)$$

$$+ 2a_{13}x(t)x(t-\tau_2) + 2a_{23}x(t-\tau_1)x(t-\tau_2^0)]$$

$$+ \frac{\overline{D}}{3}[b_{111}x^3(t) + b_{222}x^3(t-\tau_1) + b_{333}x^3(t-\tau_2^0) + 3b_{112}x^2(t)x(t-\tau_1)$$

$$+ 3b_{113}x^2(t)x(t-\tau_2^0) + 3b_{122}x(t)x^2(t-\tau_1) + 3b_{133}x(t)x^2(t-\tau_2^0)$$

$$+ 6b_{123}x(t)x(t-\tau_1)x(t-\tau_2^0) + 3b_{223}x^2(t-\tau_1)x(t-\tau_2^0)$$

$$+ 3b_{233}x(t-\tau_1)x^2(t-\tau_2^0)] + O(x^4) \tag{2-142}$$

注意

$$x(t-\tau) = w(t, -\tau) + z(t)q(-\tau) + \bar{z}(t)\bar{q}(-\tau)$$

$$= w_{20}(-\tau)\frac{z^2}{2} + w_{11}(-\tau)z\bar{z} + w_{02}(-\tau)\frac{\bar{z}^2}{2} + \cdots + e^{-i\omega_0\tau}z(t) + e^{i\omega_0\tau}\bar{z}(t)$$

其中，$\tau = 0, \tau_1$ 或 τ_2^0。

代入方程(2-142)，并且与方程(2-139)比较系数有

$$g_{20} = \overline{D}M$$

$$g_{11} = \overline{D}B$$

$$g_{02} = \overline{D}\,\overline{M}$$

$$\begin{aligned}
g_{21} = \overline{D} \big[&a_{11}(2w_{11}(0) + w_{20}(0)) + a_{22}(2w_{11}(-\tau_1)\mathrm{e}^{-\mathrm{i}\omega_0\tau_1} + w_{20}(-\tau_1)\mathrm{e}^{\mathrm{i}\omega_0\tau_1}) \\
&+ a_{33}(2w_{11}(-\tau_2^0)\mathrm{e}^{-\mathrm{i}\omega_0\tau_2^0} + w_{20}(-\tau_2^0)\mathrm{e}^{\mathrm{i}\omega_0\tau_2^0}) \big] \\
&+ a_{12}(w_{20}(0)\mathrm{e}^{\mathrm{i}\omega_0\tau_1} + 2w_{11}(0)\mathrm{e}^{-\mathrm{i}\omega_0\tau_1} + 2w_{11}(-\tau_1) + w_{20}(-\tau_1)) \\
&+ a_{13}(w_{20}(0)\mathrm{e}^{\mathrm{i}\omega_0\tau_2^0} + 2w_{11}(0)\mathrm{e}^{-\mathrm{i}\omega_0\tau_2^0} + 2w_{11}(-\tau_2^0) + w_{20}(-\tau_2^0)) \\
&+ a_{23}(w_{20}(-\tau_1)\mathrm{e}^{\mathrm{i}\omega_0\tau_2^0} + 2w_{11}(-\tau_1)\mathrm{e}^{-\mathrm{i}\omega_0\tau_2^0} \\
&+ 2w_{11}(-\tau_2^0)\mathrm{e}^{-\mathrm{i}\omega_0\tau_1} + w_{20}(-\tau_2^0)\mathrm{e}^{\mathrm{i}\omega_0\tau_1}) \\
&+ b_{111} + b_{222}\mathrm{e}^{-\mathrm{i}\omega_0\tau_1} + b_{333}\mathrm{e}^{-\mathrm{i}\omega_0\tau_2^0} + b_{112}(2\mathrm{e}^{-\mathrm{i}\omega_0\tau_1} + \mathrm{e}^{\mathrm{i}\omega_0\tau_1}) \\
&+ b_{113}(2\mathrm{e}^{-\mathrm{i}\omega_0\tau_2^0} + \mathrm{e}^{\mathrm{i}\omega_0\tau_2^0}) + b_{122}(\mathrm{e}^{-2\mathrm{i}\omega_0\tau_1} + 2) + b_{133}(\mathrm{e}^{-2\mathrm{i}\omega_0\tau_2^0} + 2) \\
&+ 2b_{123}(\mathrm{e}^{-\mathrm{i}\omega_0(\tau_1 - \tau_2^0)} + \mathrm{e}^{\mathrm{i}\omega_0(\tau_1 - \tau_2^0)} + \mathrm{e}^{-\mathrm{i}\omega_0(\tau_1 + \tau_2^0)}) \\
&+ b_{223}(\mathrm{e}^{-\mathrm{i}\omega_0(2\tau_1 - \tau_2^0)} + 2\mathrm{e}^{-\mathrm{i}\omega_0\tau_2^0}) + b_{233}(\mathrm{e}^{\mathrm{i}\omega_0(\tau_1 - 2\tau_2^0)} + 2\mathrm{e}^{-\mathrm{i}\omega_0\tau_1})
\end{aligned}$$

其中

$$M = a_{11} + a_{22}\mathrm{e}^{-2\mathrm{i}\omega_0\tau_1} + a_{33}\mathrm{e}^{-2\mathrm{i}\omega_0\tau_2^0} + 2a_{12}\mathrm{e}^{-\mathrm{i}\omega_0\tau_1} + 2a_{13}\mathrm{e}^{-\mathrm{i}\omega_0\tau_2^0} + 2a_{23}\mathrm{e}^{-\mathrm{i}\omega_0(\tau_1 + \tau_2^0)}$$

$$B = a_{11} + a_{22} + a_{33} + a_{12}\mathrm{Re}\{\mathrm{e}^{\mathrm{i}\omega_0\tau_1}\} + 2a_{13}\mathrm{Re}\{\mathrm{e}^{\mathrm{i}\omega_0\tau_2^0}\} + 2a_{23}\mathrm{Re}\{\mathrm{e}^{\mathrm{i}\omega_0(\tau_1 - \tau_2^0)}\}$$

此外，还需要计算 $w_{20}(\theta)$ 和 $w_{11}(\theta)$，对于 $\theta \in [-\tau_1, 0)$，我们有

$$\begin{aligned}
H(z, \overline{z}, \theta) &= -2\mathrm{Re}\{\overline{q^*}(0)F_0 q(\theta)\} \\
&= -gq(\theta) - \overline{g}\,\overline{q}(\theta) \\
&= -\left(g_{20}\frac{z^2}{2} + g_{11}z\overline{z} + g_{02}\frac{\overline{z}^2}{2} + g_{21}\frac{z^2\overline{z}}{2} + \cdots\right)\mathrm{e}^{\mathrm{i}\omega_0\theta} \\
&\quad - \left(\overline{g}_{20}\frac{\overline{z}^2}{2} + \overline{g}_{11}z\overline{z} + \overline{g}_{02}\frac{z^2}{2} + \overline{g}_{21}\frac{\overline{z}^2 z}{2} + \cdots\right)\mathrm{e}^{-\mathrm{i}\omega_0\theta}
\end{aligned}$$

与方程(2-140)比较系数，有

$$H_{20}(\theta) = -g_{20}\mathrm{e}^{\mathrm{i}\omega_0\theta} - \overline{g}_{20}\mathrm{e}^{-\mathrm{i}\omega_0\theta} = -\overline{D}M\mathrm{e}^{\mathrm{i}\omega_0\theta} - DM\mathrm{e}^{-\mathrm{i}\omega_0\theta} = -2M\mathrm{Re}\{\overline{D}\mathrm{e}^{\mathrm{i}\omega_0\theta}\}$$

$$H_{11}(\theta) = -g_{11}\mathrm{e}^{\mathrm{i}\omega_0\theta} - \overline{g}_{11}\mathrm{e}^{-\mathrm{i}\omega_0\theta} = -\overline{D}B\mathrm{e}^{\mathrm{i}\omega_0\theta} - D\overline{B}\mathrm{e}^{-\mathrm{i}\omega_0\theta} = -2\mathrm{Re}\{\overline{D}B\mathrm{e}^{\mathrm{i}\omega_0\theta}\}$$

从方程(2-141)，有

$$\dot{w}_{20}(\theta) = 2\mathrm{i}\omega_0 w_{20}(\theta) + g_{20}\mathrm{e}^{\mathrm{i}\omega_0\theta} + \overline{g}_{02}\mathrm{e}^{-\mathrm{i}\omega_0\theta} \tag{2-143}$$

求解 $w_{20}(\theta)$,我们可以获得

$$w_{20}(\theta) = -\frac{g_{20}}{i\omega_0}e^{i\omega_0\theta} - \frac{\overline{g}_{02}}{3i\omega_0}e^{-i\omega_0\theta} + E_1 e^{2i\omega_0\theta} \tag{2-144}$$

类似地,有

$$w_{11}(\theta) = \frac{g_{11}}{i\omega_0}e^{i\omega_0\theta} - \frac{1}{i\omega_0}\overline{g}_{11}e^{-i\omega_0\theta} + E_2 \tag{2-145}$$

其中,E_1 和 E_2 可在 H 中置 $\theta=0$ 确定。

实际上,因为

$$H(z,\overline{z},0) = -2\text{Re}\{\overline{q^*}(0)F_0 q(0)\} + F_0$$

我们有

$$H_{11}(0) = (1 - 2\text{Re}D)B$$

$$H_{20}(0) = -g_{20} - \overline{g}_{02} + M = -\overline{D}M - DM + M = (1 - 2\text{Re}D)M$$

从 L 的定义和方程(2-141)有

$$-A_1 W_{20}(-\tau_1) - A_2 W_{20}(-\tau_2^0) = 2i\omega_0 W_{20}(\theta) + (2\text{Re}D - 1)M$$

$$-A_1 W_{11}(-\tau_1) - A_2 W_{11}(-\tau_1^0) = (2\text{Re}D - 1)B$$

将方程(2-144)和方程(2-145)代入上面的方程,注意 $\pm i\omega_0$ 是方程,即

$$\lambda = -A_1 e^{-\lambda\tau_1} - A_2 e^{-\lambda(\tau_2^0 + \mu)} \tag{2-146}$$

的解。

当 $\mu=0$ 时,有

$$E_1 = \frac{M}{N}, \quad E_2 = \frac{B}{A_1 + A_2} \tag{2-147}$$

其中

$$N = 2i\omega_0 + A_1 e^{-2i\omega_0\tau_1} + A_2 e^{-2i\omega_0\tau_2^0} \tag{2-148}$$

基于上面的分析,我们可以看到每个 g_{ij} 可由方程(2-116)的参数和时滞确定,因此可以计算方程(2-56)中的量。我们知道[1],μ_2 确定了 Hopf 分岔的方向,如果 $\mu_2 > 0 (<0)$,那么 Hopf 分岔是上临界的(下临界的),并且对于 $\tau_2 > \tau_2^0 (<\tau_2^0)$ 分岔周期解存在;β_2 确定了分岔周期的稳定性,如果 $\beta_2 < 0 (>0)$,那么分岔周期解是轨道稳定的(不稳定的);T_2 确定了分岔周期解的周期,如果 $T_2 > 0 (<0)$,周期增加(减少)。

在方程(2-56)中,有

$$\lambda(\mu) = \alpha(\mu) + i\beta(\mu) \tag{2-149}$$

是方程(2-146)的解,满足 $\alpha(0)=0$,$\omega(0)=\omega_0$,$\alpha'(0)$ 和 $\omega'(0)$ 分别是 $\lambda'(0)$ 的实部和虚部。

在方程(2-149)中,$\lambda(\mu)$ 和 2.5.3 节 $\lambda(r_2)$ 之间的关系是 $\lambda(\mu) = A_1\lambda(r_2)$。类似地,本节的 ω_0 是 2.5.3 节中 A_1 和 ω_0 的乘积。

第3章　两个神经元时滞系统的分岔

3.1　两个神经元时滞系统的稳定性与分岔

3.1.1　引言

神经网络的研究已经成为最近活跃的主题,或多或少地表示神经系统,或者至少设计的系统能够完成与人的中枢神经系统相联系的功能任务。这些模型之一已被看成人工神经网络,因为它们的结构仅隐含类似于动物神经系统,尤其是模式识别已成为这些研究的主要目标。在此系统中,Hopfield 网络已经成为最著名的网络[31]。

在这些研究中,确定微分方程的解收敛于多个平衡点之一,或者周期解具有重要性。在模式识别情形下,内容寻址记忆只不过是具有正测度吸引域的渐近稳定静态解。最近,不同吸引子域之间的边界确定问题已成为解决的问题,具有分维特征。这些域边界已在一个带自联接结神经元模型中进行了研究[70]。类似地,传统的 Lyapunov 技巧也用来建立全局稳定性结果[71]。

本节研究下面带两个神经元的模型,即

$$\dot{u}_i(t) = -u_i(t) + \sum_{j=1}^{2} a_{ij} f(u_j(t-\tau_j)), \quad i=1,2 \tag{3-1}$$

这里假设联接矩阵是非对称的,即 $a_{12} \neq a_{21}$,不包含自联接,即 $a_{11}=a_{22}=0$,并且单元是相同的,即 $\tau_1=\tau_2$。

当初始条件的区间是 $[-\max(\tau_1, \tau_2), 0]$ 的连续函数时,基本的存在与唯一性定理[4,10]保证了方程(3-1)的唯一解是存在的。进而,因为函数 $f=\tanh(\ )$ 是奇的,容易看到系统(3-1)保持对称性,即 $(u_1, u_2) \longrightarrow (-u_1, -u_2)$。

在 3.1.2 节进行方程(3-1)的线性稳定性分析。在 3.1.3 节计算了一个中心流形,并确定局部分岔:一个退化的、余维2分岔可以开折到一个规范形式;当两种特征方式同时变成不稳定时,容易导致所有可能的动态行为。

3.1.2　线性稳定性分析

现在给出方程(3-1)在平衡点附近的线性稳定性分析,结果使用联结权矩阵的行列式和追踪,而不是文献[47]中相同矩阵的特征值,发现 Hopf 分岔与 Pitchfork 分岔之间存在的相互作用。

在系统(3-1)中,原点 $(x_a, x_2) = x = 0$ 对所有参数值是静态的,且 (x_1, x_2) 满足

如下系统,即

$$x_1 = a_{11}\tanh(x_1) + a_{12}\tanh(x_2), \quad x_2 = a_{21}\tanh(x_1) + a_{22}\tanh(x_2) \quad (3\text{-}2)$$

可以再写为

$$x_2 = \frac{1}{a_{12}}[a_{22}x_1 - D\tanh(x_1)] = f(x_1)$$

$$x_1 = \frac{1}{a_{21}}[a_{11}x_2 - D\tanh(x_2)] = g(x_2) \quad (3\text{-}3)$$

其中,D 是网络联接矩阵的行列式;解 x_1 满足 $x_1 = g(f(x_1))$。

不难证明,系统(3-2)的非平凡静态解存在,如果有

$$D < 2T - 1 \quad (3\text{-}4)$$

其中,T 为联接矩阵追迹的二分之一。

在平衡点 $x = (x_1^*, x_2^*)$ 附近的稳定性可由下列方程确定,即

$$\dot{x}_1(t) = -x_1(t) + a_{11}x_1(t - \tau_1) + \alpha_{12}x_2(t - \tau_2)$$

$$\dot{x}_2(t) = -x_2(t) + a_{21}x_1(t - \tau_1) + \alpha_{22}x_2(t - \tau_2) \quad (3\text{-}5)$$

其中,$\alpha_{ij} = \alpha_{ij}f'_j(x_j)$。

设

$$x(t) - x = e^{\lambda t}\begin{bmatrix} c_1 \\ c_2 \end{bmatrix} \quad (3\text{-}6)$$

其中,λ 是复数;c_1 和 c_2 是两个常量。

将方程(3-6)代入方程(3-5),可以得到关于 (c_1, c_2) 的一个非平凡解,当且仅当

$$\det\begin{bmatrix} \lambda + 1 - \alpha_{11}e^{-\lambda\tau_1} & -\alpha_{12}e^{-\lambda\tau_2} \\ -\alpha_{21}e^{-\lambda\tau_1} & \lambda + 1 - \alpha_{22}e^{-\lambda\tau_2} \end{bmatrix} = 0$$

系统(3-5)的特征方程确定了平衡解的稳定性,后者是稳定的,当且仅当下列方程的所有特征根 λ 有负实部,即

$$(\lambda+1)^2 - (\lambda+1)(\alpha_{11}e^{-\lambda\tau_1} + \alpha_{22}e^{-\lambda\tau_2}) + (\alpha_{11}\alpha_{22} - \alpha_{12}\alpha_{21})e^{-\lambda(\tau_1+\tau_2)} = 0 \quad (3\text{-}7)$$

一般通过方程(3-7)的所有根有负实部来发现所有参数值是非常困难的。这里首先考虑系统的两个时滞相等,即 $\tau_1 = \tau_2$。

1. 等时滞

当 $\tau_1 = \tau_2 = \tau$ 时,特征方程(3-7)变为

$$(\lambda+1)^2 e^{2\lambda\tau} - (\lambda+1)e^{\lambda\tau}(\alpha_{11} + \alpha_{22}) + \alpha_{11}\alpha_{22} - \alpha_{12}\alpha_{21} = 0 \quad (3\text{-}8)$$

它是一个关于变量 $(\lambda+1)e^{\lambda\tau}$ 的二次多项式,且根为

$$(\lambda+1)e^{\lambda\tau} = T \pm \sqrt{T^2 - D} \quad (3\text{-}9)$$

其中,$T = \frac{1}{2}(\alpha_{11} + \alpha_{22})$ 是联接矩阵追迹的二分之一;$D = \alpha_{11}\alpha_{22} - \alpha_{12}\alpha_{21}$ 是联接矩阵

的行列式。

反过来考虑两种情形,即联接矩阵有实特征值($D<T^2$)或复特征值($D>T^2$)。

2. 具有实特征根的联接矩阵

记特征方程(3-8)的根 $\lambda=\rho+\mathrm{i}\omega$,代入方程(3-9)并分离实部与虚部,有

$$e^{\rho\omega}[(\rho+1)\cos(\omega\tau)-\omega\sin(\omega\tau)]=T\pm\sqrt{T^2-D} \qquad (3\text{-}10)$$

$$e^{\rho\omega}[\omega\cos(\omega\tau)+(\rho+1)\sin(\omega\tau)]=0 \qquad (3\text{-}11)$$

当 $\rho=0$ 时,静态解的稳定性的变化才出现,即

$$\cos(\omega\tau)-\omega\sin(\omega\tau)=T\pm\sqrt{T^2-D} \qquad (3\text{-}12)$$

$$\omega\cos(\omega\tau)+\sin(\omega\tau)=0 \qquad (3\text{-}13)$$

第二个方程等价于 $\omega=-\tan(\omega\tau)$。不失一般性,我们仅考虑 ω 的非负值,如果记 $x=\omega\tau$,那么方程(3-13)的根是函数 $y=-\tan(x)$ 与直线 $y=x/\tau(=\omega)$ 的相交点,因此对所有 τ,$\omega=0$ 是一个解,且如果 $\tau\to0$,那么 $(\omega\tau)\to\frac{1}{2}\pi+k\pi$,$k=0,1,2,\cdots$。

注意,$\omega=0$ 总是方程(3-13)的根,那么方程(3-12)变为

$$D=2T-1 \qquad (3\text{-}14)$$

其中,D 和 T 在直线上,非平凡静态存在使在这些参数值出现 Pitchfork 分岔。

当 $\omega\neq0$ 时,可将 $\tan(\omega\tau)=-\omega$ 代入方程(3-12),由此可得

$$D=2T\sec(\omega\tau)-\sec^2(\omega\tau) \qquad (3\text{-}15)$$

对于固定的 τ 和 $\omega=-\tan(\omega\tau)$ 的每个根 ω,它定义了在参数 D 和 T 的平面上的一条直线。在这簇直线上,仅有一个相应于 $\omega\tau$ 的值在区间 $\left(\frac{1}{2}\pi,\pi\right)$ 是在稳定域的边界上,且当 $T>\sec(\omega\tau)$ 时,这是 Hopf 分岔线。在 $D=2T-1$ 和 $D=2T\sec(\omega\tau)-\sec^2(\omega\tau)$ 相交点,有一个 Hopf 分岔与一个 Pitchfork 分岔强制存在。

3. 具有复特征根的联接矩阵

记 $\lambda=\rho+\mathrm{i}\omega$,代入特征方程(3-8),方程(3-9)分离成实部和虚部,即

$$e^{\rho\tau}[(\rho+1)\cos(\omega\tau)-\omega\sin(\omega\tau)]=T \qquad (3\text{-}16)$$

$$e^{\rho\omega}[\omega\cos(\omega\tau)+(\rho+1)\omega\sin(\omega\tau)]=\pm\sqrt{D-T^2} \qquad (3\text{-}17)$$

设 $\rho=0$,有

$$\cos(\omega\tau)-\omega\sin(\omega\tau)=T \qquad (3\text{-}18)$$

$$\omega\cos(\omega\tau)+\sin(\omega\tau)=\pm\sqrt{D-T^2} \qquad (3\text{-}19)$$

设 ω 的符号变量并不改变方程(3-19)左边的符号变化,因此考虑 $\omega\geqslant0$,具有

$+\sqrt{D-T^2}$。对方程(3-18)和方程(3-19)两边平方并相加,可得

$$1+\omega^2=D \tag{3-20}$$

代替方程(3-18)中的 ω,可以得到

$$T=\cos(\tau\sqrt{D-1})-\sqrt{D-1}\sin(\tau\sqrt{D-1}),\quad D\geqslant 1$$

对于 T 和 D,在固定的 τ 值,现在考虑方程(3-18)和方程(3-19)为由 ω 参数化的一对参数方程,这个曲线提供了方程(3-8)稳定域的其余边界。

在平面 (D,T) 上,这个稳定性域是由方程(3-14)和方程(3-15),以及方程(3-18)和方程(3-19)确定。图 3.1 显示 $\tau=1$ 的情形。事实上,要证明这个域是一个稳定性域,我们需要计算 ρ 的导数,ρ 是特征方程根的实部,并考虑它在形成域边界的三条曲线上的情形。域的内部且仅在域的内部所有特征方程的根有负实部。

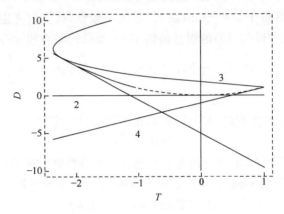

图 3.1　当 $\tau=1$ 时,方程(3.8)的零解稳定性域(记为 1)

首先考虑由方程(3-14)给出的 Pitchfork 分岔的轨迹,这个分岔相应于联接矩阵的特征值为 $T+\sqrt{T^2-D}$,并且如果关于 D 微分方程(3-10)和方程(3-11),在方程(3-10)中用"+"号,当 $\lambda=\rho+i\omega=0$ 时,可以得到

$$\tau\frac{\partial\rho}{\partial D}+\frac{\partial\rho}{\partial D}=\frac{-1}{2\sqrt{T^2-D}}$$

使得 $\partial\rho/\partial D$ 是负的,因为当我们沿着 Pitchfork 分岔曲线离开这个域内 D 是衰减的,静态解失去稳定性。

在 Hopf 分岔曲线中,对于 $D<T^2$,联接矩阵的特征值为 $T-\sqrt{T^2-D}$。在这个分岔曲线上,因为 $\omega=-\tan\omega\tau$,我们有

$$\cos(\omega\tau)-\omega\sin(\omega\tau)=\sec(\omega\tau) \tag{3-21}$$

用"-"号作用于方程(3-12),则方程(3-12)和方程(3-13)成立,关于 D 微分最后一个方程,置 $\rho=0$,且再安排有

$$\frac{\partial \rho}{\partial D} = \frac{\cos(\omega\tau) - \tau \sec(\omega\tau)}{2(T - \sec(\omega\tau))(1 - \tau^2 \sec^2(\omega\tau))}$$

当 $\omega = -\tan(\omega\tau) = -\sin(\omega\tau)\sec(\omega\tau)$，且 $\omega\tau \in \left(\frac{1}{2}\pi, \pi\right)$ 时，出现 Hopf 分岔，使 $\tau\sec(\omega\tau) = -\omega\tau/\sin(\omega\tau) < -1$。由于 $T < 1$，且 $T - \sec(\omega\tau) > 0$，因此 $\partial\rho/\partial D < 0$，一旦沿 Hopf 分岔曲线离开稳定性域 D 再减小，当 D 穿过线 $D = 2T\sec(\omega\tau) - \sec^2(\omega\tau)$ 时，平衡态失稳。

在 Hopf 分岔曲线上，当 $D > T^2$ 时，方程(3-16)和方程(3-17)成立，且关于 D 微分并重新安排，且置 $\rho = 0$ 有

$$\frac{\partial \rho}{\partial D}\left[\sin(\omega\tau) + \tau\sqrt{D - T^2} + \frac{(\cos(\omega\tau) + \tau T)^2}{\sin(\omega\tau) + \tau\sqrt{D - T^2}}\right] = \frac{1}{2\sqrt{D - T^2}}$$

其中，沿着 Hopf 分岔曲线 D 增加；ω 取值从 0 到 ω_0，ω_0 是 $\omega = -\tan(\omega\tau)$ 的第一个正解。

显然，$\omega_0\tau < \pi$，且对于 $\omega \in (0, \omega_0)$，$\sin(\omega\tau) > 0$。因此，$\sin(\omega\tau) + \tau\sqrt{D - T^2} > 0$，且 $\partial\rho/\partial D > 0$。

4. 无自联接

当网络中无自联接，即 $\alpha_{11} = \alpha_{22} = 0$ 时，特征方程(3-7)变为

$$(\lambda + 1)^2 - \alpha_{12}\alpha_{21}e^{-\lambda(\tau_1 + \tau_2)} = 0$$

可以分解为

$$(\lambda + 1) = \sqrt{\alpha_{12}\alpha_{21}}\,e^{-\lambda(\tau_1 + \tau_2)/2}$$

这个特征方程仅依赖于时滞的和，我们记为 2τ，且允许缩减到本书的分析情形，于是我们有 $T = 0$，且 $D = -\alpha_{12}\alpha_{21}$，使 $D - T^2 = D$。

当 $D < 0$ 时，在 $D = -1$ 处有一个 Pitchfork 分岔；当 $D > 0$ 时，我们能用方程(3-18)和方程(3-19)，在情形 $+\sqrt{D}$，有 $\tau = \dfrac{\arcsin(1/\sqrt{D})}{\sqrt{D - 1}}$，$D > 1$，并且稳定域是基本的(用 $b = -D$ 代替)。这相当于单时滞线性纯量时滞微分方程的稳定性域[47]。

3.1.3　中心流形缩减

考虑当系统(3-1)的平衡解失稳后发生分岔的性质，然而所有前面的结果涉及系统(3-1)以方程(3-5)为形式的线性化。因此，必须考虑原始方程的非线性项的影响，这些计算有助于确定当方程(3-5)的零解失稳后发生分岔的性质，即方程(3-5)对应的特征方程的一个特征值有正实部，通过原点或者虚轴。

考虑下面的泛函微分方程,用标准记号[4]写为

$$\dot{x} = Lx_t + g(x_t) \tag{3-22}$$

且 $x_t = x(t+\theta)$, $-h \leqslant \theta \leqslant 0$, $L: C \rightarrow R^2$ 是一个线性算子, $C = C([-h,0], R^2)$, $g \in C^r(C, R^2)$, $r \geqslant 1$。

L 可以用积分形式表示为

$$L\phi = \int_{-h}^{0} [d\eta(\theta)] \phi(\theta) \tag{3-23}$$

其中, $d\eta: [-h,0] \rightarrow R^2$ 是一个有界变差函数(当考虑上面的时滞微分方程时,是一个 Dian-δ 函数)。

方程(3-22)的线性化方程为

$$\dot{x} = Lx_t \tag{3-24}$$

有 m 个具有零实部的特征值,且所有其他特征值有负实部,可以证明在状态空间 C 中存在一个 m 维不变流形,记 M_f 为中心流形使得在这个流形上对于非线性方程解的长期行为可以逼近这个流形上的流[4]。

对于线性化方程(3-24)有 m 个具有零实部的特征值,那么存在空间 $C = P \oplus Q$ 的分解,这里 P 是由方程(3-24)相应于 m 个具有零实部特征值对应的特征向量张成的 m 维子空间,且 P 和 Q 在相应于方程(3-24)的流下是不变的。

进一步,中心流形为

$$M_f = \{\phi \in C : \phi = \Phi z + h(z,g), z \text{ 在 } R^m \text{ 中零点的附近}\}$$

在这个中心中,流形的流是

$$x_t = \Phi z(t) + h(z(t), g) \tag{3-25}$$

其中, Φ 是 P 的一组基,是 m 个两维列向量集合表示的 $2 \times m$ 阶矩阵; $h \in Q$; z 满足常微分方程,即

$$\dot{z} = Bz + bg(\Phi z + h(z,g)) \tag{3-26}$$

式中, B 是方程(3-24)具有零实部的特征值的 $m \times m$ 阶矩阵; b 是从方程(3-24)的伴随方程解而确定的。

实际上,如果设 Ψ 是相应于 P 的伴随问题的不变子空间的一组基,那么 $b = \Psi(0)$,这里 Ψ 可规范化为

$$<\Psi, \Phi> = I \tag{3-27}$$

其中, I 是 $m \times m$ 阶单位矩阵,且

$$<\Psi, \Phi> = (\psi(0), \phi(0)) - \int_{-h}^{0} \int_{0}^{\theta} \psi(\xi-\theta)[d\eta(\theta)]\phi(\xi)d\xi \tag{3-28}$$

是相应于方程(3-24)的双线性形式; $< \cdot, \cdot >$ 表示通常的两个向量的纯量(点)积,如果设 Ψ 的元素是 Φ 的元素的线性组合,即 $\Psi = K\Phi^T$(K 是 $m \times m$ 阶常数矩阵),那么 $K = <\Phi^T, \Phi>^{-1}$ 或 $\Psi = <\Phi^T, \Phi>^{-1}\Phi$。

对于二维时滞微分方程(3-22)解的长期行为的描述问题已变为(局部地)对于常微分方程(3-26)的 m 维系统的解行为的描述问题。用这个构造，首先证明 Hopf 分岔是上临界的，然后开折到 Pitchfork 和 Hopf 分岔之间的相互作用。对这个分析的计算是用文献[72]中描述的 Maple 程序进行的。

1. Hopf 分岔

首先给出具有实特征值的联接权矩阵的情形，设 $\tau_1 = \tau_2 = \tau, D = 0$，且 $T < 0$，这里 D 和 T 的定义如 3.1.2 节。因为 $D = 0$，当 $2T = \sec(\omega\tau), \omega = -\tan(\omega\tau), \omega \in (\pi/2\tau, \pi/\tau)$ 时，出现 Hopf 分岔。因为 $2T$ 是网络联接权矩阵的追迹，这就相应于 $\alpha_{11} + \alpha_{22} = \sec(\omega\tau)$，选择 $\alpha_{11} = -1$ 使得 $\alpha_{22} = 1 + \sec(\omega\tau) = 1 - k$，因此定义 k，要达到 $D = 0$，我们选 $\alpha_{11} = -1, \alpha_{22} = 1 - k$。

用这节开始的记号，我们能够计算出子空间 P 的基为

$$\Phi(\theta) = \begin{bmatrix} \sin(\omega\theta) & \cos(\omega\theta) \\ k\sin(\omega\theta) & k\cos(\omega\theta) \end{bmatrix}$$

其中，$k = [(\lambda + 1)e^{\lambda\tau} - \alpha_{11}]/\alpha_{12}$。

内积为

$$\begin{aligned} <\Psi, \Phi> = {} & \psi_1(0)\Phi_1(0) + \psi_2(0)\Phi_2(0) + \alpha_{11}\int_{-\tau}^{0}\psi_1(\xi+\tau)\Phi_1(\xi)d\xi \\ & + \alpha_{12}\int_{-\tau}^{0}\psi_1(\xi+\tau)\Phi_2(\xi)d\xi + \alpha_{21}\int_{-\tau}^{0}\psi_2(\xi+\tau)\Phi_1(\xi)d\xi \\ & + \alpha_{22}\int_{-\tau}^{0}\psi_2(\xi+\tau)\Phi_2(\xi)d\xi \end{aligned} \tag{3-29}$$

要计算 $\Psi = <\Phi^T, \Phi>^{-1}$ 作为伴随系统的基，定义 $C = <\Phi^T, \Phi>$ 是一个具有元素 $C_{ij} = <\phi^i, \phi^j>$ 的 2×2 阶矩阵，且计算

$$C^{-1} = \frac{4}{[(k-1)^2+1][k^2+3]} \begin{bmatrix} 1 & \dfrac{1}{2}\sqrt{k^2-1} \\ -\dfrac{1}{2}\sqrt{k^2-1} & 1 \end{bmatrix} \tag{3-30}$$

它允许我们计算 Ψ 为 $C^{-1}\Phi^T$。要获得常微分方程(3-26)具有 $z = \begin{bmatrix} z_1 \\ z_2 \end{bmatrix}$ 和 $B = \begin{bmatrix} 0 & -\omega \\ 0 & 0 \end{bmatrix}$，我们考虑 $\tanh$ 的幂级数展开，因此有

$$\dot{z} = Bz + bg(\Phi(-\tau)z) + O(|z|^4)$$

其中，g 包含了 f 的立方项；$b = C^{-1}\Phi^T(0)$；$\Phi^T(0) = \begin{bmatrix} 0 & 0 \\ 1 & k-1 \end{bmatrix}$。

方程(3-26)的规范式用极坐标可以写为[11]

$$\dot{r}=ar^3+O(r^5), \quad \dot{\theta}=\omega+O(r^2) \tag{3-31}$$

其中,$a=\dfrac{\left[1+(k-1)^3\right]\left[(1-k^2)/2-1\right]}{2k(k^2+3)}$。

在系统(3-31)的径向方程中,常数 a 可以看成负的,k 是正的,因此 Hopf 分岔是上临界的。这就蕴含当平衡解不稳定时,存在一个稳定的极限环,当 $\tau=1$ 时,$\omega=-\tan(\omega)$ 的最小严格正解近似为 2.028758。因为 $k=-\sec(\omega\tau)$,我们可以获得 $k=2.261826$ 和 $a=-0.25603$。

当条件 $D=0$ 时,联接权矩阵具有实特征值,可以给出一个类似的计算,如果 $\alpha_{11}=\alpha_{12}=-1$,$a$ 的值变为 $-0.2124+0.0303\alpha_{22}$,出现一个上临界 Hopf 分岔,因为沿着这个部分 $\alpha_{22}<-0.262826$,结果 $a<0$。

现在考虑联接权矩阵具有复特征根的情形,考虑沿着有方程(3-18)和方程(3-20)确定的参数曲线的平衡点失稳的情况,沿着曲线的长度选择 5 个不同的点,并且在这些点完成了中心流形的计算。在两种情形中,利用 $\alpha_{11}=\alpha_{12}=-1$ 和 $\tau=1$。对于参数值的每个集,计算常数 a 均为负,它描述了一个上临界 Hopf 分岔。

这个 Hopf 分岔为数值研究周期解的诞生提供信息,特别联接权矩阵有一个特征值是实根,其他为复数的情形。图 3.2 给出了在相平面 x_1 和 x_2 上稳定的周期解,这个周期解穿过直线 $D=2T\sec(\omega\tau)-\sec^2(\omega\tau)$ 产生。粗线描述初始值函数,参数 $T=-2,D=-1$,对应于在图 3.1 中的点"2"。相应的,图 3.3 给出了联接权矩阵有复特征根时产生分岔的一个稳定周期解,为了阐明 $T=0.336866,D=2.116851$,对应于图 3.1 中的点"3"。

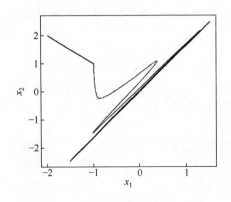 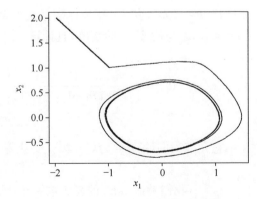

图 3.2　一个同相周期解的相空间
$(\alpha_{11}=-1,\alpha_{12}=-2,\alpha_{21}=-2,$
$\alpha_{22}=-3)$

图 3.3　一个异相周期解的相空间
$(\alpha_{11}=0.3369,\alpha_{12}=-1,\alpha_{21}=-2.0034,$
$\alpha_{22}=-0.339)$

2. Hopf-Pitchfork 互相作用

在 (D, T) 平面中,当直线 $D = 2T - 1$ 与曲线 $D = 2T\sec(\omega\tau) - \sec^2(\omega\tau)$ 相交时,除一对纯虚特征值,还强制存在一个零特征值。在这些参数空间可以构造一个三维中心流形。

这个退化性出现的参数值是

$$2T = \sec(\omega\tau) + 1 \tag{3-32}$$

和

$$D = \sec(\omega\tau) \tag{3-33}$$

固定 $\tau = 1$,且 $\alpha_{11} = \alpha_{12} = -1$,那么如果 $\omega = 2.028758$ 和 $\sec(\omega\tau) = -2.261826$,代入方程(3-32)有 $\alpha_{22} = -0.261826$,且代入方程(3-33),可以得出 $\alpha_{21} = -2.523652$。

计算三阶的规范形式,系统限制到中心流形,即

$$\dot{x} = -\omega y - (b_1(x^2 + y^2) + b_2 z^2)y + (a_1(x^2 + y^2) + a_2 z^2)x$$
$$\dot{y} = \omega x - (b_1(x^2 + y^2) + b_2 z^2)x + (a_1(x^2 + y^2) + a_2 z^2)y$$
$$\dot{z} = c_1(x^2 + y^2)z + c_2 z^3 \tag{3-34}$$

其中,a_1、a_2、b_1、b_2、c_1 和 c_2 依赖于 tanh 的 Taylor 展开和中心流形本身。

这个系统可以用 (r, z, θ) 圆柱形极坐标来研究,因为它取形式为

$$\dot{r} = a_1 r^3 + a_2 r z^2$$
$$\dot{z} = c_1 r^2 z + c_2 z^3$$
$$\dot{\theta} = \omega \tag{3-35}$$

用上面提到的 Maple 程序计算有

$$a_1 = -0.221788, \quad a_2 = -1.537082$$
$$b_1 = -0.072889, \quad b_2 = -0.445816$$
$$c_1 = -0.330409, \quad c_2 = -0.429983 \tag{3-36}$$

那么保证系统可以开折为

$$\dot{r} = \mu_1 r - 0.221788 r^3 - 1.537082 r z^2$$
$$\dot{z} = \mu_2 z - 0.330409 r^2 z - 0.429983 z^3$$
$$\dot{\theta} = 2.028758 \tag{3-37}$$

对于参数值接近退化分岔点的原始系统(3-1)解的定性行为的所有可能,一定可以由开折系统给出。

图 3.4 给出了对于三维系统(包括投影坐标)所有可能的相刻画:关于 z 轴的旋转一定加入对于整个流的可视化描述。在平面系统的 z 轴上的静态解与三维流的平衡点相联系,然而静态解偏离这个轴相应于周期解。正如看到的,这些周期解之一无论哪个存在,都是稳定的,除在第一象限的单个楔形内,次分岔是可能的,导致了极限环,但它不是由 Hopf 分岔诱导的。这个次极限环具有鞍点类型,且并不

直接影响可观察的动态。标记 Hopf 的直线相应于在参数平面(D,T)的直线 $D=2T\sec(\omega\tau)-\sec^2(\omega\tau)$。标记 Pitchfork 的直线相应于 $D=2T-1$。

图 3.5 给出了从不同初始条件产生的轨迹(用粗线),参数相应于 $T=-1$,$D=-5$,位于图 3.1 中的点"4"。

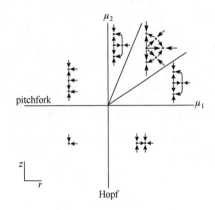

图 3.4　接近两个不同分岔曲线互交的点的退化流的开折(偏离 z 轴的平衡点相应于极限环,沿着第一象限内部的直线次分岔出现)

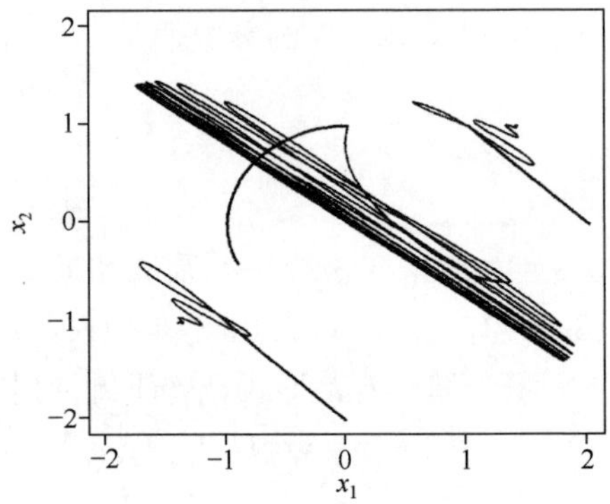

图 3.5　在相空间上展示多稳定性(除了一个同向周期解外,解收敛到两个平衡点之一,参数值是 $\alpha_{11}=-1,\alpha_{12}=2,\alpha_{21}=3,\alpha_{22}=-1$)

3.2　时滞诱导兴奋与抑制神经系统的周期性

3.2.1　引言

近年来,神经网络的动态特征已成为研究活动的主题,从不同观点来构造神经网络,且已经应用到各种工程中。通常神经网络是一个简单的计算单元网络(或模型神经元),它在给定的模式上完成计算任务(识别或联想),在网络上做计算的输入可能是一个时间静态(箍住)或一个动态(瞬时分布)的模式,存储在网络中的模式可以嵌入神经元之间的联接权中。网络的动态演化受独立神经元及其与其他神经元相互作用的动态支配。如果表示储存记忆的构形是提出的动态的局部稳定吸引子,那么这个网络表现得像联想记忆。接近这些吸引子之一(表示记忆的部分知识存储在吸引子里)的任意初始状态受动态系统驱动到产生存储记忆恢复的吸引子。本节的目的是提出神经元模型,能够产生和支持瞬时周期行为。在生物上,回忆记忆的瞬时序列构成了精神能力的重要方向,这些能力构成了一系列事件的理解,否则这些事件包含不相关信息比特的无意义序列。神经脉冲的周期序列对人体的动态功能,如心脏的控制具有重要意义,了解神经网络产生和支配这个周期活动的机理具有重要的意义,涉及大量相互作用变量的动态系统,可能展示吸引子而不是不动点。特别的,在关于联想或内容寻址记忆,涉及持续振荡,如极限环的神经网络的动态行为研究还很少。这样的模型可作为瞬间序列的识别与联想记忆,如音乐和多足昆虫的运动等。

下面考虑构成激活-抑制装置的两个神经元的动态模型,它由下面时滞微分方程组成[73],即

$$
\begin{cases}
\dfrac{\mathrm{d}x(t)}{\mathrm{d}t} = -x(t) + a\tanh[c_1 y(t-\tau)] \\[3mm]
\dfrac{\mathrm{d}y(t)}{\mathrm{d}t} = -y(t) + a\tanh[-c_2 x(t-\tau)]
\end{cases}
\tag{3-38}
$$

其中,a、c_1、c_2 和 τ 是正常数;y 是 x 的一个激活电位;x 是一个抑制电位,可认为 x 是神经元的平均膜电位,它抑制其他神经元组(电压记为 y)的活动,在某种情况下可以使方程(3-38)的动态作为抑制神经网络和激活神经网络。

对于时滞微分方程的详细分析和应用可见文献[40],由方程(3-38),有

$$
-x(t) - a \leqslant \frac{\mathrm{d}x(t)}{\mathrm{d}t} \leqslant -x(t) + a
$$

$$
-y(t) - a \leqslant \frac{\mathrm{d}y(t)}{\mathrm{d}t} \leqslant -y(t) + a
\tag{3-39}
$$

因此,系统(3-38)有一个不变集 $D = \{(x,y) \mid |x| \leqslant a, |y| \leqslant a\}$,这也是一个吸引域。下面的引理给出了方程(3-38)平凡解的与时滞无关的全局渐近稳定的充分条件。

引理 3.1　设正参数 a、c_1 和 c_2 满足下式,即

$$
ac_1 < 1, \quad ac_2 < 1
\tag{3-40}
$$

那么,方程(3-38)的非平凡解满足当 $t \to \infty$ 时,有 $|x(t)| \to 0$,$|y(t)| \to 0$,且对所有 $\tau \geqslant 0$,这个收敛成立。

这个引理的证明是简单的,这里不再赘述。

从上面的结果可以看出,如果联接权 a,增益参数 c_1 和 c_2 满足方程(3-40),那么一个时滞不可能诱导不稳定,导致方程(3-38)的一个 Hopf 分岔到瞬时周期解。下面将获得时滞诱导不稳定性,并导致周期性出现的充分条件。

3.2.2　时滞诱导系统失稳

为了使系统(3-38)有周期解,同时讨论其对时滞的要求,系统没有时滞,所有非平凡解收敛到平凡解,且动态行为对于相关瞬时非齐次模式的识别变得无意义。下面的结果示例在系统(3-38)中没有时滞,神经网络不能产生瞬时非齐次振荡。

引理 3.2　设 a、c_1 和 c_2 是任意正数,如果在系统(3-38)中 $\tau = 0$,那么所有非平凡解满足 $\lim\limits_{t \to \infty} x(t) = 0$ 和 $\lim\limits_{t \to \infty} y(t) = 0$。

　　由引理 3.2,我们观察没有时滞时,系统(3-38)无论在 $ac_1 > 1$,还是 $ac_2 > 1$ 的条件下也不可能有周期解。然而,它还是可能当时滞 τ 是小的,系统(3-38)可能没有周期解。

　　为了研究由时滞导致失稳的可能性,首先研究系统(3-38)在平凡解的线性化形式,即

$$\begin{cases} \dfrac{\mathrm{d}u(t)}{\mathrm{d}t} = -u(t) + ac_1 v(t-\tau) \\[2mm] \dfrac{\mathrm{d}v(t)}{\mathrm{d}t} = -v(t) - ac_2 u(t-\tau) \end{cases} \tag{3-41}$$

　　众所周知,由微分方程理论[4]如果方程(3-41)的平凡解是渐近稳定的,那么系统(3-38)的平凡解是局部线性稳定的。方程(3-41)平凡解的稳定性由相应特征方程的根的实部确定,即

$$H(\lambda) = \det \begin{bmatrix} \lambda+1 & -ac_1 \mathrm{e}^{-\lambda\tau} \\ ac_2 \mathrm{e}^{-\lambda\tau} & \lambda+1 \end{bmatrix} = (\lambda+1)^2 + a^2 c_1 c_2 \mathrm{e}^{-2\lambda\tau} = 0 \tag{3-42}$$

　　现在证明,当 $a^2 c_1 c_2 \leqslant 1, c_1 > 0, c_2 > 0$ 时,时滞不可能诱导线性系统(3-41)的平凡解的不稳定性。实际上,在方程(3-42)中,假设 $a^2 c_1 c_2 \leqslant 1$,且 $\lambda = x + \mathrm{i}y, x \in R, y \geqslant 0$,那么方程(3-42)导致系统

$$\begin{cases} (1+x)^2 - y^2 + a^2 c_1 c_2 \mathrm{e}^{-2x\tau} \cos 2\tau y = 0 \\ 2y(1+x) - a^2 c_1 c_2 \mathrm{e}^{-2x\tau} \sin 2\tau y = 0 \end{cases} \tag{3-43}$$

可变为 $[(1+x)^2 + y^2]^2 = a^4 c_1^2 c_2^2 \mathrm{e}^{-4x\tau}$,这个等式左边总是正的。进一步,可以简化为

$$(1+x)^2 + y^2 = a^2 c_1 c_2 \mathrm{e}^{-2x\tau} \tag{3-44}$$

由方程(3-44)发现,当 $0 \leqslant a^2 c_1 c_2 \leqslant 1$ 时,对所有 $x \geqslant 0$ 是不可能的,且这是与时滞大小无关的。因此,如果增益参数 c_1、c_2 和联接权 a 小,使 $a^2 c_1 c_2 \leqslant 1$,那么在方程(3-38)中时滞诱导不稳定性导致分岔的周期性也是不可能的。因此,假设 $a^2 c_1 c_2 > 1$,由方程(3-42)发现当 $\tau = 0$ 时,$H(\lambda) = 0$ 的根有负实部,由 $H(\lambda) = 0$ 的根对参数的连续依赖性得到存在 $\tau_0 > 0$,使得对 $\tau \in [0, \tau_0]$,$H(\lambda) = 0$ 的所有根满足下式,即

$$H(\lambda) = 0, \quad \mathrm{Re}(\lambda) < 0, \quad \tau \in [0, \tau_0] \tag{3-45}$$

且当 $\tau = \tau_0$ 时,$\mathrm{Re}(\lambda) = 0$。

　　要确定 τ_0 和 $H(\lambda) = 0$ 相应的纯虚根,方程(3-43)具有 $x = 0$。因此,我们得到下列方程,即

$$\begin{cases} 2y = a^2 c_1 c_2 \sin 2\tau y \\ 1 - y^2 = -a^2 c_1 c_2 \cos 2\tau y \end{cases} \tag{3-46}$$

在方程(3-46)中,有两个未知量为 τ 和 y,消去 τ,有 $y = \sqrt{a^2 c_1 c_2 - 1}$,它与方

程(3-46)有

$$\tau=\begin{cases}\dfrac{1}{2\sqrt{a^2c_1c_2-1}}\sin^{-1}\left[\dfrac{2\sqrt{a^2c_1c_2-1}}{a^2c_1c_2}+2\pi\right\}, & j=0,1,2,\cdots\\[4mm]\dfrac{1}{\sqrt{a^2c_1c_2-1}}\sin^{-1}\left[\dfrac{1}{a\sqrt{c_1c_2}}\right], & j=0\end{cases}$$

引理 3.3　如果 $a^2c_1c_2\leqslant1$,那么方程(3-38)的平凡解与时滞 τ 无关,且线性稳定的;如果 $a^2c_1c_2>1$,那么方程(3-38)的平凡解是不稳定的,当

$$\tau=\tau_0=\frac{1}{\sqrt{a^2c_1c_2-1}}\sin^{-1}\left[\frac{1}{a\sqrt{c_1c_2}}\right]\tag{3-47}$$

线性变分方程(3.46)具有频率 ω_0 的周期解,这里

$$\omega_0=\sqrt{a^2c_1c_2-1}\tag{3-48}$$

下面讨论非线性系统(3-38),当 $a^2c_1c_2>1$ 和时滞 τ 满足对小的 $\delta>0,\tau\in$ $(\tau_0,\tau_0+\delta)$ 时,时滞诱导 Hopf 分岔到周期解。

3.2.3　时滞诱导周期振荡

当时滞 τ 超过 τ_0 时,系统(3-38)变成一个振荡网,这个网能够自治地产生极限环类型的振荡行为,包含系统(3-38)类型的振荡神经网络能够对时间模式的动态信息进行处理。研究能够展示循环行为网络的动机起因于神经生物学。在生物组织中,可在脑电仪记录中看到诸如不同的"脑波"的周期行为。这种振荡是可行的,因为它们在通过生物神经系统中完成的神经计算起作某种作用。一些最近的实验描述在神经皮层中振荡同步对从局部信息抽取全局特征的处理中起作重要作用[74]。存在一种称为中心模式产生器的神经电路,支配如散步、游泳、抓物和呼吸等循环或节奏活动[75]。我们提出系统(3-38)的时滞机理能够用来存储记忆在极限环类型的动态模式中,并且当网络接近这些极限环的状态时开始运行,那么系统将进入到各自的极限环。我们的方法是结合时滞参数(细胞的、突触的或轴突的)于系统中,它能够在另外的非振荡系统中引发振荡,支撑这个引发振荡的解析机理可由 Hopf 分岔来刻画。

我们看到,线性变分方程(3-41)当 $\tau=\tau_0$ 时有周期解,这是因为相应的特征方程有纯虚根。对于系统(3-38),当 τ 属于 τ_0 的附近时是否有周期解,这方面通常借助局部 Hopf 分岔来研究。我们继续构造分岔周期解的近似解,其方法是基于扰动程序,以及 Fredholm 选择定理的应用[1,2,4],方程(3-42)关于 τ 对 H 的隐式微分为

$$\frac{\mathrm{d}\lambda}{\mathrm{d}\tau}=\frac{-(\lambda+1)}{1+\tau+\tau\lambda}$$

设 $i\omega_0$ 是当 $\tau=\tau_0$ 时 $H(\lambda)=0$ 的根,这里 τ_0 由系统(3-47)给出,可以证实对于 $\tau=\tau_0$ 和 $\lambda=i\omega_0$ 有

$$\text{Re}\left(\frac{\mathrm{d}\lambda}{\mathrm{d}\tau}\right)_{\tau=\tau_0}=\frac{\omega_0}{(1+\tau_0)^2+(\tau_0\omega_0)^2}>0 \tag{3-49}$$

上节已证明,当 $\tau<\tau_0$ 时,方程(3-42)的所有根有负实部,且当 $\tau=\tau_0$ 时,对 $H(\lambda)=0$ 存在一对纯虚根;由 Hopf 分岔定理,需要的横截性条件可由系统(3-49)得到。下面证明存在一个区间 $(\tau_0,\tau_0+\delta)$,使得当 $\tau\in(\tau_0,\tau_0+\delta)$ 时,非线性系统(3-38)有一个小振幅周期解,它的周期依赖于 τ_0。

我们继续计算分岔周期解,通过置 $s=\omega(\varepsilon)t$ 再尺度化变量 t,这里 ε 是小的正数,使得解关于 t 是 $2\pi/\omega$ 周期的,它也相应于解关于 s 是 2π 周期的。因此,我们定义 U 为

$$\begin{bmatrix} u_1(t) \\ u_2(t) \end{bmatrix}=\begin{bmatrix} u_1(s/\omega) \\ u_2(s/\omega) \end{bmatrix}=\begin{bmatrix} x(s) \\ y(s) \end{bmatrix}=U(s) \tag{3-50}$$

那么系统(3-38)变为

$$\begin{cases} \omega\dfrac{\mathrm{d}x(s)}{\mathrm{d}s}+x(s)=a\tanh[c_1y(s-\omega\tau)] \\ \omega\dfrac{\mathrm{d}y(s)}{\mathrm{d}s}+y(s)=a\tanh[-c_1x(s-\omega\tau)] \end{cases} \tag{3-51}$$

我们用展式,即

$$\tanh[c_1x(s-\omega\tau)]=c_1x(s-\omega\tau)-\frac{1}{3}c_1^3y^3(s-\omega\tau)+\cdots$$

再写方程(3-51)为

$$\begin{cases} \omega\dfrac{\mathrm{d}x(s)}{\mathrm{d}s}+x(s)=ac_1y(s-\omega\tau)-\dfrac{1}{3}ac_1^3y^3(s-\omega\tau)+\cdots \\ \omega\dfrac{\mathrm{d}y(s)}{\mathrm{d}s}+y(s)=ac_1x(s-\omega\tau)+\dfrac{1}{3}ac_1^3y^3(s-\omega\tau)+\cdots \end{cases} \tag{3-52}$$

寻找方程(3-52)以扰动级数形式的解,这里

$$\begin{aligned} U(s,\varepsilon)&=\varepsilon u_0(s)+\varepsilon^2 u_1^2(s)+\varepsilon^2 u_2(s)+\cdots \\ &=\varepsilon\left\{\begin{bmatrix} x_0(s) \\ y_0(s) \end{bmatrix}+\varepsilon\begin{bmatrix} x_1(s) \\ y_1(s) \end{bmatrix}+\varepsilon^2\begin{bmatrix} x_2(s) \\ y_2(s) \end{bmatrix}+\cdots\right\} \\ &=\begin{bmatrix} x(s) \\ y(s) \end{bmatrix} \end{aligned} \tag{3-53}$$

借助 $u_0,u_1,u_2,\cdots$ 的定义,非线性系统(3-52)的周期解将依赖于参数 τ 的周期,因此扰动频率和时滞为[23]

$$\begin{cases} \omega=\omega(\varepsilon)=\omega_0+\varepsilon\omega_1+\varepsilon^3\omega_2+\cdots \\ \tau=\tau(\varepsilon)=\tau_0+\varepsilon\tau_1+\varepsilon^2\tau_2+\cdots \end{cases} \tag{3-54}$$

由方程(3-53)和方程(3-54)有

$$y(s-\omega\tau)=\varepsilon y_0(s-\omega\tau)+\varepsilon^2 y_1(s-\omega\tau)+\varepsilon^3 y_2(s-\omega\tau)+\cdots \tag{3-55}$$

其中

$$\begin{aligned} y_i(s-\omega\tau)=&y_i(s-\omega_0\tau_0)-y'_i(s-\omega_0\tau_0)[\varepsilon(\omega_1\tau_0+\omega_0\tau_1) \\ &+\varepsilon^2(\omega_2\tau_0+\omega_1\tau_1+\omega_0\tau_2)+\cdots] \\ &+\frac{1}{2}y''_i(s-\omega_0\tau_0)[\varepsilon(\omega_1\tau_0+\omega_0\tau_1)+\cdots]^2-\cdots \end{aligned}$$

类似有

$$x(s-\omega\tau)=\varepsilon x_0(s-\omega\tau)+\varepsilon^2 x_1(s-\omega\tau)+\varepsilon^3 x_2(s-\omega\tau)+\cdots \tag{3-56}$$

其中

$$\begin{aligned} x_i(s-\omega\tau)=&x_i(s-\omega_0\tau_0)-x'_i(s-\omega_0\tau_0)[\varepsilon(\omega_1\tau_0+\omega_0\tau_1) \\ &+\varepsilon^2(\omega_2\tau_0+\omega_1\tau_1+\omega_0\tau_2)+\cdots]+\frac{1}{2}x''_i(s-\omega_0\tau_0)[\varepsilon(\omega_1\tau_0+\omega_0\tau_1) \\ &+\cdots]^2-\cdots \end{aligned}$$

注意到所有 $x_i(s)$ 和 $y_i(s)$ 关于变量是 2π 周期的,将这些展式代入系统(3-52),并利用方程(3-53)～方程(3-56),通过涉及 ε 的相同幂的各项系数,可以获得 $x_0(\ )$ 和 $y_0(\ )$ 的解,即

$$\begin{cases} \omega_0\dfrac{\mathrm{d}x_0(s)}{\mathrm{d}s}+x_0(s)=ac_1 y_0(s-\omega_0\tau_0) \\ \omega_0\dfrac{\mathrm{d}y_0(s)}{\mathrm{d}s}+y_0(s)=-ac_2 x_0(s-\omega_0\tau_0) \end{cases} \tag{3-57}$$

为了发现方程(3-57)的 2π 周期解,我们设

$$u_0(s)=\begin{bmatrix} x_0(s) \\ y_0(s) \end{bmatrix}=\begin{bmatrix} A\sin s+B\cos s \\ C\sin s+D\cos s \end{bmatrix}$$

其中,A,B,C 和 D 不必是独立常数,将 $u_0(s)$ 代入方程(3-57),并解四个未知量,有

$$A=\sqrt{\dfrac{c_1}{c_2}}D, \quad B=-\sqrt{\dfrac{c_1}{c_2}}C$$

设 C 和 D 是任意的,为了计算方便,强制初始条件 $x_0(0)=0$ 和 $y_0(0)=1$,有

$$\begin{bmatrix} u_1(t) \\ u_2(t) \end{bmatrix}=u_0(s)=\begin{bmatrix} x_0(s) \\ y_0(s) \end{bmatrix}=\begin{bmatrix} \sqrt{\dfrac{c_1}{c_2}}\sin s \\ \cos s \end{bmatrix} \tag{3-58}$$

在扰动级数中,设 $x_1(\ )$ 和 $y_1(\ )$ 由下列方程支配,即

$$
\begin{cases}
\omega_0 \dfrac{dx_1(s)}{ds} + x_1(s) - ac_1 y_1(s-\omega_0\tau_0) = -\omega_1 \dfrac{dx_0(s)}{ds} - ac_1 y_0'(s-\omega_0\tau_0)(\omega_1\tau_0+\omega_0\tau_1) \\[3mm]
\omega_0 \dfrac{dy_1(s)}{ds} + y_1(s) - ac_2 x_1(s-\omega_0\tau_0) = -\omega_1 \dfrac{dy_0(s)}{ds} + ac_2 x_0'(s-\omega_0\tau_0)(\omega_1\tau_0+\omega_0\tau_1)
\end{cases}
$$

$$(3\text{-}59)$$

系统(3-59)是一个非齐次线性常微分方程,相应的线性齐次系统为

$$
\begin{cases}
\omega_0 \dfrac{dx(s)}{ds} + x_1(s) - ac_1 y_1(s-\omega_0\tau_0) = 0 \\[3mm]
\omega_1 \dfrac{dy(s)}{ds} + y_1(s) - ac_2 x_1(s-\omega_0\tau_0) = 0
\end{cases}
$$

$$(3\text{-}60)$$

相应于线性系统(3-60)的伴随系统为[23]

$$
\begin{cases}
\omega_0 \dfrac{dw(s)}{ds} = w(s) + ac_2 z(s+\omega_0\tau_0) \\[3mm]
\omega_1 \dfrac{dz(s)}{ds} = z(s) - ac_1 w(s+\omega_0\tau_0)
\end{cases}
$$

$$(3\text{-}61)$$

假设这个伴随系统的解具有如下形式,即

$$
\begin{bmatrix} F \\ G \end{bmatrix} e^{\lambda s} \in P(2\pi), \quad F, G \in C
$$

伴随系统(3-61)的特征值为 $\lambda = \pm i$,取 $\lambda = -i$,并计算相应的特征向量 $\begin{bmatrix} F \\ G \end{bmatrix} = \begin{bmatrix} 1 \\ -\sqrt{(c_1/c_2)i} \end{bmatrix}$,可以发现伴随方程的一对线性无关的解,即

$$
\xi^{(1)}(s) = \begin{bmatrix} \cos s \\ -\sqrt{\dfrac{c_1}{c_2}} \sin s \end{bmatrix}, \quad \xi^{(2)}(s) = \begin{bmatrix} -\sin s \\ -\sqrt{\dfrac{c_1}{c_2}} \cos s \end{bmatrix}
$$

$$(3\text{-}62)$$

我们的目的是对于适当的 ω_1 和 τ_1 计算 $x_1(s)$ 和 $y_1(s)$,如方程(3-59)的 2π 周期解。由 Fredholm 选择理论[23]给出方程(3-59)的 2π 周期解存在的必要条件是方程(3-59)的非齐次项是正交于伴随系统(3-61)的所有 2π 周期解。

定理 3.1　对于非齐次方程(3-59)可解性的充分必要条件是右端满足下式,即

$$
\int_0^{2\pi} \xi^{(1)}(s) F(s) ds = 0 = \int_0^{2\pi} \xi^{(2)}(s) F(s) ds
$$

$$(3\text{-}63)$$

其中,$F(s)$ 是系统(3-59)的非齐次部分;$\{\xi^{(1)}(s), \xi^{(2)}(s)\}$ 是方程(3-61)解空间的基。

应用定理 3.1,关于 τ_1 和 ω_1 的两个方程组为

$$\int_0^{2\pi} \xi^{(1)}(s) \cdot \{(3\text{-}59) \text{ 右端}\} \mathrm{d}s = 0 = \int_0^{2\pi} \xi^{(2)}(s) \cdot \{(3\text{-}59) \text{ 的右端}\} \mathrm{d}s$$

由这两个方程可以分别导出

$$\int_0^{2\pi} \left[-\omega_1 \sqrt{\frac{c_1}{c_2}} \cos s + ac_1 \sin(s - \omega_0 \tau_0)(\omega_1 \tau_0 + \omega_0 \tau_1) \right] \cos s$$

$$- \{\omega_1 \sin s + a\sqrt{c_1 c_2} \cos(s - \omega_0 \tau_0)(\omega_1 \tau_0 + \omega_0 \tau_1)\} \sqrt{\frac{c_1}{c_2}} \sin s \, \mathrm{d}s = 0$$

和

$$\int_0^{2\pi} \left[\omega_1 \sqrt{\frac{c_1}{c_2}} \cos s - ac_1 \sin(s - \omega_0 \tau_0)(\omega_1 \tau_0 + \omega_0 \tau_1) \right] \sin s$$

$$- \{\omega_1 \sin s + a\sqrt{c_1 c_2} \cos(s - \omega_0 \tau_0)(\omega_1 \tau_0 + \omega_0 \tau_1)\} \sqrt{\frac{c_1}{c_2}} \cos s \, \mathrm{d}s = 0$$

计算积分,有

$$\begin{cases} -2\pi \left(\sqrt{\frac{c_1}{c_2}} \omega_1 + ac_1 \omega_1 \tau_0 \sin\omega_0 \tau_0 + ac_1 \omega_0 \tau_1 \sin\omega_0 \tau_0 \right) = 0 \\ -2ac_1 \pi \cos\omega_0 \tau_0 (\omega_1 \tau_0 + \omega_0 \tau_1) = 0 \end{cases}$$

这两个方程确定了在 τ 和 ω 展开中的 τ_1 和 ω_1。利用下面的事实,由方程 (3-46)可以计算得到

$$\cos(\omega_0 \tau_0) = \frac{\omega_0}{a\sqrt{c_1 c_2}}, \quad \sin\omega_0 \tau_0 = \frac{1}{a\sqrt{c_1 c_2}} \tag{3-64}$$

简化上面的方程有

$$\begin{cases} -2\frac{\sqrt{c_1}\pi}{\sqrt{c_2}} \{(\tau_0 + 1)\omega_1 + \omega_0 \tau_1\} = 0 \\ -2\frac{\omega_0 \sqrt{c_1}\pi}{\sqrt{c_2}} (\omega_1 \tau_0 + \omega_0 \tau_1) = 0 \end{cases}$$

解这个方程组,得到 $\omega_1 = \tau_1 = 0$。用这个 τ_1 和 ω_1,可以简化系统(3-59)为

$$\begin{cases} \omega_0 \dfrac{\mathrm{d}x_1(s)}{\mathrm{d}s} + x_1(s) - ac_1 y_1(s - \omega_0 \tau_0) = 0 \\ \omega_0 \dfrac{\mathrm{d}y_1(s)}{\mathrm{d}s} + y_1(s) - ac_2 x_1(s - \omega_0 \tau_0) = 0 \end{cases} \tag{3-65}$$

比较这个系统与线性化方程,以及系统(3-57),我们看到仅 2π 周期解、平凡解或者与 $u_0(s)$ 相同,我们取非平凡周期解为

$$u_1(s) = \begin{bmatrix} x_1(s) \\ y_1(s) \end{bmatrix} = \begin{bmatrix} \sqrt{\dfrac{c_1}{c_2}} \sin s \\ \cos s \end{bmatrix} \tag{3-66}$$

下面的方程可以通过比较方程(3-52)中 ε^3 中的系数得到,即

$$
\begin{cases}
\dfrac{\mathrm{d}x_2(s)}{\mathrm{d}s}+x_2(s)-ac_1y_2(s-\omega_0\tau_0)=-\omega_2\dfrac{\mathrm{d}x_0(s)}{\mathrm{d}s} \\[2mm]
\quad -ac_1y_0'(s-\omega_0\tau_0)(\omega_2\tau_0+\omega_0\tau_2)-\dfrac{1}{3}ac_1^3y_0^3(s-\omega_0\tau_0) \\[2mm]
\omega_0\dfrac{\mathrm{d}y_2(s)}{\mathrm{d}s}+y_2(s)+ac_2x_2(s-\omega_0\tau_0)=-\omega_2\dfrac{\mathrm{d}y_0(s)}{\mathrm{d}s} \\[2mm]
\quad +ac_1x_0'(s-\omega_0\tau_0)(\omega_2\tau_0+\omega_0\tau_2)+\dfrac{1}{3}ac_2^3x_0^3(s-\omega_0\tau_0)
\end{cases} \tag{3-67}
$$

我们再应用 Fredholm 可解性条件,因为方程(3-67)的右端仅与方程(3-59)右端相同,因此有

$$
\int_0^{2\pi}\xi^{(1)}(s)\cdot\{\text{式(3-67) 的右端}\}\mathrm{d}s=0=\int_0^{2\pi}\xi^{(2)}(s)\cdot\{\text{式(3-67) 的右端}\}\mathrm{d}s
$$

即

$$
\int_0^{2\pi}\{(-\omega_2\sqrt{\dfrac{c_1}{c_2}}\cos s+ac_1\sin(s-\omega_0\tau_0)(\omega_2\tau_0+\omega_0\tau_2)
$$

$$
-\dfrac{1}{3}ac_1^3\cos^3(s-\omega_0\tau_0))\cos s-(\omega_2\sin s+a\sqrt{c_1c_2}\cos(s-\omega_0\tau_0)(\omega_2\tau_0+\omega_0\tau_2)
$$

$$
-\dfrac{1}{3}a(c_1c_2)^{3/2}\sin^3(s-\omega_0\tau_0)\sqrt{\dfrac{c_1}{c_2}}\sin s\}\mathrm{d}s=0
$$

和

$$
\int_0^{2\pi}\{(\omega_2\sqrt{\dfrac{c_1}{c_2}}\cos s-ac_1\sin(s-\omega_0\tau_0)(\omega_2\tau_0+\omega_0\tau_2)
$$

$$
+\dfrac{1}{3}ac_1^3\cos^3(s-\omega_0\tau_0))\sin s-\omega_2\sin s+a\sqrt{c_1c_2}\cos(s-\omega_0\tau_0)(\omega_2\tau_0+\omega_0\tau_2)
$$

$$
-\dfrac{1}{3}a(c_1c_2)^{3/2}\sin^3(s-\omega_0\tau_0)\sqrt{\dfrac{c_1}{c_2}}\cos s\}\mathrm{d}s=0
$$

计算积分得到

$$
\begin{cases}
-\dfrac{1}{4}\sqrt{\dfrac{c_1}{c_2}}\pi\{8\omega_2(\tau_0+1)+8\tau_2\omega_0+(c_1+c_2)c_1\omega_0\}=0 \\[2mm]
-\dfrac{1}{4}\sqrt{\dfrac{c_1}{c_2}}\pi\{8\omega_2^2\tau_2+8\omega_2\omega_0\tau_0-c_1^2-c_1c_2\}=0
\end{cases}
$$

等价于

$$
\begin{cases}
8\omega_2(\tau_0+1)+8\tau_2\omega_0=-(c_1+c_2)c_1\omega_0 \\[2mm]
8\omega_2^2\tau_2+8\omega_2\omega_0\tau_0=c_1(c_1+c_2)
\end{cases}
$$

对于 τ_2 和 ω_2,可以解得

$$\begin{cases} \tau_2 = \dfrac{1}{8} \dfrac{c_1(c_1+c_2)(1+\tau_0+\omega_0^2\tau_0)}{\omega_0^2} \\[3mm] \omega_2 = -\dfrac{1}{8} \dfrac{c_1(c_1+c_2)(1+\omega_0^2)}{\omega_0} \end{cases} \qquad (3\text{-}68)$$

发现扰动参数值以后,我们能求得方程(3-38)的近似解为

$$U(s) = \sqrt{\left(\dfrac{\tau-\tau_0}{\tau_2}\right)} u_0(s) + \left(\dfrac{\tau-\tau_0}{\tau_2}\right) u_1(s) + \cdots \qquad (3\text{-}69)$$

其中,$u_0(s)$ 和 $u_1(s)$ 分别由方程(3-58)和方程(3-66)给出;$\tau \approx \tau_0 + \tau_2\varepsilon^2$。

对于这样的 τ_2 和 ω_2,我们从方程(3-67)能计算出 $u_2(s)$。

3.2.4　分岔周期解的稳定性

在神经网络模型的研究领域,主要涉及的是用不动点吸引子来完成相应于联想记忆和模式分类任务,并没有涉及非不动点吸引子的潜在应用。振荡吸引子可用作模式,如语音识别、汽车控制、呼吸功能等现象。前面我们已证明神经网络模型(3-38)的周期解的存在性,下面继续建立已存在的周期解的局部吸引性(或局部稳定性)。周期解的稳定性讨论涉及 Floquet 指数的计算,我们的目的是构造分岔周期解的近似解,然后研究它的稳定性,读者可采纳类似于文献[23]、[73]的方法获得振荡频率和 Floquet 指数的扰动展式,这里我们仅给出其结果。

定理 3.2　存在 $\delta > 0$,使得 $\tau \in (\tau_0, \tau_0 + \delta)$ 时,方程(3-38)的周期解从平凡解上临界的分岔;如果 $a^2c_1c_2 > 1$,那么这个分岔周期解是局部渐近轨道稳定的。

3.3　带分布时滞的兴奋与抑制神经系统的全局 Hopf 分岔

3.3.1　引言

在上节,我们研究了系统(3-38)的稳定性及时滞通过局部 Hopf 分岔诱导周期性。本节考虑与模型(3-38)类似的模型,包含连续分布时滞,即

$$\begin{cases} \dfrac{\mathrm{d}x(t)}{\mathrm{d}t} = -x(t) + a\tanh\left[\displaystyle\int_{-\infty}^{t} k(t-s)y(s)\mathrm{d}s\right] \\[3mm] \dfrac{\mathrm{d}y(t)}{\mathrm{d}t} = -y(t) + a\tanh\left[-\displaystyle\int_{-\infty}^{t} k(t-s)x(s)\mathrm{d}s\right] \end{cases}, \quad t > 0 \qquad (3\text{-}70)$$

其中,a 是正常数;时滞核 k 假设满足下面条件,即

$$\begin{cases} k:[0,\infty) \to [0,\infty), \quad k \text{ 是分段连续的} \\[2mm] \displaystyle\int_{0}^{\infty} k(s)\mathrm{d}s = 1 \\[2mm] \displaystyle\int_{0}^{\infty} sk(s)\mathrm{d}s < \infty \end{cases} \qquad (3\text{-}71)$$

假设系统(3-70)的初始条件为 $x(s)=\phi(s)$, $y(s)=\varphi(s)$, $s\in(-\infty,0]$, ϕ 和 φ 在 $(-\infty,0]$ 是有界连续的。

考虑核的特殊形式,即

$$k(s)=\beta e^{-\beta s}, \quad s\in(0,\infty) \tag{3-72}$$

其中, β 是在区间 $[0,\infty)$ 变化的参数,表示过去记忆的影响的衰减速度。

特别地,在系统(3-70)中,当 β 变化时,考虑 Hopf 分岔诱导周期性,除了局部分岔外,我们还研究分岔的全局性质,进而考虑分岔周期解的轨道渐近稳定性。在已有的相关文献中,对全局分岔周期解的稳定性很少讨论。

3.3.2　线性稳定性分析

本节考虑方程(3-70)具有方程(3-72)的线性稳定性,由方程(3-70)和方程(3-72)发现 x,y,u,v 满足下式,即

$$\begin{cases} \dfrac{dx}{dt}=-x+a\tanh[v(t)] \\[2mm] \dfrac{dy}{dt}=-y+a\tanh[-u(t)] \\[2mm] \dfrac{du}{dt}=\beta(x-u) \\[2mm] \dfrac{dv}{dt}=\beta(y-v) \end{cases}, \quad t>0 \tag{3-73}$$

方程(3-70)和方程(3-73)有相同的有界解集,因此为了研究方程(3-70)具有方程(3-72)形式,我们仅研究方程(3-73)。由方程(3-70)时滞核的特殊形式,发现方程(3-70)的平衡解 $(x^*\ y^*)$ 可以由下面方程解给出,即

$$x^*=a\tanh(\beta y^*), \quad y^*=-a\tanh(\beta x^*)$$

或是下面方程的解,即

$$a\tanh[-\beta a\tanh(\beta x)]=x \tag{3-74}$$

图 3.6 给出了 $f(x)=a\tanh[-\beta a\tanh(\beta x)]$ 和 $f(x)=x$ 在参数 $(a,\beta)=$

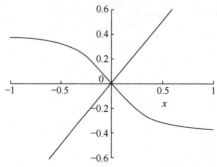

图 3.6　$f(x)$ 的曲线 $(a=0.5,\beta=0.5)$

(1,0.5)处的图形。从图 3.6 可以看出,系统(3-73)有(0,0,0)作为它的唯一平衡点,并且在(0,0,0,0)的局部稳定性等价于相应的线性变换系统平凡解的稳定性,即

$$\frac{\mathrm{d}X}{\mathrm{d}t}=AX(t) \tag{3-75}$$

其中

$$A=\begin{bmatrix} -1 & 0 & 0 & a \\ 0 & -1 & -a & 0 \\ \beta & 0 & -\beta & 0 \\ 0 & \beta & 0 & -\beta \end{bmatrix}, \quad z=\begin{bmatrix} x_1 \\ x_2 \\ x_2 \\ x_2 \end{bmatrix} \tag{3-76}$$

相应于矩阵 A 的特征方程为

$$\det\begin{bmatrix} -1-\lambda & 0 & 0 & 0 \\ 0 & -1-\lambda & -a & 0 \\ \beta & 0 & -\beta-\lambda & 0 \\ 0 & \beta & 0 & -\beta-\lambda \end{bmatrix}=0$$

或等价于

$$\lambda^4+a_1\lambda^3+a_2\lambda^2+a_3\lambda+a_4=0 \tag{3-77}$$

其中

$$\begin{cases} a_1=2(1+\beta) \\ a_2=2\beta(1+\beta) \\ a_3=\beta^2+4\beta+1 \\ a_4=\beta^2(1+a^2) \end{cases} \tag{3-78}$$

由 Routh-Hurwitz 准则,方程(3-77)的所有根有负实部的充分必要条件是

$$\begin{cases} D_1=a_1>0 \\ D_2=\begin{vmatrix} a_1 & a_3 \\ 1 & a_2 \end{vmatrix}>0 \\ D_3=\begin{vmatrix} a_1 & a_3 & a_5 \\ 1 & a_2 & a_4 \\ 0 & a_1 & a_3 \end{vmatrix}>0 \\ D_4=\begin{vmatrix} a_1 & a_3 & a_5 & a_7 \\ 1 & a_2 & a_4 & a_6 \\ 0 & a_1 & a_3 & a_5 \\ 0 & 1 & a_2 & a_4 \end{vmatrix}>0 \end{cases} \tag{3-79}$$

其中,$a_5=0$;$a_6=0$;$a_7=0$。

由方程(3-78)和方程(3-79)发现方程(3-79)的需求满足,当且仅当 a 和 β 满

足下式,即

$$\begin{cases} D_1 = a_1 = 2(1+\beta) > 0 \\ D_2 = a_1 a_2 - a_3 = 2(1+\beta)[\beta^2 + 4\beta + 1 - \beta] > 0 \\ D_3 = 4\beta(1+\beta)[\beta^2 + 4\beta + 1 - \beta(1+a^2) - \beta] > 0 \\ D_4 = a_4 D_3 = \beta^2(1+a^2)D_3 > 0 \end{cases} \tag{3-80}$$

由方程(3-80)发现方程(3-77)的所有根有负实部,当且仅当 $D_3 > 0$ 或 $\beta^2 + \beta$ $(2-a^2) + 1 > 0$。因此,由上面方程可以得出方程(3-74)的平凡解是局部渐近稳定的,当且仅当时滞参数 β 满足下式,即

$$\beta^2 + \beta(2-a^2) + 1 > 0 \text{ 或} (\beta - \beta_1)(\beta - \beta_2) > 0 \tag{3-81}$$

其中

$$\beta_1 = \frac{a^2 - 2 - a\sqrt{a^2 - 4}}{2}, \quad \beta_2 = \frac{a^2 - 2 + a\sqrt{a^2 - 4}}{2} \tag{3-82}$$

我们感兴趣的是 β 的正值在哪点可能出现分岔,假设 $a > 2$,因此如果

$$(\beta - \beta_1)(\beta - \beta_2) \leqslant 0 \tag{3-83}$$

那么方程(3-73)的平衡点并不是局部渐近稳定的。在 β 的第一个正值,即在 $\beta = \beta_1$ 平衡点失去它的渐近稳定性,因此对所有 $a \leqslant 2$,平衡点对所有 $\beta > 0$ 是局部渐近稳定的;当 $a > 2$ 且 $\beta = \beta_1$ 时,出现平衡点的稳定性失稳。继续检查平衡点失稳的性质,对所有 $\beta \in (0, \beta_1)$,方程(3-77)的所有根有负实部,因为满足 Routh-Hurwitz 条件。当 $\beta = \beta_1$ 时,方程(3-77)的某些根应有它们的实部在复平面的虚轴上。假设 $\lambda = i\omega(\omega > 0)$ 是方程(3-77)的根,设 $\lambda = i\omega$,并注意到

$$\omega^4 - a_1 i\omega^3 - a_2 \omega^2 + a_3 i\omega + a_4 = 0$$

分离实部和虚部并消去 ω,从上面我们发现有

$$a_3^2 - a_1 a_2 a_3 + a_4 a_1^2 = 0$$

因为 $\beta > 0$,等价于 $\beta^2 + \beta(2-a^2) + 1 = 0$,因此当 $\beta = \beta_1$ 时,方程(3-77)有一对纯虚根,其中 $\omega_1^2 = \left(\frac{a_3}{a_1}\right)_{\beta = \beta_1} = \frac{2\beta_1(1+\beta_1)}{2(1+\beta_1)} = \beta_1$。

设 $\beta = \beta_1$,若 $i\omega_1$、$-i\omega_1$、λ_3 和 λ_4 是方程(3-77)的根,且根的积满足 $\omega_1^2 \lambda_3 \lambda_4 = a_4 = \beta_1^2(1+a^2)$,$\lambda_3 + \lambda_4 = -a_1 = -2(1+\beta)$,从而得出 λ_3 和 λ_4 是实的且负的,当 $\beta = \beta_2$ 时,我们可以分析方程(3-77)的根,并得出对于 $\beta = \beta_2$,方程有一对纯虚根 $\pm i\omega_2$,这里 $\omega_2^2 = \beta_2$,且它两个根有负实部。

继续计算 $\mathrm{Re}(\mathrm{d}\lambda/\mathrm{d}\beta)$ 在 $\beta = \beta_1$ 和 $\beta = \beta_2$ 的值,关于 β 隐式微分,由方程(3-77)有

$$\mathrm{Re}\left(\frac{\mathrm{d}\lambda}{\mathrm{d}\beta}\right)_{\lambda = i\omega} = -\left[\frac{\beta - 1}{4\beta + (1+\beta^2)}\right]$$

利用假设 $a > 2$,我们已经获得

$$\beta_1-1=\frac{a^2-4-a\sqrt{a^2-4}}{2}=\frac{\sqrt{a^2-4}\left[\sqrt{a^2-4}-a\right]}{2}<0$$

类似的有

$$\beta_2-1=\frac{a^2-4+a\sqrt{a^2-4}}{2}=\frac{\sqrt{a^2-4}\left[\sqrt{a^2-4}+a\right]}{2}>0$$

从上面得到 $\mathrm{Re}\left(\dfrac{\mathrm{d}\lambda}{\mathrm{d}\beta}\right)_{\substack{\lambda=i\omega_1\\ \beta=\beta_1}}>0,\mathrm{Re}\left(\dfrac{\mathrm{d}\lambda}{\mathrm{d}\beta}\right)_{\substack{\lambda=i\omega_2\\ \beta=\beta_2}}<0$。

我们已经证实,当 β 从左到右穿过 β_1 和 β_2 时,方程(3-77)的根的实部以非零速度穿过复平面的虚轴。由于方程(3-74)右端的可微性质,Hopf 分岔定理需要的光滑性满足。由上面的线性分析可以得出,文献[77]的定理 2.3 建立的 Hopf 分岔定理所需的充分条件。从分岔周期解的轨道渐近稳定性可以确定这些分岔周期解的上临界与下临界性质[76],下面我们研究这些性质。

3.3.3　振荡的局部稳定性

为了记号的方便和代数的简洁性,可以再写系统(3-74)为

$$\begin{cases}\dot{x}_1=-x_1+a\tanh(x_4)=f_1(x_1,x_4)\\ \dot{x}_2=-x_2+a\tanh(-x_3)=f_2(x_2,x_3)\\ \dot{x}_3=\beta(x_1-x_3)=f_3(x_1,x_3)\\ \dot{x}_4=\beta(x_2-x_4)=f_4(x_2,x_4)\end{cases},\quad t>0 \qquad (3\text{-}84)$$

大多数可以用来对分岔周期解的轨道稳定性的充分条件的证明是冗长且费力的。我们使用由文献[77]研究的充分条件,为了利用 Poore 条件,我们不必改变依赖变量方程(3-84)的原始变量 x_1,x_2,x_3,x_4,这个程序对方程(3-84)具有简单非线性是方便的。

在方程(3-84)中,设 A 为参数空间 $\beta=\beta_c$ 中在分岔点计算的矩阵,这里 β_c 是 β_1 或 β_2。设 $u=(u_1,u_2,u_3,u_4)$ 和 $v=(v_1,v_2,v_3,v_4)$ 是矩阵 A 具有特征值 $i\omega_c$ 的左特征向量和右特征向量,这里 ω_c 是 ω_1 或 ω_2。设 $\bar{u}=(\bar{u}_1,\bar{u}_2,\bar{u}_3,\bar{u}_4)$ 和 $\bar{v}=(\bar{v}_1,\bar{v}_2,\bar{v}_3,\bar{v}_4)$ 分别记 u 和 v 的复共轭。需要 $uv=1$ 来规范化左特征向量和右特征向量,那么上临界或下临界分岔相应于下面表达式的正实部,即

$$\Phi=-u_l\frac{\partial^3 f_l}{\partial x_j\partial x_m\partial x_s}v_j v_m\bar{v}_s+2u_l\frac{\partial^2 f_l}{\partial x_j\partial x_m}v_j\{(A^{-1})_{mr}\}\frac{\partial^2 f_r}{\partial x_p\partial x_q}v_p v_q$$

$$+u_l\frac{\partial^2 f_l}{\partial x_j\partial x_m}\bar{v}_j\{[(A-2i\omega_c I)]_{mr}^{-1}\}\frac{\partial^2 f_r}{\partial x_p\partial x_q}v_p v_q \qquad (3\text{-}85)$$

这里重复的下标表示求和,并且所有导数均在平衡点计算[77]。尽管上面的表达式看起来不方便,但在这种情形计算是不费力的,正如其他方法通过变量变换涉及线性部分的简化。由方程(3-84),我们注意到

$$\frac{\partial f_1}{\partial x_1} = -1, \quad \frac{\partial^2 f_1}{\partial x_1^2} = 0, \quad \frac{\partial^3 f_1}{\partial x_1^3} = 0$$

$$\frac{\partial f_1}{\partial x_4} = a, \quad \frac{\partial^2 f_1}{\partial x_4^2} = 0, \quad \frac{\partial^3 f_1}{\partial x_4^3} = -2a$$

$$\frac{\partial f_2}{\partial x_2} = -1, \quad \frac{\partial f_2}{\partial x_3} = -a, \quad \frac{\partial^2 f_2}{\partial x_3^2} = 0, \quad \frac{\partial^3 f_2}{\partial x_3^3} = 2a \quad (3\text{-}86)$$

可以得出方程(3-85)中除在右端第一项处,所有其他项为0,因此有

$$\Phi = -u_1 \frac{\partial^3 f_1}{\partial x_j \partial x_m \partial x_s} v_j v_m \overline{v}_s - u_2 \frac{\partial^2 f_2}{\partial x_j \partial x_m \partial x_s} v_j v_m \overline{v}_s$$

$$= -u_1(-2a)v_4 v_4 \overline{v}_4 - u_2(2a)v_3 v_3 \overline{v}_3$$

$$= 2a[u_1 v_4 |v_4|^2 - u_2 v_3 |v_3|^2] \quad (3\text{-}87)$$

必须计算矩阵 A 相应于特征值 $i\omega$ 的左特征向量和右特征向量。一个右特征向量 $(x_1 + iy_1, x_2 + iy_2, x_3 + iy_3, x_4 + iy_4)^T$ 是一个列向量满足下式,即

$$A \begin{bmatrix} x_1 + iy_1 \\ x_2 + iy_2 \\ x_3 + iy_3 \\ x_4 + iy_4 \end{bmatrix} = i\omega \begin{bmatrix} x_1 + iy_1 \\ x_2 + iy_2 \\ x_3 + iy_3 \\ x_4 + iy_4 \end{bmatrix} \quad (3\text{-}88)$$

其中,A 与方程(3-76)相同。

因此,一个这样的特征向量为

$$v = \begin{bmatrix} v_1 \\ v_2 \\ v_3 \\ v_4 \end{bmatrix} = (1+i) \begin{bmatrix} 1 \\ \dfrac{\beta + i\omega}{\beta} \dfrac{1 + i\omega}{a} \\ \dfrac{\beta}{\beta + i\omega} \\ \dfrac{1 + i\omega}{a} \end{bmatrix}, \quad \beta = \beta_1, \quad \omega = \omega_1 \quad (3\text{-}89)$$

一个左特征向量是一个行向量 $(X_1 + iY_1, X_2 + iY_2, X_3 + iY_3, X_4 + iY_4)$ 满足下式,即

$$(X_1 + iY_1, X_2 + iY_2, X_3 + iY_3, X_4 + iY_4)A$$

$$= i\omega(X_1 + iY_1, X_2 + iY_2, X_3 + iY_3, X_4 + iY_4) \quad (3\text{-}90)$$

其中,$\beta = \beta_1$;$\omega = \omega_1$。

计算特征向量为

$$u = (u_1, u_2, u_3, u_4)$$

$$= (X_1 + iY_1, X_2 + iY_2, X_3 + iY_3, X_4 + iY_4)$$

$$= n_0(1+i)\left\{ 1, \frac{a\beta}{(1+i\omega)(\beta+i\omega)}, \frac{1+i\omega}{\beta}, \frac{a}{\beta+i\omega} \right\} \quad (3\text{-}91)$$

其中，$\beta = \beta_1$；$\omega = \omega_1$；n_0 是复数，可以通过正规条件获得，即

$$\sum_{j=1}^{4}(X_j + \mathrm{i}Y_j)(x_j + \mathrm{i}y_j) = 1 \tag{3-92}$$

由方程(3-89)、方程(3-91)和方程(3-92)，并用 $\omega^2 = \beta$，有

$$4n_0\left[\frac{(1-\beta)}{\omega(1+\beta)} + \frac{3+\beta}{1+\beta}\mathrm{i}\right] = 1$$

因此，从上面我们获得 n_0，使得

$$n_0 = -\frac{1}{4}\left\{\frac{(\beta+1)(\beta-1)\omega}{(\beta-1)^2 + \beta(\beta+3)^2} + \frac{(\beta+1)(\beta+3)\omega}{(\beta-1)^2 + \beta(\beta+3)^2}\mathrm{i}\right\}$$

$$= \phi_1 + \phi_2 \tag{3-93}$$

其中

$$\phi_1 = M(\beta-1), \quad \phi_2 = M(\beta+3)\omega$$

$$M = -\frac{1}{4}\frac{(\beta+3)\omega}{(\beta-1)^2 + \beta(\beta+3)^2} \tag{3-94}$$

我们现在计算在参数 β 的第一个分岔值 β_1 处 Φ 的值和 Φ 实部的符号，从方程(3-87)、方程(3-89)和方程(3-91)有

$$[\Phi]_{\beta=\beta_1} = 2a\left[u_1v_4|v_4|^2 - u_2v_3|v_3|^2\right]_{\beta=\beta_1} \tag{3-95}$$

现在我们计算

$$u_1v_4|v_4|^2 = 4(\frac{1+\beta_1}{a^3})\{-(\phi_1\omega_1 + \phi_2) + \mathrm{i}(\phi_1 - \omega_1\phi_2)\} \tag{3-96}$$

$$u_2v_3|v_3|^2 = -\frac{4(1+\beta_1)}{a^3}\{(\omega_1\phi_1 + \phi_2) + \mathrm{i}(\omega_1\phi_2 - \phi_1)\} \tag{3-97}$$

结果从方程(3-95)～方程(3-97)有

$$\mathrm{Re}\Phi|_{\beta=\beta_1} = -\frac{16(1+\beta_1)}{a^2}\{\phi_1\omega_1 + \phi_2\} \tag{3-98}$$

从方程(3-93)，我们也有

$$n_0 = \phi_1 + \mathrm{i}\phi_2 = C_1\left[(\beta_1-1) + \mathrm{i}\omega_1(\beta_1+3)\right]$$

其中

$$C_1 = -\frac{1}{4}\frac{(\beta_1+1)\omega_1}{(\beta_1-1)^2 + \beta_1(\beta_1+3)^2}$$

即

$$\phi_1\omega_1 + \phi_2 = C_1\left[(\beta_1-1)\omega_1 + \omega_1(\beta_1+3)\right] = 2C_1\omega_1(\beta_1+1) \tag{3-99}$$

从方程(3-98)和方程(3-99)，我们可以得出

$$\mathrm{Re}\Phi|_{\beta=\beta_1} = -\frac{8}{a^2}\frac{\beta_1(\beta_1+1)^3}{(\beta_1-1)^2 + \beta_1(\beta_1+3)^2} > 0 \tag{3-100}$$

对于 $a > 2$，有 $0 < \beta_1 < 1$，第二个分岔点 β_2 可以进行类似计算，即

$$\text{Re}\Phi|_{\beta=\beta_2}=-\frac{16a(1+\beta_2)}{a^2}\{\phi_1\omega_2+\phi_2\} \tag{3-101}$$

且 $\phi_1\omega_2+\phi_2=2C_2\omega_2(\beta_2+1)$，这里 $C_2=-\frac{1}{4}\frac{(\beta_2+1)\omega_1}{(\beta_2-1)^2+\beta_2(\beta_2+3)^2}$。

由方程(3-101)，有

$$\text{Re}\Phi|_{\beta=\beta_2}=\frac{8}{a^2}\frac{\beta_2(\beta_2+1)^3}{(\beta_2-1)^2+\beta_2(\beta_2+3)^2}>0 \tag{3-102}$$

由 Poore 稳定性准则，可以获得在 $\beta=\beta_2$ 的周期解的局部轨道稳定性。分岔解的性质如图 3.7 所示。

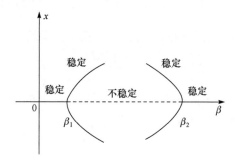

图 3.7　分岔图

3.3.4　振荡的全局分岔

在本节，我们考虑当分岔参数 β 增加，且在区间 (β_1,β_2) 变化时，分岔周期解的延拓。研究分岔周期解的延拓是在全局 Hopf 分岔下进行，但是全局分岔的研究有许多方法，我们采纳 Alexander 和 Auchmuty[78] 的方法。

为了阅读方便，我们引入全局分岔的一些结论，设 P^1 为所有 $x:R\to R^4$，且具有周期 2π 的函数空间，P_0^1 记为 P^1 的子空间，使得

$$x\in P^1\bigcap P_0^1\Rightarrow\int_0^{2\pi}x_i(t)\mathrm{d}t=0,\quad i=1,2,3,4,\quad x=(x_1,x_2,x_3,x_4)$$

空间 P^1 是具有如下范数的 Banach 空间，即

$$\|x\|_\infty^{(1)}=\max_{1\leqslant i\leqslant4}\max_{0\leqslant t\leqslant2\pi}\left[|x_i(t)|+\left|\frac{\mathrm{d}x_i(t)}{\mathrm{d}t}\right|\right]$$

设 Λ 为开区间 $(0,\infty)$，$L(P^1)$ 是具有诱导范数拓扑的所有 P^1 的连续映射于自身的集合。设 $F:P^1\times\Lambda\to P^1$ 是连续的，并且考虑发现下面方程的解 $(x,\beta,\omega)\in P^1\times\Lambda\times(0,\infty)$，即

$$\omega\frac{\mathrm{d}y}{\mathrm{d}t}=F(y,\beta) \tag{3-103}$$

如果 $y(t)$ 是方程(3-103)的解,并且定义 $x(t)=y(\omega t)$,那么 $x(t)$ 是下面方程的解,即

$$\frac{\mathrm{d}x(t)}{\mathrm{d}t}=F(x,\beta) \tag{3-104}$$

其中,x 是周期的,并且周期为 $2\pi/\omega$。

我们知道,$x^*=(0,0,0,0)$ 是方程(3-104)的稳态解,满足下式,即

$$F(x^*,\beta)=0,\quad \beta\in(0,\infty) \tag{3-105}$$

设

$$C_0=\{(x^*,\beta,\omega):\beta\in(0,\infty),0<\omega<\infty\}$$

并定义

$$C=\{(x,\beta,\omega):方程(3\text{-}103)成立\}$$

其中,C 是 $P^1\times\Lambda\times(0,\infty)$ 的子集。

定义 3.1　方程(3-103)的 2π 周期解的全局分岔从点 (y_0^*,β_0,ω_0) 开始,存在一个 $C-C_0$ 的连通子集,使得

① (y_0^*,β_0,ω_0) 在 S_0 的闭中。

② S_0 并不包含于 $P^1\times\Lambda\times(0,\infty)$ 中的恰当有界子集。

③ 有一个 $(\beta^*,\omega^*)\neq(\beta_0,\omega_0)$,使得 (y^*,β^*,ω^*) 属于 S_0 的闭中,或者①和②均成立。

$P^1\times\Lambda\times(0,\infty)$ 的子集 B 称为恰当有界的,如果存在 $\beta_*>0,\beta^*<+\infty,0<\delta_1<\delta_2<+\infty$,使得 $B\subset B_1\times[\beta_*,\beta^*]\times[\delta_1,\delta_2]$,这里 B_1 在 P^1 中是有界的。因此,一个集不是恰当有界的,如果上述不成立。特别是,如果 Λ 是一个有界集,那么 ω 趋于 0 或 ∞。

我们再写方程(3-103)为

$$\omega\frac{\mathrm{d}z}{\mathrm{d}t}=A(\beta)z+R(z,\beta) \tag{3-106}$$

其中

$$A(\beta)=\begin{bmatrix} -1 & 0 & 0 & a \\ 0 & -1 & -a & 0 \\ \beta & 0 & -\beta & 0 \\ 0 & \beta & 0 & -\beta \end{bmatrix} \tag{3-107}$$

和

$$R(z,\beta)=F(z,\beta)-A(\beta,z)$$

我们需要下面的结果,证明可见文献[78]。

定理 3.3(Alexander 和 Auchmuty[78])　设 F 是映 $P^1\times\Lambda\times P^1$ 的 Frechet 可

微映射,那么方程(3-103)存在从一个解(y_0^*,β_0,ω_0)出发的2π周期解的全局分岔。

① 对于$\beta\in A,A(\beta)\in L(P^1)$,映射$\beta\to A(\beta)$是连续的,且0不在$A(\beta_0)$的谱内。

② $\omega_0\dfrac{\mathrm{d}w}{\mathrm{d}t}=A(\beta)w$在$P^1$中线性无关解的个数是有限的,且解的个数与2模4同余。

③ 存在正数δ和ε,使得如果$\lambda(\beta)$在$A(\beta)$谱内,且$\mathrm{Re}\lambda(\beta)=\alpha(\beta)$,那么

$$|\alpha(\beta)|>\varepsilon|\beta-\beta_0|,\quad |\beta-\beta_0|<\delta$$

对于系统(3-106),我们证实上面结果需要的充分条件。考虑线性化系统,即

$$\omega_0\frac{\mathrm{d}w}{\mathrm{d}t}=A(\beta)w \tag{3-108}$$

假设它有周期为2π的周期解,设这个解为

$$w=\sum_{k=-\infty}^{\infty}b_k\mathrm{e}^{ikt} \tag{3-109}$$

系数b_k是线性方程组的解,即

$$\omega_0ikb_k=A(\beta)b_k,\quad k=0,\pm1,\pm2,\cdots \tag{3-110}$$

周期为2π的非平凡周期解存在,当且仅当$ik\omega_0$是$A(\beta)$的特征值,相应于$A(\beta)$的特征方程为(方程(3-77)和方程(3-78))

$$\lambda^4+a_1\lambda^3+a_2\lambda^2+a_3\lambda+a_4=0 \tag{3-111}$$

因此,$ik\omega_0$是一个解,满足

$$(ik\omega_0)^4+a_1(ik\omega_0)^3+a_2(ik\omega_0)^2+a_3(ik\omega_0)+a_4=0 \tag{3-112}$$

或者等价于ω_0和k满足下式,即

$$\omega_0^4k^4-a_2\omega_0^2k^2+a_4=0,\quad a_1\omega_0^3k^3=a_3\omega_0k \tag{3-113}$$

方程(3-112)仅对$k=\pm1$的非平凡解存在,且对线性化系统(3-108)仅存在周期为2π的两个周期解。

我们已经证实

$$\mathrm{Re}\left(\frac{\mathrm{d}\lambda}{\mathrm{d}\beta}\right)|_{\beta=\beta_1}>0 \tag{3-114}$$

如果$\alpha(\beta)=\mathrm{Re}[\lambda(\beta)]$,那么

$$\lim_{\beta\to\beta_1}\frac{\alpha(\beta)-\alpha(\beta_1)}{\beta-\beta_1}>0 \tag{3-115}$$

蕴含存在$\varepsilon>0$和$\delta>0$,使得

$$\left|\frac{\alpha(\beta)-\alpha(\beta_1)}{\beta-\beta_1}\right|>\varepsilon,\quad |\beta-\beta_1|<\delta \tag{3-116}$$

或等价于$(\alpha(\beta_1)=0)$

$$|\alpha(\beta)|>\varepsilon|\beta-\beta_1|, \quad |\beta-\beta_1|<\delta \tag{3-117}$$

由方程(3-107)发现$A(\beta)$关于β是连续的,因此满足 Alexander-Auchmuty 定理所需条件,由点$(0,\beta_1,\omega_1)$存在一个 2π 周期解的全局分岔。

全局分岔建立在相空间、参数空间和频率空间的乘积空间上。为了可应用,通过投影全局分岔,则分岔是在相空间和参数空间的乘积空间,这如同讨论局部分岔,因此导致考虑全局分岔弧的频率分量。众所周知,由 Lasota 和 Yorke 的工作[79]可知方程(3-84)的任意周期解的周期偏离零而下有界,这是由于在方程(3-84)中向量场的李普希兹性质,因此由 ω 和任意周期解的周期之间的关系,我们能够得出分岔弧的 ω 分量是上有界的;如果方程(3-84)具有无界周期的解,那么方程(3-84)必定有同缩轨道,且这并不可能。因为方程的唯一平衡点不是鞍点,由方程(3-77)的性质,它没有实正根,我们得到在两个正数之间全局 Hopf 分岔的分岔弧的 ω 分量是有界的。

现在计算由 Mallet-Paret 和 Yorke[80]引入的在两个分岔点$(0,\beta_1)$和$(0,\beta_2)$处的中心指标 Φ,可计算

$$\Phi(0,\beta_1)=\frac{1}{2}[E(\beta_1+)-E(\beta_1-)](-1)^{E(\beta_1)}$$

其中,$E(\beta)$是 $A(\beta)$有严格正实部的特征值的重数和;$E(\beta_1+)$和$E(\beta_1-)$是 E 在 β_1 处的右极限和左极限。

由 3.3.2 节 $A(\beta)$ 特征值的分析,有 $E(\beta_1)=0,E(\beta_1+)=2,E(\beta_1-)=0$,因此 $\Phi(0,\beta_1)=1$。类似可计算 $\Phi(0,\beta_2)=-1$,因此分岔点$(0,\beta_1)$是源,而$(0,\beta_2)$是收点。由文献[80]的结果有每个源通过面向轨道参数"蛇"连接一个收点,图 3.8 给出了这样一个轨道的蛇形出现,这里蕴含假设对于 $\beta\in(\beta_1,\beta_2)$,没有其他周期解和第二次分岔。

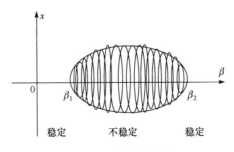

图 3.8　轨道的"蛇"

3.4　模型化神经活动的时滞微分系统的分岔

3.4.1　引言

在本节,我们研究下面系统模型的分岔性质,包含兴奋和抑制神经元的神经网络动态[81],即

$$\begin{cases} \mu\dot{u}_1(t) = -u_1(t) + q_{11}\alpha(u_1(t-T)) - q_{12}u_2(t-T) + e_1 \\ \mu\dot{u}_2(t) = -u_2(t) + q_{21}\alpha(u_1(t-T)) - q_{22}u_2(t-T) + e_2 \end{cases} \tag{3-118}$$

在方程(3-118)中,变量和参数有下面的神经生理学意义。

① $u_1, u_2 : R \to R$ 分别记为兴奋和抑制神经元的总突触后电位。

② $\mu > 0$ 是特征化元胞膜的动态性质的时间常数。

③ $q_{ik} \geqslant 0$ 表示从第 k 个神经元到第 i 个神经元的联接强度。

④ $\alpha : R \to R$ 是转换函数,描述作为兴奋神经元总电位 u_1 的函数的活动性生成,函数 α 是光滑的、单增的,且在 $u_1 = \theta$ 有唯一转点,相应于抑制神经元的转换函数假设是恒等变换。

⑤ $T \geqslant 0$ 反映了突触时滞、轴突和树突传播时滞。

⑥ e_1 和 e_2 分别是作用于兴奋和抑制神经元的外部刺激。

方程(3-118)给出的神经网络有许多性质,在脑的信息处理中起重要的作用,这些性质中的两个能够进行支配振荡和多稳定性[82,83],包含兴奋和抑制的神经元的神经电路出现在脑的几个区域[84]。人们相信它们提出了节奏神经活动产生的可能机理[84,85]。另一方面,多稳定的神经网络可以看成联想记忆模型[86],吸引子(稳定平衡点或极限环)可以解释为存储记忆。

本节的主要目的是研究系统(3-118)中出现的另外一种余维 2 分岔,即确定 Hopf 分岔曲线和鞍-结分岔曲线相交点,并且相应的线性化有双重零特征根,这个分岔称为 Bogdanov-Takens 分岔。对于动态系统理论,Bogdanov-Takens 分岔具有特殊的重要性,因为它们提供了鞍点回路分岔曲线的局部存在性。Bogdanov-Takens 分岔很少有一个解析方法来探测鞍点回路,即在动态系统中对于一个鞍点的同宿轨道。

首先,我们估计系统(3-118)的所有静态点,并研究相应的特征方程(3.4.2节)。然后,在恰当的参数平面给出鞍-结点分岔曲线和 Hopf 分岔曲线,计算 Bogdanov-Takens 点,对于它们性质的研究,考虑系统(3-118)描述的流在一个恰当的中心流形上的两个常微分方程组。在 3.4.4 节,给出数值例子以阐明我们的结果。利用数值方法,我们估计并继续了发生在 Bogdanov-Takens 分岔点的鞍点-回路曲线,进一步发现余维 2 的三个分岔点,命名为一个双重鞍点-回路的点和(非中心的)鞍点-结点回路的两个点。在开始研究系统(3-118)前,借助仿射变换和时间

尺度化来降低参数的数目。

如果 $\mu \neq 0$ 和 $q_{21}\alpha''(\theta) \neq 0$,通过置

$$u(t):=u_1(\mu t)-\theta, \quad v(t):=\frac{1}{q_{21}\alpha'(\theta)}\left[u_2(\mu t)-\frac{e_2+q_{21}\alpha(\theta)}{1+q_{22}}\right] \quad (3-119)$$

则方程(3-118)变为

$$\dot{u}(t)=-u(t)+q_1 f(u(t-\tau))-Qv(t-\tau)+E$$
$$\dot{v}(t)=-v(t)+f(u(t-\tau))-q_2 v(t-\tau) \quad (3-120)$$

其中

$$\tau:=\frac{T}{\mu}$$

$$q_1:=q_{11}\alpha'(\theta)$$

$$q_2:=q_{22}$$

$$Q:=q_{12}q_{21}\alpha'(\theta)$$

$$E:=e_1-\frac{q_{12}}{1+q_{22}}e_2-\left[\theta-\left(q_{11}-\frac{q_{12}q_{21}}{q_{22}+1}\right)\alpha(\theta)\right]$$

$$f(u):=\frac{1}{\alpha'(\theta)}[\alpha(u+\theta)-\alpha(\theta)] \quad (3-121)$$

新参数的意义是明显的。例如,Q 描述网络的负反馈,并且 E 给出了作用于兴奋神经元上总的外部输入。

本节我们作如下假设。

（H_1）　$\tau \geqslant 0$。

（H_2）　$q_1,q_2,Q \geqslant 0$ 和 $E \in R$。

（H_3）　$f \in C^2(R,R),f(0)=0,f'(0)=1,\lim\limits_{|u|\to\infty}f'(u)=0$ 和 $uf''(u)<0$,对于 $u \neq 0$。

满足（H_3）的函数 f 的一些典型例子是 $f(u)=\arctan(u)$,$f(u)=\dfrac{1}{1+\exp(-4u)}-\dfrac{1}{2}$ 和 $f(u)=\tanh(u)$。

3.4.2　平衡点与特征方程

1. 平衡点

方程(3-120)的任意平衡点满足下式,即

$$E=g(\bar{u}):=\bar{u}-\left(q_1-\frac{Q}{q_2+1}\right)f(\bar{u}), \quad \bar{v}=\frac{f(\bar{u})}{q_2+1} \quad (3-122)$$

下面,我们证明平衡点的全局存在性,并确定它们的个数,如图 3.9 所示。

引理 3.4(平衡点的存在性)

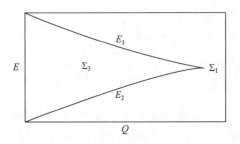

图 3.9　函数 $E=E_{1,2}(Q)$(对于$(Q,E)\in\Sigma_1$,系统恰有 1 个平衡点,对于$(Q,E)\in\Sigma_3$,
系统恰有 3 个平衡点)

① 如果 $1-(q_1-Q/(q_2+1))\geqslant0$,那么方程(3-120)对于每个 $E\in R$ 有唯一平衡点。

② 如果 $1-(q_1-Q/(q_2+1))<0$,那么存在数 E_1、E_2,且 $E_2<E_1$,使得

第一,对于 $E\in(-\infty,E_2)\bigcup(E_1,+\infty)$,恰存在 1 个平衡点。

第二,对于 $E\in\{E_1,E_2\}$,恰存在 2 个平衡点。

第三,对于 $E\in(E_2,E_1)$,恰存在 3 个平衡点。

证明　由(H_3)我们得到 $\lim\limits_{u\to\pm\infty}g(u)=\pm\infty$,并且由方程(3-120)至少存在一个平衡点。

如果 $1-(q_1-Q/(q_2+1))\geqslant0$,函数 g 是严格增的,这就提供了平衡点的唯一性。如果 $1-(q_1-Q/(q_2+1))<0$,至少存在

$$g'(u)=1-(q_1-\frac{Q}{q_2+1})f'(u)=0 \tag{3-123}$$

的两个解 $\hat{u}_1$ 和 $\hat{u}_2$,且 $\hat{u}_1<0<\hat{u}_2$,使得 g 在$(-\infty,\hat{u}_1]$和$[\hat{u}_2,+\infty)$是严格增的,并且在$[\hat{u}_1,\hat{u}_2]$是严格减的。

设

$$E_i:=g(\hat{u}_i)=\hat{u}_i-(q_1-\frac{Q}{q_2+1})f(\hat{u}_i) \tag{3-124}$$

引理的证明完成。　　　　　　　　　　　　　　　　　　　■

如果 $1-(q_1-Q/(q_2+1))<0$,方程(3-123)的两个解 $\hat{u}_1$ 和 $\hat{u}_2$ 对于 $Q<Q_{\text{cup}}$是 Q 的连续可微函数,这里

$$Q_{\text{cup}}:=(1+q_2)(q_1-1) \tag{3-125}$$

并且满足 $\lim\limits_{Q\to Q_{\text{cup}}}\hat{u}_i(Q)=0$。$\hat{u}_i$ 的光滑性蕴含在引理 3.4 中,E_i 对于 $Q<Q_{\text{cup}}$也是 Q 的连续可微函数,且给出

$$E_i(Q):=g(\hat{u}_i(Q))=\hat{u}_i(Q)-(q_1-\frac{Q}{q_2+1})f(\hat{u}_i(Q)),\quad i=1,2 \tag{3-126}$$

进而，E_1 是严格减且凸的，E_2 是严格增和凹的，即在 $(Q,E)=(Q_{csp},0)$ 点，E_1 和 E_2 在由 $E=0$ 给出相正切（图 3.9）。正如我们以后将看到的，曲线 $(Q,E_1(Q))$ 和 $(Q,E_2(Q))$ 在 (Q,E) 参数平面定义了鞍-结点分岔曲线，并且在 $(Q,E)=(Q_{csp},0)$ 发生平衡点的奇点分岔。

2. 特征方程

下面我们研究方程 (3-120) 在平衡点 $(\bar{u},\bar{v})$ 附近线性化的特征方程的性质。在 $(\bar{u},\bar{v})$ 附近，方程 (3-120) 线性化后，在坐标变化 $(u,v)\rightarrow(u-\bar{u},v-\bar{v})$ 下有

$$\begin{bmatrix} \dot{u}(t) \\ \dot{v}(t) \end{bmatrix}=-\begin{bmatrix} u(t) \\ v(t) \end{bmatrix}+A\begin{bmatrix} u(t-\tau) \\ v(t-\tau) \end{bmatrix} \tag{3-127}$$

其中，A 为实矩阵，即

$$A:=A(\bar{u})=\begin{bmatrix} q_1f'(\bar{u}) & -Q \\ f'(\bar{u}) & -q_2 \end{bmatrix} \tag{3-128}$$

相应的特征方程为

$$\Delta(z)=\det((z+1)I-Ae^{-z\tau})=0 \tag{3-129}$$

所以联接矩阵 A 的两个特征值 λ_+ 和 λ_- 为

$$\lambda_{\pm}=\frac{1}{2}(\mathrm{tr}A\pm\sqrt{\mathrm{tr}^2A-4\det A})$$

$$=\frac{1}{2}(q_1f'(u)-q_2)\pm\frac{1}{2}\sqrt{(q_1f'(u)+q_2)^2-4Qf'(u)} \tag{3-130}$$

其中，$\mathrm{tr}A=q_1f'(u)-q_2$；$\det A=(Q-q_1q_2)f'(u)$。

引理 3.5 z 是特征方程 (3-129) 的解，当且仅当 z 是下面纯量方程的解，即

$$z+1-\lambda e^{-z\tau}=0 \tag{3-131}$$

其中，λ 是 A 的特征值。

证明 变化 A 为若当形式。 ∎

在文献 [4]，[32]，[47] 中，研究了方程 (3-131) 的类似方程。依赖于参数 $\lambda\in C$，给出具有正实部的特征解的个数，为了应用这些结果于方程 (3-131)，我们需要一些记号，设

$$K_\tau(\omega):=(1+i\omega)\exp(i\omega\tau), \quad \omega>0$$

容易看出，方程 (3-131) 有纯虚根解 $z=i\omega$，当且仅当 $\lambda=K_\tau(\omega)$。由 ω^R，记

$$\omega^R=-\tan\omega^R\tau$$

的唯一解，且 $\omega^R\in]\pi/2\tau,\pi/\tau[$，对于 $\tau>0$，我们有 $K_\tau(\omega^R)<-1$。利用 $K_\tau(\omega^R)$ 和 ω^R 的定义（图 3.10），有

$$G_\tau:=\{\mu\in C:\mathrm{Re}\mu=\mathrm{Re}K_\tau(\omega),|\mathrm{Im}\mu|<|\mathrm{Im}K_\tau(\omega)|,\omega\in[0,\omega^R]\}$$

引理 3.6 设 $\tau>0$，如果 $\lambda\in G_\tau$，那么方程 (3-131) 的所有解有负实部；对于

$\lambda\in C\backslash\overline{G}_\tau$，方程(3-131)至少存在一个具有正实部的解。

文献[4]给出了复平面上一个完整的 D 划分，即对于每个 $\lambda\in C$，方程(3-131)具有正实部的解的个数可以明显给出。

引理3.6给出的 λ 平面划分(图3.10)提供了确定平衡点稳定性和研究方程(3-120)的 Hopf 分岔点的工具。如果 A 的谱在 G_τ 中，那么相应的平衡点是渐近稳定的；如果 A 的一对复共轭特征根横截穿过了 ∂G_τ，那么出现 Hopf 分岔。在下面的引理中，我们提供了参数 Q 和 E 满足 $\sigma(A)\subset\partial G_\tau$。

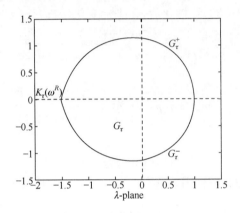

图3.10　对于 $\lambda\in G_\tau$，方程(3-131)仅有唯一的具有负实部的解，对于 $\lambda\in C\backslash\overline{G}_\tau$，
方程(3-131)至少有一个具有正实部的解

引理 3.7

① 对于 $E=E_\lambda(Q),\bar{u}=\hat{u}_i(Q)$，且 $Q\leqslant Q_{\mathrm{csp}}$，这里 $E_i,\hat{u}_i(i=1,2)$ 和 $Q_{\mathrm{csp}},z=0$ 是特征方程(3-129)的一个解。

② 如果 $q_1>2+q_2$ 和 $Q_{\mathrm{bt}}:=q_1(q_2+1)^2/(q_2+2)$，存在函数 $\bar{u}_i,\tilde{E}_i:[Q_{\mathrm{bt}},Q_e]$ $\to R,i=1,2,Q_{\mathrm{bt}}<Q_e\leqslant+\infty$，使 $\bar{u}_i=\bar{u}_i(Q),E=\tilde{E}_i(Q)$，这里 $Q_{\mathrm{bt}}<Q<Q_e$。

第一，$(\bar{u},f(\bar{u})/(q_2+1))$ 是方程(3-120)的一个平衡点。

第二，存在 $\omega\in(0,\omega^R)$，使得 $z=\pm i\omega$ 是方程(3-129)的单根，进而方程(3-129)没有其他解在虚轴。

第三，对于 $Q=Q_{\mathrm{bt}},z=0$ 是方程(3-129)的双重根。

第四，曲线 $\tilde{E}_i$ 和 E_i 在 $Q=Q_{\mathrm{bt}},i=1,2$ 处相切。

证明　对于 $E=E_i(Q),\bar{u}_i=\hat{u}_i(Q)$ 且 $Q\leqslant Q_{\mathrm{csp}}$，因此

$$0=g'(\bar{u})$$

$$=1-(q_1-\frac{Q}{q_2+1})f'(\bar{u})$$

$$=-\frac{q_1f'(\bar{u})-q_2-Qf'(\bar{u})+q_1q_2f'(\bar{u})-1}{q_2+1}$$

$$= -\frac{\mathrm{tr}A - \det A - 1}{q_{22} + 1}$$

可以得出,$\det A = \mathrm{tr}A - 1$,方程(3-130)提供了联接接矩阵 A 的一个特征值 $\lambda = 1$,结果 $z = 0$ 是相应方程(3-129)的零点。

如果联接矩阵 A 的两个特征值 λ_- 和 λ_+ 位于 G_τ 的边界,并且 $\lambda_\pm \ne 1$,特征方程有一对单重零点 $z = \pm\mathrm{i}\omega$,并且没有其他解在虚轴。如果 $\lambda_\pm = 1$,那么特征方程在 $z = 0$ 处有双重零点,$\lambda_\pm = 1$ 当且仅当 $Q = Q_{\mathrm{bt}} := q_1 (q_2 + 1)^2/(q_2 + 2)$,$G_\tau \bigcap \{\lambda \in C; \mathrm{Im}\lambda \geqslant 0\}$ 的边界可由 $(\mathrm{tr}A = h(\omega), \det A = 1 + \omega^2)$ 参数化,这里 $h(\omega) = 2(\cos(\omega\tau) - \omega\sin(\omega\tau))$,$\omega \in [0, \omega^R]$。注意到 h 是 C^1 函数,在 $(0, \omega^R)$ 上严格减,且 $h(0) = 2$,$h(\omega^R) = -2\sqrt{1 + (\omega^R)^2}$,$h'(0) = 0$ 和 $h'(\omega) < 0$,对于 $\omega \in (0, \omega^R]$,应用函数定理于 $h(\omega) = \mathrm{tr}A = q_1 f'(\bar u) - q_2$,我们可以获得两个 C^1 函数 $\tilde u_{1,2}(\omega)$,对于 $\omega \in [0, \bar\omega)$,$\tilde u_1(\omega) < 0 < \tilde u_2(\omega)$,且 $\tilde u_{1,2}(0) = \hat u_{1,2}(Q_{\mathrm{bt}})$。如果 $q_2 \leqslant 2\sqrt{1 + (\omega^R)^2}$,$\bar\omega$ 唯一,由 $h(\bar\omega) = -q_2$,$\bar\omega \leqslant \omega^R$ 给定,并且有

$$\lim_{\omega \to \bar\omega} \tilde u_i(\omega) = (-1)^i \infty, \quad i = 1, 2$$

如果 $q_2 > 2\sqrt{1 + (\omega^R)^2}$,$\bar\omega = \omega^R$,且 $q_1 f'(\tilde u_i(\bar\omega)) - q_2 = 2\sqrt{1 + (\omega^R)^2}$,$\tilde u_1$ 是严格减的,且 $\tilde u_2$ 是 $\omega \in (0, \omega^R]$ 的严格增函数,关于 Q 解 $(Q - q_1 q_2) f'(\tilde u_i(\omega)) = \det A = 1 + \omega^2$,我们可以获得 C^1 函数,即

$$Q_i: [0, \bar\omega) \to [0, \infty), Q_i(\omega) := q_1 q_2 + \frac{1 + \omega^2}{f'(\tilde u_i(\omega))}, \quad i = 1, 2$$

$f'(\tilde u_i(\omega))(\partial \tilde u_i(\omega)/\partial\omega) < 0$,因此,有

$$\frac{\partial Q_i}{\partial\omega}(\omega) = \frac{2\omega f'(\tilde u_i(\omega)) - (1 + \omega^2) f''(\tilde u_i(\omega))(\partial \tilde u_i(\omega)/\partial\omega)}{f'(\tilde u_i(\omega))^2} > 0$$

其中,Q_1 和 Q_2 均是 $\omega \in (0, \bar\omega)$ 上的严格增函数,且 $Q_i(0) = Q_{\mathrm{bt}} := q_1(q_2 + 1)^2/(q_2 + 2)$,如果 $q_2 \leqslant 2\sqrt{1 + (\omega^R)^2}$,那么 $\lim\limits_{\omega \to \bar\omega} Q_i(\omega) = +\infty$;如果 $q_2 > 2\sqrt{1 + (\omega^R)^2}$,那么 $\lim\limits_{\omega \to \bar\omega} Q_i(\omega) = Q_e := q_1(q_2 - \sqrt{1 + (\omega^R)^2})/(q_2 - 2\sqrt{1 + (\omega^R)^2})$;$Q_t$ 的单调性蕴含 $Q_i^{-1}: (Q_{\mathrm{bt}}, Q_e) \to (0, \bar\omega)$,$i = 1, 2$ 存在。

设 $\bar u_i(Q) := \tilde u_i(Q_i^{-1}(Q))$,$i = 1, 2$ 提供了严格减函数 $\bar u_1(Q): (Q_{\mathrm{bt}}, Q_e) \to (-\infty, 0)$ 和严格增函数 $\bar u_2(Q): (Q_{\mathrm{bt}}, Q_e) \to (0, +\infty)$,现在将 $\bar u = \bar u_i(Q)$ 代入方程(3-122)得一个新函数 $\tilde E_i: (Q_{\mathrm{bt}}, Q_e) \to R$,定义为 $\tilde E_i(Q) := \bar u_i(Q) - (q_1 - \frac{Q}{q_2 + 1}) f(\bar u_i(Q))$,且 $\tilde E_i(Q_{\mathrm{bt}}) = E_i(Q_{\mathrm{bt}})$,$i = 1, 2$。容易看到,对于 $Q_{\mathrm{bt}} \leqslant Q < Q_e$,且 $E = \tilde E_i(Q)$,$(\bar u_i(Q), f(\bar u_i(Q)))$,$i = 1, 2$,$(q_2 + 1)$ 是方程(3-120)的一个平衡点。

最后,我们必须证明由函数 $\tilde E_i$ 和 $E_i(i = 1, 2)$ 给出的曲线在 $Q = Q_{\mathrm{bt}}$ 处相切。

计算 $\tilde{E}_i$ 和 $E_i(i=1,2)$ 在 $Q=Q_{bt}$ 处的一阶导数,我们可以获得

$$\frac{\mathrm{d}\tilde{E}_i}{\mathrm{d}Q}(Q_{bt})=\frac{f(\tilde{u}_i(Q_{bt}))}{q_2+1}=\frac{f(\hat{u}_i(Q_{bt}))}{q_2+1}=\frac{\mathrm{d}E_i}{\mathrm{d}Q}(Q_{bt})$$

这就完成证明。 ■

注意以下几点。

① $\tilde{E}_1$ 是 $Q\in(Q_{bt},Q_e)$ 的一个减函数,而 $\tilde{E}_2$ 是一个增函数,如图 3.11 所示。

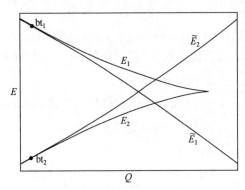

图 3.11　鞍-结点的 Hopf 分岔曲线

② 对于 $q_1<2+q_2$,特征方程在 $z=0$ 处没有双重零点,因此不满足 Bogdanov-Takens 奇异性的条件。

③ 对于 $q_1=2+q_2$,我们有 $Q_{bt}=Q_{csp}$,这就导致余维 $\geqslant 4$ 的奇异性。

④ 对于 $q_1>2+q_2$,在 (Q,E) 平面有曲线,使得 (Q,E) 在这些曲线上相应的特征方程有一对纯共轭复纯虚解 $\pm i\omega(Q,E)$,因为 $\omega(Q,E)$ 决不变为零,这些曲线不能提供任何 Bogdanov-Takens 奇异性。

此外,曲线 $(Q_i,\tilde{E}_i(Q_i))$ 的横截穿越提供相应平衡点的稳定性变化。

3.4.3　分岔性质

本节的主要目的是证明 Bogdanov-Takens 分岔点的存在性,并给出相应的分岔图。我们从两个相关 Bogdanov-Takens 奇异性的余维 1 分岔开始。

1. 余维 1 分岔

第一个引理处理鞍-结点分岔,并且它是引理 3.4 和注 3.1 的结果。

引理 3.8　设 $1<q_1$,对于 $Q<Q_{csp}$,系统 $(3-120)$ 在 $(Q,E)=(Q,E_i(Q))$ 处经历了鞍-结点分岔, $i=1,2$。

由引理 3.7 和时滞泛函微分方程的 Hopf 定理[4],我们得到在 (Q,E) 平面 Hopf 分岔曲线的存在性。

引理 3.9 设 $q_1 > 2 + q_2$，对于 $Q \in (Q_{bt}, Q_e)$，系统(3-120)在 $(Q, E) = (Q, \tilde{E}_i(Q))$ 存在 Hopf 分岔，这里 Q_{bt}，Q_e 和 $\tilde{E}_i$ 如引理 3.7 所示。

2. Bogdanov-Takens 分岔

因为鞍-结点分岔和 Hopf 分岔曲线在 $Q = Q_{bt}$ 切相交，并且相应的特征方程有双重零点(引理 3.7)，因此满足 Bogdanov-Takens 的条件。下面我们证明这个分岔的确出现，并且给出相应的分岔图。

首先阐述关于两个 Bogdanov-Takens 点存在性的主要结果。

(1) 主要结果

定理 3.4(Bogdanov-Takens 分岔) 如果 $q_1 > 2 + q_2$，系统(3-120)在 $bt_i :=$ $(Q_{bt}, E_i(Q_{bt}))$，$i = 1, 2$，处出现 Bogdanov-Takens 分岔，这就蕴含在 (Q, E) 平面。在 $bt_i := (Q_{bt}, E_i(Q_{bt}))$ 附近有(图 3.12)鞍-结点分岔曲线 Sn_i；Hopf 分岔曲线 h_i；鞍-回路分岔曲线 Sl_i；曲线 Sn_i、h_i 和 Sl_i 在 Bogdanov-Takens 点 bt_i 处正切相交，没有其他 Bogdanov-Takens 分岔点。

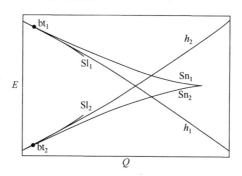

图 3.12 产生于 Bogdanov-Takens 分岔点 bt_1 和 bt_2 的鞍点回路曲线 Sl_1 和 Sl_2
(Sn_1 和 Sn_2 记为鞍-结点分岔曲线，h_1 和 h_2 记为 Hopf 分岔曲线)

这个证明将在本节(3)给出。

注 3.1

① 鞍-结点分岔曲线 Sn_i 相应于曲线 $(Q, E_i(Q))$，且 $Q < Q_{csp}$ (引理 3.8)。

② Hopf 分岔曲线 h_i 相应于曲线 $(Q, \tilde{E}_i(Q))$，且 $Q_{bt} \leqslant Q < Q_e$ (引理 3.9)。

③ 鞍点-回路分岔曲线 Sl_i 可由数值确定(3.4.4 节)。

④ 对于 $q_1 < 2 + q_2$，没有 Bogdanov-Takens 点。

⑤ 对于 $q_1 = 2 + q_2$，有 $Q_{bt} = Q_{csp} = (q_2 + 1)^2$。在这种情形下，相应规范形式的二次项(方程(3-136))为零，这蕴含系统(3-120)在 $(Q, E) = ((q_2 + 1)^2, 0)$ 处有余维 $\geqslant 4$ 的奇异性。

(2) 缩减系统

为了能够分析在 Bogdanov-Takens 点 $bt_i=(Q_{bt},E_i(Q_{bt}))$ 附近方程(3-120)的行为,我们计算特征方程(3-129)相应的双重零点 $z=0$ 在二维中心流形上的缩减系统。一般地,计算中心流形本身是困难的。然而,文献[29]给出了并不计算中心流形,而在中心流形上的规范形式的缩减系统方法,因为要研究方程(3-120)的参数依赖行为,我们必须计算关于参数 Q 和 E 的相应规范形式,首先按照文献[29]再写式(3-120)为等价形式。

经过坐标变换 $u\mapsto u-\bar{u},v\mapsto v-\bar{v}$,方程(3-120)变为
$$\dot{u}(t)=-u(t)+q_1 f(\bar{u}+u(t-\tau))-Qv(t-\tau)-q_1 f(\bar{u})$$
$$\dot{v}(t)=-v(t)+f(\bar{u}+u(t-\tau))-q_2 v(t-\tau)-f(\bar{u})$$
因为我们要研究双重零点情形,必须假设
$$q_1 f'(\bar{u}_{bt})=q_2+2,\quad \bar{u}=\bar{u}_{bt}+\varepsilon_1,\quad Q=Q_{bt}+\varepsilon_2$$
这就提供了
$$\dot{u}(t)=-u(t)+q_1 f(\bar{u}_{bt}+\varepsilon_1+u(t-\tau))-(Q_{bt}+\varepsilon_2)v(t-\tau)-q_1 f(\bar{u}_{bt}+\varepsilon_1)$$
$$\dot{v}(t)=-v(t)+f(\bar{u}_{bt}+\varepsilon_1+u(t-\tau))-q_2 v(t-\tau)-f(\bar{u}_{bt}+\varepsilon_1) \tag{3-132}$$
设
$$L(\varepsilon)\varphi:=-\varphi(0)+\begin{bmatrix} q_1 f'(\bar{u}_{kt}+\varepsilon_1)-Q_{bt}-\varepsilon_2 \\ f'(\bar{u}_{kt}+\varepsilon_1)-q_2 \end{bmatrix}\varphi(-\tau)$$
$$N(\varphi,\varepsilon):=\begin{bmatrix} q_1 \\ 1 \end{bmatrix}(f(\bar{u}_{bt}+\varepsilon_1+\varphi_1(-\tau))-f(\bar{u}_{bt}+\varepsilon_1)-f'(\bar{u}_{kt}+\varepsilon_1)\varphi_1(-\tau))$$
且 $\varphi=(\varphi_1,\varphi_2)^T\in C:=C([-\tau,0],R^2)$,上面的系统变为
$$\begin{bmatrix} \dot{u}(t) \\ \dot{v}(t) \end{bmatrix}=L(\varepsilon)\begin{bmatrix} u_t \\ v_t \end{bmatrix}+N(u_t,v_t,\varepsilon) \tag{3-133}$$
其中,$\varepsilon=(\varepsilon_1,\varepsilon_2)$。

线性部分 $L(\varepsilon)$ 可以再写为
$$L(\varepsilon)\varphi=L_0\varphi+L_1\varphi+O(\varepsilon^2)$$
且
$$L_0\varphi=\begin{bmatrix} -\varphi_1(0)+(2+q_2)\varphi_1(-\tau)-Q_{bt}\varphi_2(-\tau) \\ -\varphi_2(0)+\dfrac{2+q_2}{q_1}\varphi_1(-\tau)-q_2\varphi_2(-\tau) \end{bmatrix}$$
$$L_1\varphi=\begin{bmatrix} q_1 f''(\bar{u}_{bt})\varphi_1(-\tau) & \varphi_2(-\tau) \\ f''(\bar{u}_{bt})\varphi_1(-\tau) & 0 \end{bmatrix}$$
非线性部分 N 有 Taylor 展式,即
$$N(\varphi,\varepsilon)=\frac{1}{2}N_2(\varphi,\varepsilon)+O(\varepsilon)$$
其中

$$N_2(\varphi,\varepsilon)=f''(\bar{u}_{bt})\begin{bmatrix}q_1\\1\end{bmatrix}\varphi_1\ (t-\tau)^2+O(\varepsilon\varphi_1\ (t-\tau)^2)$$

① 奇异性的相空间分解。我们分解相空间 C 为两个不变子空间,这个分解提供了相应于 Bogdanov-Takens 奇异性在中心流形上缩减系统,按照文献[4]的方法,相应于 L_0 的无穷小生成为

$$A\varphi=\dot{\varphi}$$

且域为

$$D(A)=\{\varphi\in C^1([-\tau,0],R^2)\,|\,\dot{\varphi}(0)=-\varphi(0)+A\varphi(-\tau)\}$$

其中

$$A=\begin{bmatrix}2+q_2 & -Q_{bt}\\ \dfrac{(q_2+1)^2}{Q_{bt}} & -q_2\end{bmatrix}$$

伴随问题的无穷小生成为

$$A^*\psi=-\dot{\psi}(s)$$

且域为

$$D(A^*)=\{\psi\in C^1([0,\tau],R^{2*})\,|\,-\dot{\psi}](0)=-\psi(0)+A\psi(-\tau)\}$$

其中,R^{2*} 记二维行向量空间。

引理 3.10　假设

$$\phi(\theta)=(\phi_1(\theta),\phi_2(\theta)):=\begin{bmatrix}q_2+1 & (q_2+1)\theta+\tau+1\\ \dfrac{1}{q_1}(q_2+1) & \dfrac{1}{q_1}(q_2+1)\theta\end{bmatrix}$$

$$\psi(s)=\mathrm{col}(\psi_1(s),\psi_2(s))$$

$$=\frac{1}{(\tau+1)^2}\begin{bmatrix}-s-\dfrac{\tau}{\tau+1} & \dfrac{q_1(q_2+1)}{q_2+2}s+\dfrac{q_1((\tau+1)^2+\tau(q_2+1))}{(q_2+2)(\tau+1)}\\ 1 & -\dfrac{q_1(q_2+1)}{q_2+2}\end{bmatrix}$$

如果 $q_1>2+q_2$,$Q=Q_{bt}$ 和 $E=\widetilde{E}_i(Q_{bt})$,那么 Φ 和 Ψ 分别是特征方程(3-129)的双重零点 $z=0$ 的广义特征空间 $M_0(A)$ 和 $M_0(A^*)$ 的基,进而成立 $(\Psi,\Phi)=I$,这里

$$(\psi,\phi)=\psi(0)\phi(0)-\int_{-\tau}^0\int_0^\theta\psi(\xi-\theta)[\mathrm{d}\eta(\theta)]\phi(\xi)\mathrm{d}\xi \tag{3-134}$$

证明　容易检查,$\phi_1,\phi_2\in D(A)$ 和 $\psi_1,\psi_2\in D(A^*)$,对于 $Q=Q_{bt}$ 和 $E=\widetilde{E}_i(Q_{bt})$,$i=1,2$,有 $q_1f'(\bar{u}_{bt})=2+q_2$ 和 $f'(\bar{u}_{bt})=(q_2+1)^2/Q_{bt}$。因此,联接矩阵为

$$A=\begin{bmatrix}2+q_2 & -Q_{bt}\\ \dfrac{(q_2+1)^2}{Q_{bt}} & -q_2\end{bmatrix}$$

因为矩阵 A 有双重特征值 $\lambda=1$，相应的特征方程在 $z=0$ 处有双重零点(引理 3.7)，并且广义特征空间 $M_0(A)$ 和 $M_0(A^*)$ 是二维的，有 $A\phi_1=0$，$(A^*)^2\psi_1=0$，$(A)^2\phi_2=0$，$A^*\psi_1=0$。因为 $\phi_1,\phi_2(\psi_1,\psi_2)$ 是线性无关的，$\Phi(\Psi)$ 是 $M_0(A)(M_0(A^*))$ 的基，一个直接计算提供 $(\psi_j,\phi_i)=\delta_{i,j}$，$i,j=1,2$。

因此，相空间在相应特征方程的双重零点 $z=0$ 处可以分解为 $C=P\oplus Q$，这里 P 是由 Φ 张成的二维子空间，这就蕴含存在 $\phi\in C$，可以写作 $\phi=\phi^P+\phi^Q$，且 $\phi^P=\Phi(\Psi,\phi)\in P$，有

$$\dot{\Phi}=\Phi B,\quad B=\begin{bmatrix}0 & 1\\0 & 0\end{bmatrix} \tag{3-135}$$

其中，B 是缩减系统在中心流形上的线性部分，并且在下面的计算中起作重要的作用。

② 二阶项的缩减。设二阶项为

$$f_2(x,0)=\frac{1}{2}\Psi(0)(2L_1(\Phi x)\varepsilon+N_2(\Phi x,0))$$

$$=\frac{1}{2}\Psi(0)\Big(\sum_{|(k_1,k_2,l_1,l_2)|=2}A_{q_1,q_2,l_1,l_2}x_1^{k_1}x_2^{k_2}\varepsilon_1^{l_1}\varepsilon_2^{l_2}\Big)$$

我们计算

$$A_{2,0,0,0}=(q_2+1)^2f''(\bar{u}_{bt})\begin{bmatrix}q_1\\1\end{bmatrix},\quad A_{1,1,0,0}=-2(q_2+1)((q_2\tau-1))f''(\bar{u}_{bt})\begin{bmatrix}q_1\\1\end{bmatrix}$$

$$A_{0,2,0,0}=(q_2\tau-1)^2f''(\bar{u}_{bt})\begin{bmatrix}q_1\\1\end{bmatrix},\quad A_{1,0,1,0}=2(q_2+1)f''(\bar{u}_{bt})\begin{bmatrix}q_1\\1\end{bmatrix}$$

$$A_{0,1,1,0}=-2(q_2\tau-1)f''(\bar{u}_{bt})\begin{bmatrix}q_1\\1\end{bmatrix},\quad A_{1,0,0,1}=\frac{1}{q_1}(q_2+2)\begin{bmatrix}-2\\0\end{bmatrix}$$

$$A_{0,1,0,1}=\frac{1}{q_1}(q_2+2)\begin{bmatrix}2\tau\\0\end{bmatrix},\quad A_{0,0,2,0}=A_{0,0,1,1}=A_{0,0,0,2}=0$$

考虑 $V_2^4(C^2)$ 的正规基，即

$$\begin{bmatrix}x_1^2\\0\end{bmatrix},\begin{bmatrix}x_1x_2\\0\end{bmatrix},\begin{bmatrix}x_2^2\\0\end{bmatrix},\begin{bmatrix}x_1\varepsilon_1\\0\end{bmatrix},\begin{bmatrix}x_2\varepsilon_1\\0\end{bmatrix},\begin{bmatrix}x_1\varepsilon_2\\0\end{bmatrix},\begin{bmatrix}x_2\varepsilon_2\\0\end{bmatrix},\begin{bmatrix}\varepsilon_1^2\\0\end{bmatrix},\begin{bmatrix}\varepsilon_2^2\\0\end{bmatrix},\begin{bmatrix}\varepsilon_1\varepsilon_2\\0\end{bmatrix}$$

$$\begin{bmatrix}0\\x_1^2\end{bmatrix},\begin{bmatrix}0\\x_1x_2\end{bmatrix},\begin{bmatrix}0\\x_2^2\end{bmatrix},\begin{bmatrix}0\\x_1\varepsilon_1\end{bmatrix},\begin{bmatrix}0\\x_2\varepsilon_1\end{bmatrix},\begin{bmatrix}0\\x_1\varepsilon_2\end{bmatrix},\begin{bmatrix}0\\x_2\varepsilon_2\end{bmatrix},\begin{bmatrix}0\\\varepsilon_1^2\end{bmatrix},\begin{bmatrix}0\\\varepsilon_2^2\end{bmatrix},\begin{bmatrix}0\\\varepsilon_1\varepsilon_2\end{bmatrix}$$

在李括号 $M_2:=[B,\cdot]$ 的映像为

$$\begin{bmatrix}2x_1x_2\\0\end{bmatrix},\begin{bmatrix}x_2^2\\0\end{bmatrix},\begin{bmatrix}0\\0\end{bmatrix},\begin{bmatrix}x_2\varepsilon_1\\0\end{bmatrix},\begin{bmatrix}0\\0\end{bmatrix},\begin{bmatrix}x_2\varepsilon_2\\0\end{bmatrix},\begin{bmatrix}0\\0\end{bmatrix},\begin{bmatrix}0\\0\end{bmatrix},\begin{bmatrix}0\\0\end{bmatrix},\begin{bmatrix}-x_1^2\\2x_1x_2\end{bmatrix}$$

$$\begin{bmatrix} -x_1 x_2 \\ x_2^2 \end{bmatrix}, \begin{bmatrix} -x_2^2 \\ 0 \end{bmatrix}, \begin{bmatrix} -x_1 \varepsilon_1 \\ x_2 \varepsilon_1 \end{bmatrix}, \begin{bmatrix} -x_2 \varepsilon_1 \\ 0 \end{bmatrix}, \begin{bmatrix} -x_1 \varepsilon_2 \\ x_2 \varepsilon_2 \end{bmatrix}, \begin{bmatrix} -x_2 \varepsilon_2 \\ 0 \end{bmatrix}, \begin{bmatrix} -\varepsilon_1^2 \\ 0 \end{bmatrix}, \begin{bmatrix} -\varepsilon_1 \varepsilon_2 \\ 0 \end{bmatrix}, \begin{bmatrix} -\varepsilon_2^2 \\ 0 \end{bmatrix}$$

我们可以选择

$$\mathrm{Im}\,(M_2')^C$$

$$= \mathrm{span}\left\{ \begin{bmatrix} 0 \\ x_1^2 \end{bmatrix}, \begin{bmatrix} 0 \\ x_1 x_2 \end{bmatrix}, \begin{bmatrix} 0 \\ x_1 \varepsilon_1 \end{bmatrix}, \begin{bmatrix} 0 \\ x_2 \varepsilon_1 \end{bmatrix}, \begin{bmatrix} 0 \\ x_1 \varepsilon_2 \end{bmatrix}, \begin{bmatrix} 0 \\ x_2 \varepsilon_2 \end{bmatrix}, \begin{bmatrix} 0 \\ \varepsilon_1^2 \end{bmatrix}, \begin{bmatrix} 0 \\ \varepsilon_1 \varepsilon_2 \end{bmatrix}, \begin{bmatrix} 0 \\ \varepsilon_2^2 \end{bmatrix} \right\}$$

注意到上面基的选择不是唯一的,现在计算

$$f_2(x,0) - [B, U_2](x) = \begin{bmatrix} 0 \\ (C_1 \varepsilon_1 + C_2 \varepsilon_2) x_1 + (C_3 \varepsilon_1 + C_4 \varepsilon_2) x_2 + \bar{a} x_1^2 + \bar{b} x_1 x_2 \end{bmatrix}$$

其中

$$\bar{a} = \frac{1}{2} \Psi_2(0) A_{2,0,0,0} = \frac{1}{2} \frac{q_1 (q_2+1)^2 f''(\bar{u}_{\mathrm{bt}})}{(\tau+1)^2 (q_2+2)}$$

$$\bar{b} = \frac{1}{2} \Psi_2(0) A_{1,1,0,0} + \frac{1}{2} \Psi_1(0) A_{2,0,0,0} = q_1(q_2+1) \frac{(\tau+1)^2 + (q_2+1)}{(\tau+1)^3 (q_2+2)} f''(\bar{u}_{\mathrm{bt}})$$

$$C_1 = \frac{1}{2} \Psi_2(0) A_{1,0,1,0} = \frac{q_1 (q_2+1) f''(\bar{u}_{\mathrm{bt}})}{(\tau+1)^2 (q_2+2)}$$

$$C_2 = \frac{1}{2} \Psi_2(0) A_{1,0,0,1} = -\frac{q_2+2}{q_1 (\tau+1)^2}$$

$$C_3 = \frac{1}{2} \Psi_2(0) A_{0,1,1,0} + \frac{1}{2} \Psi_1(0) A_{1,0,1,0} = \frac{q_1((\tau+1)^2 + (q_2+1))}{(\tau+1)^3 (q_2+2)} f''(\bar{u}_{\mathrm{bt}})$$

$$C_4 = \frac{1}{2} \Psi_2(0) A_{0,1,0,1} + \frac{1}{2} \Psi_1(0) A_{1,0,0,1} = \frac{(q_2+2)\tau(\tau+2)}{q_1 (\tau+1)^3}$$

如果 $\bar{u}_{\mathrm{bt}} \neq 0$,所有系数 $C_1, C_2, C_3, C_4, \bar{a}$ 和 $\bar{b}$ 非零,且有 $\bar{a}\bar{b} > 0$。定义 $V_1 := C_1 \varepsilon_1 + C_2 \varepsilon_2, V_2 := C_3 \varepsilon_1 + C_4 \varepsilon_2$,如果 $\bar{u}_{\mathrm{bt}} \neq 0$,那么矩阵 $C := \begin{bmatrix} C_1 & C_2 \\ C_3 & C_4 \end{bmatrix}$ 是非奇异的,因此上面的参数变换是可逆的。注意到,$q_1 > 2 + q_2$ 提供了 $\bar{u}_{\mathrm{bt}} \neq 0$,可以概括上面的结果到下面的定理中。

定理 3.5　如果 $q_1 > 2 + q_2, Q = Q_{\mathrm{bt}}$ 和 $E = \widetilde{E}_i(Q_{\mathrm{bt}})$,那么方程(3-132)存在一个中心流形在原点相切于二维空间 P,这个流形上的流为

$$\begin{aligned} \dot{x}_1 &= x_2 + O(|x|^3 + |x|^2 V) \\ \dot{x}_2 &= V_1 x_1 + V_2 x_2 + \bar{a} x_1^2 + \bar{b} x_1 x_2 + O(|x|^3 + |x|^2 V) \end{aligned} \tag{3-136}$$

这里系数由上面定义,因此 $\bar{a}\bar{b} > 0$ 成立。

③ 方程(3-136)的分岔性质。时间再尺度化 $t \to (\bar{b}/\bar{a}) t$ 和坐标变换 $x_1 = (\bar{a}/\bar{b}^2) \eta_1, x_2 = (\bar{a}^2/\bar{b}^3) \eta_2$,系统(3-136)变为

$$\dot{\eta}_1 = \eta_2 + O(|\eta|^3 + |\eta|^2\beta) \tag{3-137}$$
$$\dot{\eta}_2 = \beta_1\eta_1 + \beta_2\eta_2 + \eta_1^2 + \eta_1\eta_2 + O(|\eta|^3 + |\eta|^2\beta)$$

其中,$\beta_1 = V_1(\bar{b}/\bar{a}^2)$;$\beta_2 = V_2(\bar{b}/\bar{a})$。

由分岔理论[4],我们知道方程(3-137)对小的$|\eta|$和$|\beta|$是局部拓扑,等价于如下系统,即

$$\dot{\eta}_1 = \eta_2, \quad \dot{\eta}_2 = \beta_1\eta_1 + \beta_2\eta_2 + \eta_1^2 + \eta_1\eta_2 \tag{3-138}$$

在文献[86]中,给出系统(3-138)的一个完整的分岔分析,(β_1, β_2)平面上的分岔曲线如下。

第一,$\beta_1 = 0$处原点经历了一个跨临界分岔。

第二,当$\beta_1 < 0, \beta_2 = 0$和当$\beta_1 > 0, \beta_2 = \beta_1$时,系统(3-138)沿着这些曲线出现了一个上临界 Hopf 分岔。

第三,当$\beta_1 < 0, \beta_2 = \dfrac{1}{7}\beta_1$和当$\beta_1 > 0, \beta_2 = \dfrac{6}{7}\beta_1$时,那里余维 1 的鞍点-回路分岔发生。

因为 $\det C \neq 0$,(β_1, β_2)平面上的分岔曲线在双射方式下相应于$(\varepsilon_1, \varepsilon_2)$平面上的曲线,如图 3.13 所示。

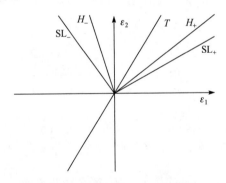

图 3.13　系统(3-138)的分岔图

第一,由 $\varepsilon_2 = -(C_1/C_2)\varepsilon_1 = (q_1^2(q_2+1)f''(\bar{u}_{bt})/(q_2+2)^2)\varepsilon_1$,给出跨临界分岔的曲线 T。

第二,上临界 Hopf 分岔的曲线 H_- 和 H_+ 为
$$\varepsilon_2 = -(q_1^2 f''(\bar{u}_{bt})/(q_2+2)^2\tau(\tau+2))((\tau+1)^2 + q_2 + 1)\varepsilon_1$$
$$\mathrm{sign}\,\varepsilon_1 = -\mathrm{sign}\,f''(\bar{u}_{bt})$$
$$\varepsilon_2 = (q_1^2(q_2+1)f''(\bar{u}_{bt})/(q_2+2))^2((q_2+3)(\tau+1)^2 + q_2 + 1)((\tau+1)^2 + q_2 + 1)\varepsilon_1$$
$$\mathrm{sign}\,\varepsilon_1 = \mathrm{sign}\,f''(\bar{u}_{bt})$$

第三,鞍点-回路分岔的曲线 SL_1 和 SL_T 为

$$\varepsilon_2 = -\frac{5}{2} q_1^2 (q_2+1) f''(\bar{u}_{bt})(((\tau+1)^2 + q_2+1)/(q_2+2)^2((7q_2+9)(\tau+1)^2$$
$$-5(q_2+1)))\varepsilon_1, \quad \mathrm{sign}\varepsilon_1 = -\mathrm{sign} f''(\bar{u}_{bt})$$

$$\varepsilon_2 = \frac{5}{2} q_1^2 (q_2+1) f''(\bar{u}_{bt})(((\tau+1)^2 + q_2+1)/(q_2+2)^2((7q_2+19)(\tau+1)^2$$
$$+5(q_2+1)))\varepsilon_1, \quad \mathrm{sign}\ \varepsilon_1 = \mathrm{sign}\ f''(\bar{u}_{bt})$$

(3) 定理 3.4 的证明

证明 在 $(Q,E)=(Q_{bt}, E_i(Q_{bt}))$ 充分小的附近,并且方程(3-120)的相应平衡点 $(\bar{u}_{bt,i}, f(\bar{u}_{bt,i})/(q_2+1))$,$i=1,2$,定理 3.5 提供了由方程(3-136)给出的在规范式下的二维常微分方程的缩减系统,表示中心流形中的流。借助文献[86],可以给出方程(3-136)的一个完整分岔分析。矩阵 C 的正规性提供了在 $(\varepsilon_1,\varepsilon_2)$ 平面上相应的分岔曲线(图 3.13)。因为在 $(\varepsilon_1,\varepsilon_2)$ 平面上的跨临界分岔曲线下对应于 (Q,E) 平面上鞍-结点分岔曲线 Sn_i,在 $(\varepsilon_1,\varepsilon_2)$ 平面上的两个 Hopf 分岔曲线 H_- 和 H_+ 相应于在 (Q,E) 平面上 Hopf 分岔的唯一的曲线 h_i,并且两个鞍点-回路分岔曲线 SL_- 和 SL_+ 相应于在 (Q,E) 平面上唯一的曲线 Sl_i。因此,获得了定理 3.4 的结果。∎

3.4.4 数值结果

下面,我们给出一个数值例子来阐明前几节的解析结果。由定理 3.4,我们知道 Bogdanov-Takens 奇异性提供了鞍点-循环分岔曲线的局部存在性(图 3.12),目的是在参数平面继续研究这些曲线,即在 (Q,E) 平面借助数值方法研究它们的性质,对于鞍点-循环(同缩)解的数值计算和它们在参数空间上的延拓可以应用下面的算法。

首先,逼近方程(3-118)同宿解的计算问题,是 R 上的一个边值问题,通过无限时间区间 R 截断到带适当边界条件的有限区间[87],那么在 R^2 中用 $M+1$ 个离散点,对每个 $\varphi \in C$,即

$$y_{-M} = \varphi(-\tau), y_{-M+1} = \varphi(-\tau+h), \cdots, y_0 = \varphi(0), \quad h := \frac{\tau}{M}$$

通过数值方案代替时滞微分方程,这个数值格式逼近方程(3-118)的解。在 R^2 中获得一个 $M+1$ 步差分方程,能够通过标准的技巧转化为维为 $2(M+1)$ 的一阶差分方程,即

$$z_n = F(z_{n-1}; Q,E), \quad z_0 \in R^{2(M+1)}$$

然后,对于上面的离散时间系统,我们计算它的同宿解,文献[88]的算法基于投影边界条件技巧[87]。对于同宿解的延拓起始点的获得按照 Bogdanov-Takens 奇异性的一个周期解到一个大的周期解。

　　为了减少计算同宿轨道的困难,我们从 Bogdanov-Takens 奇异性联接稳定流形与一维不稳定流形出现开始。

　　下面考虑方程(3-118),以及 $\alpha(u_1)=f(u_1)=\dfrac{1}{1+\exp(-4u_1)}-\dfrac{1}{2}$, $q_{11}=2.6$, $q_{21}=1.0$, $q_{22}=0.0$, $M<1.0$, $\tau=1.0$, $e_2=0.0$, 并且 $Q:=q_{21}$, $E:=e_1$ 作为分岔参数。由注 3.1 和引理 3.8,可以得到由函数 $E_1(Q)$ 和 $E_2(Q)$, $Q\in[0,Q_{csp}]$, $Q_{csp}=1.6$ 给出的鞍-结点分岔曲线 Sn_1 和 Sn_2 存在性。引理 3.7 和引理 3.9 给出了 $\tilde{E}_1(Q)$ 和 $\tilde{E}_2(Q)$,对于 $Q>Q_{bt}$, $Q_{bt}=1.3$ 参数化的 Hopf 分岔曲线 h_1 和 h_2。引理 3.8 保证了接近 Bogdanov-Takens 奇异性$(Q_{bt},E_1(Q_{bt}))$和$(Q_{bt},E_2(Q_{bt}))$的鞍点-循环(同宿)解的两条曲线 Sl_1 和 Sl_2 的局部存在性。我们利用数值方法继续讨论曲线 Sl_1 和 Sl_2,并且发现在鞍-结点分岔曲线 Sn_1 和 Sn_2(图 3.14)上,它们在点 Snl_1 和 Snl_2 结束。在 Snl_1 和 Snl_2,我们期望余维 2 的唯一同宿轨道到一个鞍-结点,这蕴含在不稳定流形开始的同宿轨道,当 $t\rightarrow+\infty$ 时又沿着中心流形,它的局部唯一稳定部分又返回到相应的鞍-结点,进而有一个 Sl_1 和 Sl_2 唯一相交点 dl(图 3.14),对于相同鞍点的两个同宿轨道强制存在。类似数值结果对于方程(3-118)在 $\tau=0$ 和 $q_{22}=0$ 的情形可见文献[89]。

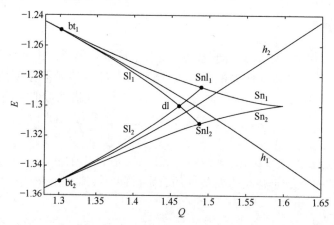

图 3.14　包含鞍-结点分岔 Sn_1 和 Sn_2,Hopf 分岔 h_1 和 h_2,以及鞍点循环分岔 Sl_1 和 Sl_2 的分岔图

3.5　带两个不同时滞的神经系统模型的稳定性与分岔

3.5.1　模型的引入与它的局部线性分析

　　神经系统在多时滞情形的动态可能更为复杂和有趣,同时对于大规模系统动态行为的透彻分析是困难的。因此,众多研究者将注意力集中在简单的模型研究,

以便为大规模系统的研究提供指导。

考虑带两个时滞的神经网络模型，即

$$\begin{cases} \dot{u}_1(t) = -u_1(t) + a_{11}f(u_1(t-\tau_1)) + a_{12}f(u_2(t-\tau_2)) \\ \dot{u}_2(t) = -u_2(t) + a_{21}f(u_1(t-\tau_1)) + a_{22}f(u_2(t-\tau_2)) \end{cases} \quad (3\text{-}139)$$

假设 $f \in C^2(R)$，$f(0) = 0$，且 $uf(u) > 0$，当 $u \neq 0$ 时，$(0,0)$ 是方程(3-139)的平衡点，可以线性化为

$$\begin{cases} \dot{u}_1(t) = -u_1(t) + \alpha_{11}u_1(t-\tau_1) + \alpha_{12}u_2(t-\tau_2) \\ \dot{u}_2(t) = -u_2(t) + \alpha_{21}u_1(t-\tau_1) + \alpha_{22}u_2(t-\tau_2) \end{cases} \quad (3\text{-}140)$$

其中，$\alpha_{ij} = a_{ij}f'(0)$，$i,j = 1,2$。

方程(3-140)相应的特征方程为

$$\det \begin{bmatrix} \lambda + 1 - \alpha_{11}e^{-\lambda\tau_1} & -\alpha_{12}e^{-\lambda\tau_2} \\ -\alpha_{21}e^{-\lambda\tau_1} & \lambda + 1 - \alpha_{22}e^{-\lambda\tau_2} \end{bmatrix} = 0$$

这个特征方程确定了平衡解的局部稳定性，后者是稳定的，当且仅当特征根 λ 有负实部，即

$$(\lambda+1)^2 - (\lambda+1)(\alpha_{11}e^{-\lambda\tau_1} + \alpha_{22}e^{-\lambda\tau_2}) + (\alpha_{11}\alpha_{22} - \alpha_{12}\alpha_{21})e^{-\lambda(\tau_1+\tau_2)} = 0$$

$$(3\text{-}141)$$

下面，我们将发现一些条件保证方程(3-141)的所有根有负实部。为了方便，首先引入一些记号[90,91]，即

$$D = \alpha_{11}\alpha_{22} - \alpha_{12}\alpha_{21}, \quad T = \frac{1}{2}(\alpha_{11}\alpha_{22}) \quad (3\text{-}142)$$

那么方程(3-141)变为

$$(\lambda+1)^2 - (\lambda+1)(\alpha_{11}e^{-\lambda\tau_1} + \alpha_{22}e^{-\lambda\tau_2}) + De^{-\lambda(\tau_1+\tau_2)} = 0 \quad (3\text{-}143)$$

记

$$a = 2 - \alpha_{11}, \quad b = -\alpha_{22}, \quad c = 1 - \alpha_{11}, \quad d = D - \alpha_{22}$$

当 $\tau_1 = 0$ 时，方程(3-143)变为

$$\lambda^2 + a\lambda + b\lambda e^{-\lambda\tau_2} + c + de^{-\lambda\tau_2} = 0 \quad (3\text{-}144)$$

为了方便起见，我们作出如下假设。

（H_1）　$T^2 - D \leqslant 0$。

（H_2）　$T^2 - D > 0$。

（H_3）　$c^2 < d^2$。

（H_4）　$c^2 > d^2$，$b^2 - a^2 + 2c > 0$，且 $(b^2 - a^2 + 2c)^2 > 4(c - d^2)$。

（H_5）　（H_3）与（H_4）均不满足。

显然，当 $\tau_1 = \tau_2 = 0$ 时，方程(3-139)变成常微分方程组，如果（H_1）成立，那么

方程(3-143)的所有根有负实部,当且仅当 $T<1$;如果(H_2)成立,那么方程(3-143)的所有根有负实部,当且仅当 $T<1$ 且 $D>2T-1$。

为了研究特征方程(3-143)带两个时滞的情形,首先考虑方程(3-144)带一个时滞 τ_2 的情形,用 τ_2 作为分岔参数并利用 Rouche 定理[69],对于 τ_2 的稳定区间,方程(3-144)的所有根有负实部。然后,考虑方程(3-143)具有 τ_2 在它的稳定区间,用 Rouche 定理于第二个时滞,且这次考虑 τ_1 作为参数,对于 τ_1 的稳定性区间(依赖于 τ_2),这是特征方程(3-143)的稳定区间。

当 $\tau_1=0$ 时,即方程(3-144)应用文献[69]的引理,可以获得下面的结果。

引理 3.11　对于方程(3-144),我们有

① 如果(H_3)成立,且 $\tau_2=\tau_{2,n}^{(1)}$,那么方程(3-144)有一对纯虚根 $\pm i\omega_+$。

② 如果(H_4)成立,且 $\tau_2=\tau_{2,n}^{(1)}$(分别有 $\tau_2=\tau_{2,n}^{(2)}$),那么(3-144)有一对纯虚根 $\pm i\omega_+$(分别有 $\pm i\omega_-$)。

③ 如果(H_5)成立,且 $\tau_2>0$,那么方程(3-144)没有纯虚根,这里

$$\omega_\pm^2=\frac{1}{2}(b^2-a^2+2c)\pm\left[\frac{1}{4}(b^2-a^2+2c)-(c^2-d^2)\right]^{1/2}$$

$$\tau_{2,n}^{(1)}=\frac{1}{\omega_+}\cos^{-1}\left\{\frac{d(\omega_+{}^2-c)-\omega_+ab}{b^2\omega_+{}^2+d^2}\right\}+\frac{2n\pi}{\omega_+}$$

$$\tau_{2,n}^{(2)}=\frac{1}{\omega_-}\cos^{-1}\left\{\frac{d(\omega_-{}^2-c)-\omega_-{}^2ab}{b^2\omega_-{}^2+d^2}\right\}+\frac{2n\pi}{\omega_-},\quad n=0,1,\cdots\quad(3\text{-}145)$$

记

$$\lambda_{k,n}=\alpha_{k,n}(\tau_2)+i\omega_{k,n}(\tau_2),\quad k=1,2,\quad n=0,1,2,\cdots$$

那么方程(3-144)的根满足

$$\alpha_{1,n}(\tau_{2,n}^{(1)})=0,\quad \omega_{1,n}(\tau_{2,n}^{(1)})=\omega_+$$

和

$$\alpha_{2,n}(\tau_{2,n}^{(2)})=0,\quad \omega_{2,n}(\tau_{2,n}^{(2)})=\omega_-$$

要看 $\tau_{2,n}^{(1)}$ 和 $\tau_{2,n}^{(2)}$ 是否是分岔值,需要证实横截性条件是否成立。

引理 3.12　下面的横截性条件是满足的,即

$$\frac{d\mathrm{Re}\lambda_{1,n}(\tau_{2,n}^{(1)})}{d\tau_2}>0,\quad \frac{d\mathrm{Re}\lambda_{2,n}(\tau_{2,n}^{(2)})}{d\tau_2}<0$$

因此,我们知道方程(3-144)的特征根的分布。

引理 3.13　对于方程(3-144),我们有下面的结果。

① 如果(H_3)满足,且或者满足(H_1)和 $T<1$,或者满足(H_2),$T<1$ 和 $D>2T-1$,那么当 $\tau_2\in[0,\tau_{2,0}^{(1)})$ 时,方程(3-144)的所有根有负实部,且当 $\tau_2>\tau_{2,0}^{(1)}$ 时,方程(3-144)至少有一个具有正实部的根。

② 如果(H_4)满足,且满足(H_1)或者(H_2),那么有从稳定到不稳定的 K 个转

换,即当 $\tau_2 \in (\tau_{2,n}^{(2)}, \tau_{2,n+1}^{(1)})$, $n = -1, 0, 1, \cdots, k-1$ 时,方程(3-144)的所有根有负实部;$\tau_{2,-1}^{(2)} = 0$,且当 $\tau_2 \in [\tau_{2,n}^{(1)}, \tau_{2,n}^{(2)})$ 和 $\tau_2 > \tau_{2,k}^{(1)}$, $n = -1, 0, 1, \cdots, k-1$ 时,方程(3-144)至少有一个根具有正实部。

下面考虑方程(3-143)具有 τ_2 在它的稳定区间,考虑 τ_1 作为参数,我们有如下引理。

引理 3.14 如果方程(3-144)的所有根有负实部,那么存在 $\tau_1(\tau_2) > 0$,使得当 $\tau_1 \in [0, \tau_1(\tau_2))$ 时,方程(3-141)的所有根有负实部。

证明 注意方程(3-144)没有具有非负实部的根,方程(3-141)在 $\tau_1 = 0$ 时也没有非负实部的根,考虑 τ_1 作为参数,显然方程(3-141)的左边关于 λ 和 τ_1 是解析的。

类似于文献[69]引理的证明,设 $f(\lambda, \tau_1, \tau_2) = \lambda^2 + a_1\lambda + a_2\lambda e^{-\lambda\tau_2} + a_3\lambda e^{-\lambda\tau_2} + b_1\lambda e^{-\lambda\tau_1} + b_2\lambda e^{-\lambda\tau_1} + c$,这里 $a_1, a_2, a_3, b_1, b_2, c, \tau_1, \tau_2$ 是实数,$\tau_1 \geq 0$ 和 $\tau_2 \geq 0$,那么当 τ_1 变化时,f 在右半开平面零点的重数之和可能改变,仅当它的一个零点出现或穿过虚轴。

应用这个结论并注意到方程(3-141)在 $\tau_1 = 0$ 时,没有非负实部的根,我们得到存在 $\tau_1^0 > 0$ 使方程(3-141)的所有根在 $\tau_1 \in [0, \tau_1^0)$ 时有负实部,证明完成。   ■

概括上面的引理,特征方程(3-143)有负实部的充分条件是下面的定理。

定理 3.6 假设(H$_1$)或(H$_2$)满足。

① 如果(H$_3$)成立,那么对于所有 $\tau_2 \in [0, \tau_{2,0}^{(1)})$,存在 $\tau_1(\tau_2) > 0$,使得当 $\tau_1 \in [0, \tau_1(\tau_2))$ 时,方程(3-141)的所有根有负实部。

② 如果(H$_4$)成立,那么对任意 $\tau_2 \in \bigcup_{n=-1}^{k-1} (\tau_{2,n}^{(2)}, \tau_{2,n+1}^{(1)})$,存在 $\tau_1(\tau_2) > 0$,使得当 $\tau_1 \in [0, \tau_1(\tau_2))$ 时,方程(3-141)的所有根有负实部,这里 $\tau_{2,j}^{(1)}$ 和 $\tau_{2,j}^{(2)}$ 分别由方程(3-145)定义,且 $\tau_{2,-1}^{(2)} = 0$。

③ 如果(H$_5$)成立,那么对于任意 $\tau_2 \geq 0$,存在 $\tau_1(\tau_2) > 0$,使得当 $\tau_1 \in [0, \tau_1(\tau_2))$ 时,方程(3-141)的所有根有负实部。

应用定理 3.6,我们可以获得系统(3-141)局部稳定性的充分条件。

3.5.2 无自联接的神经网络

在网络中没有自联接,即 $a_{11} = a_{22} = 0$,系统(3-139)变为

$$\begin{cases} \dot{u}_1(t) = -u_1(t) + a_{12}f(u_2(t-\tau_2)) \\ \dot{u}_2(t) = -u_2(t) + a_{21}f(u_1(t-\tau_1)) \end{cases} \tag{3-146}$$

且特征方程(3-146)变为

$$\lambda^2 + 2\lambda - \alpha_{21}e^{-\lambda\tau} + 1 = 0 \tag{3-147}$$

其中,$\tau = \tau_1 + \tau_2$。

考虑时滞和 $\tau = \tau_1 + \tau_2$ 作为参数给出一些条件,通过分离 (τ_1, τ_2) 平面,系统为

两个部分,即一个是稳定域,另一个是不稳定域,且边界是 Hopf 分岔曲线。首先考虑特征方程(3-147)。

引理 3.15　假设

$$\alpha_{12}\alpha_{21} < -1 \tag{3-148}$$

那么,我们有

① 当 $\tau = \tau^j \overset{\text{def}}{=\!=\!=} \dfrac{1}{\omega_0}\Big[\sin^{-1}\Big(-\dfrac{2\omega_0}{\alpha_{12}\alpha_{21}}\Big)+2j\pi\Big], \quad j=0,1,2,\cdots$ (3-149)

方程(3-147)有一对纯虚根 $\pm i\omega_0(\omega_0>0)$,这里 $\omega_0 = \sqrt{|\alpha_{12}\alpha_{21}|-1}$。

② 对于 $\tau \in [0,\tau^0)$,方程(3-147)的所有根有严格负实部。

③ 当 $\tau = \tau^0$ 时,方程(3-147)有一对纯虚根 $\pm i\omega_0$,并且所有其他根有严格负实部。

证明　$\pm i\omega_0(\omega_0>0)$ 是方程(3-147)的一对纯虚根,当且仅当 ω_0 满足

$$-\omega^2+i2\omega-\alpha_{12}\alpha_{21}\cos\omega\tau+i\alpha_{12}\alpha_{21}\sin\omega\tau+1=0$$

分离实部和虚部有

$$\begin{cases} \omega^2-1=-\alpha_{12}\alpha_{21}\cos\omega\tau \\ 2\omega=-\alpha_{12}\alpha_{21}\sin\omega\tau \end{cases} \tag{3-150}$$

由方程(3-150)有 $\omega^4+2\omega^2+1=\alpha_{12}{}^2\alpha_{21}{}^2$,因此 $\omega^2=-1\pm|\alpha_{12}\alpha_{21}|$,即 $\omega=\sqrt{|\alpha_{12}\alpha_{21}|-1}$。显然,如果 $|\alpha_{12}\alpha_{21}|>1,\omega$ 是选定的。记 $\omega_0=\sqrt{|\alpha_{12}\alpha_{21}|-1}$,设

$$\tau^j=\frac{1}{\omega_0}\Big[\sin^{-1}\Big(-\frac{2\omega_0}{\sqrt{|\alpha_{12}\alpha_{21}|-1}}\Big)+2j\pi\Big], \quad j=0,1,2,\cdots$$

由方程(3-150),我们知道方程(3-147)在 $\tau=\tau^j(j=0,1,\cdots)$ 有一对纯虚根 $\pm i\omega_0$,它是单重根。

考虑方程(3-147)在 $\tau=0$ 情形,即

$$\lambda^2+2\lambda+(1-\alpha_{12}\alpha_{21})=0 \tag{3-151}$$

显然,方程(3-151)的所有根有负实部,应用文献[69]的引理,我们可以获得结论②和③,这就完成了证明。　∎

由引理 3.15 似乎 $\tau^j(j=0,1,2,\cdots)$ 是分岔值,实际上有如下引理。

引理 3.16　记 $\lambda_j(\tau)=\alpha_j(\tau)+i\omega_j(\tau)$ 为方程(3-147)的根,满足 $\alpha_j(\tau^j)=0$,$\omega_j(\tau^j)=\omega_0,j=0,1,\cdots$,我们有下列的横截性条件,即 $\dfrac{\mathrm{d}\mathrm{Re}\lambda_j(\tau^j)}{\mathrm{d}\tau}>0$。

实际上直接计算下式,即

$$\frac{\mathrm{d}\mathrm{Re}\lambda_j(\tau^j)}{\mathrm{d}\tau}=\frac{2\omega_0^2(\omega_0^2+1)}{\Delta}$$

其中,$\Delta=(2+\alpha_{12}\alpha_{21}\tau^j\cos\omega_0\tau^j)^2+(2\omega_0-\alpha_{12}\alpha_{21}\tau^j\sin\omega_0\tau^j)^2$。

由引理 3.16,我们可以获得下面的引理。

引理 3.17　假设方程(3-148)满足,且 $\tau > \tau_0$,那么方程(3-147)至少有一个根具有严格正实部。

实际上,由文献[69]的引理和引理 3.16,我们可以看出,当 $\tau \in (\tau^j, \tau^{j+1})$ 时,方程(3-147)有 $2(j+1)$ 个根具有正实部。

由引理 3.15~引理 3.17,关于系统(3-146)的稳定性与分岔,我们有下面的结果。

定理 3.7　对于系统(3-146),如果 $\tau \in [0, \tau^0)$,那么方程(3-146)的零解是渐近稳定的;如果 $\tau > \tau^0$,那么方程(3-146)的零解是不稳定的;$\tau^j (j=0,1,2,\cdots)$ 是方程(3-146)的 Hopf 分岔值。

3.5.3　Hopf 分岔的方向与稳定性

上节我们获得保证带两个时滞的无自联接神经网络模型在某个 $\tau = \tau_1 + \tau_2$ 的值经历 Hopf 分岔的一些条件。下面研究分岔周期解的方向、稳定性与周期,方法采用规范形式与中心流形定理[1]。

由引理 3.15 和引理 3.16 的结论,我们知道如果 $\alpha_{12}\alpha_{21} = a_{12}a_{21}(f'(0))^2 < -1$,那么方程(3-147)的所有根除了 $\pm i\omega$ 外均有负实部,且 $\lambda(\tau) = \alpha(\tau) + i\omega(\tau)$。方程(3-147)的根满足 $\alpha(\tau^0) = 0, \omega(\tau^0) = \omega_0$ 有如下性质,即

$$\frac{d\alpha(\tau^0)}{d\tau} > 0$$

为了方便起见,设 $\tau = \tau^0 + \mu, \mu \in R$,那么 $\mu = 0$ 是方程(3-146)的 Hopf 分岔值。不失一般性,假设 $\tau_1^0 > \tau_2^0$,且 $|\mu| \leqslant \tau_1^0 - \tau_2^0$,因为分析是局部的,这里 $\tau^0 = \tau_1^0 + \tau_2^0$,且 $\tau = \tau_1^0 + (\tau_2^0 + \mu)$。选择相空间为 $C = C([-\tau_1^0, 0], R^2)$。假设函数满足

(P_1)　$f \in C^3(R), uf(u) \neq 0, \quad u \neq 0$。

对于方程(3-146),根据函数 $\tanh(\mu)$ 的性质,关于 f 我们作出下面的假设,即

(P_2)　$f'(0) \neq 0, f''(0) = 0$,且 $f'''(0) \neq 0$。

经过繁复的计算,可以得到如下主要结果。

定理 3.8　如果(P_1)~(P_2)满足,且 $a_{12}a_{21}[f'(0)]^2 < -1$,那么存在 $\tau^0 > 0$,当 $\tau = \tau_1 + \tau_2 \in [0, \tau^0)$ 时,方程(3-146)的零解是渐近稳定的;当 $\tau = \tau^0$ 时,方程(3-146)经历了一个 Hopf 分岔,Hopf 分岔的方向和分岔周期解的稳定性是由 $\mathrm{sign}\, f'''(0)/f'(0)$ 确定。实际上,如果 $\mathrm{sign}(f'''(0)/f'(0)) < 0 (>0)$,那么 Hopf 分岔是上临界的(下临界的),并且分岔周期解是轨道渐近稳定的(不稳定的)。

3.5.4　用 Poincaré-Lindstedt 方法分析的结果

考虑 $\tau_1 = \tau_2 = \tau$,并且寻找计算近似周期解轨道与周期。为了达到此目的,应

用 Poincaré-Lindstedt 方法[92]，因为上临界 Hopf 分岔出现在 $\tau = \tau_0$，假设新的周期状态的振幅和频率关于 $\varepsilon = \sqrt{\tau - \tau_0}$ 是解析的，并且展开它们为

$$u(t) = \varepsilon U(t) = \varepsilon [U^{(0)}(t) + \varepsilon U^{(1)}(t) + \cdots]$$
$$\omega(\varepsilon) = \omega_0 + \varepsilon \omega_1 + \varepsilon^2 \omega_2 + \cdots \tag{3-152}$$

可以方便地再尺度化这些函数的分量，以便它们成为具有周期为 2π 的函数，因此引入新的独立变量 ξ，即

$$\xi = \omega(\varepsilon) t \tag{3-153}$$

并记

$$U(t) = V(\xi) \tag{3-154}$$

应用扰动展式(3-152)于系统(3-146)，并完成方程(3-153)和方程(3-154)的变换，有

$$\omega(\varepsilon) \frac{dV_1(\xi)}{d\xi} = -V_1(\xi) + \frac{a_1}{\xi} \tanh\{\varepsilon V_2[\xi - \alpha(\xi)]\}$$
$$\omega(\varepsilon) \frac{dV_2(\xi)}{d\xi} = -V_2(\xi) + \frac{a_2}{\xi} \tanh\{\varepsilon V_1[\xi - \alpha(\xi)]\} \tag{3-155}$$

其中

$$\alpha(\varepsilon) = \omega(\varepsilon)\tau = \omega_0 \tau_0 + \varepsilon \omega_1 \tau_0 + \varepsilon^2 (\omega_0 + \omega_2 \tau_0) + \cdots \tag{3-156}$$

时滞变量 $V_{1/2}[\xi - \alpha(\xi)]$ 可以写为

$$V[\xi - \alpha(\xi)] = V^0(\xi, \alpha) + \varepsilon V^1(\xi, \alpha) + \cdots \tag{3-157}$$

相应于方程(3-152)的展式，等价于

$$V(\xi) = V^0(\xi) + \varepsilon V^1(\xi) + \cdots \tag{3-158}$$

考虑方程(3-157)，$V(\xi, \alpha)$ 展式中的每一项可用 Taylor 展开，即

$$V^{(j)}(\xi, \alpha) = V^{(j)}(\xi - \omega_0 \tau_0) - \varepsilon \omega_1 \tau_0 \left. \frac{dV^{(j)}(\xi')}{d\xi'} \right|_{\xi' = \xi - \omega_0 \tau_0} + \cdots \tag{3-159}$$

应用对于 $V(\xi)$ 和 $V(\xi - \alpha)$ 的展式于方程(3-155)和方程(3-156)，我们可以获得关于 ε 的零阶情形，即

$$\frac{dV_1^{(0)}(\xi)}{d\xi} = -\frac{V_1^{(0)}(\xi)}{\omega_0} + \frac{a_1}{\omega_0} V_2^{(0)}(\xi - \omega_0 \tau_0)$$
$$\frac{dV_2^{(0)}(\xi)}{d\xi} = -\frac{V_2^{(0)}(\xi)}{\omega_0} + \frac{a_2}{\omega_0} V_1^{(0)}(\xi - \omega_0 \tau_0) \tag{3-160}$$

在周期解 $V^{(0)}(\xi)$ 上强制初始条件 $V_1^{(0)}(0) = A_0$，$V_2^{(0)}(0) = B_0$，我们发现齐次微分方程(3-160)的一般解为

$$V_1^{(0)}(\xi) = A_0 \cos\xi + B_0 a_1 \sin(\omega_0 \tau_0) \sin\xi$$
$$V_2^{(0)}(\xi) = B_0 \cos\xi - \frac{A_0}{a_1 \sin(\omega_0 \tau_0)} \sin\xi \tag{3-161}$$

方程(3-155)的周期解 $V(\xi)$ 仅取决于任意的相位。不失一般性,在方程(3-161)中选取 $B_0=0$,固定零阶解的相位,至少达到 π 的转移。

一般地,对于阶 ε^n,我们必须解下面的微分方程,即

$$\frac{\mathrm{d}V_1^{(n)}(\xi)}{\mathrm{d}\xi}=-\frac{V_1^{(n)}(\xi)}{\omega_0}+\frac{a_1}{\omega_0}V_2^{(n)}(\xi-\omega_0\tau_0)+f_1^{(n)}(\xi)$$

$$\frac{\mathrm{d}V_2^{(n)}(\xi)}{\mathrm{d}\xi}=-\frac{V_2^{(n)}(\xi)}{\omega_0}+\frac{a_2}{\omega_0}V_1^{(n)}(\xi-\omega_0\tau_0)+f_2^{(n)}(\xi)$$

$$(3\text{-}162)$$

非齐次项 $f^{(n)}(\xi)$ 由前次阶的解确定。因为需要解 $V^{(n)}(\xi)$ 关于具有周期 2π 的周期解,我们能够对非齐次项 $f^{(n)}(\xi)$ 强制某些条件,这就需要 $f^{(n)}(\xi)$ 不包含对于 $V^{(n)}(\xi)$ 导致非周期解的项,即 $f^{(n)}(\xi)$ 不包含永年项。为了识别 $f^{(n)}(\xi)$ 必须满足的条件,我们将 $V^{(n)}(\xi)$ 和 $f^{(n)}(\xi)$ 展开为傅里叶级数,即

$$\begin{bmatrix}V_1^{(n)}(\xi)\\V_2^{(n)}(\xi)\end{bmatrix}=\sum_{k=1}^{\infty}\left[\begin{bmatrix}a_{1,k}^{(n)}\\a_{2,k}^{(n)}\end{bmatrix}\cos k\xi+\begin{bmatrix}b_{1,k}^{(n)}\\b_{2,k}^{(n)}\end{bmatrix}\sin k\xi\right]\qquad(3\text{-}163)$$

$$\begin{bmatrix}f_1^{(n)}(\xi)\\f_2^{(n)}(\xi)\end{bmatrix}=\sum_{k=1}^{\infty}\left[\begin{bmatrix}\alpha_{1,k}^{(n)}\\\alpha_{2,k}^{(n)}\end{bmatrix}\cos k\xi+\begin{bmatrix}\beta_{1,k}^{(n)}\\\beta_{2,k}^{(n)}\end{bmatrix}\sin k\xi\right]\qquad(3\text{-}164)$$

将方程(3-163)和方程(3-164)代入方程(3-162),我们发现在非齐次项 $f^{(n)}(\xi)$ 具有 $k=1$ 的项的系数必须满足如下条件,即

$$a_2\sin(\omega_0\tau_0)\alpha_{1,1}^{(n)}+\beta_{2,1}^{(n)}=0$$

$$\alpha_{2,1}^{(n)}-a_2\sin(\omega_0\tau_0)\beta_{1,1}^{(n)}=0$$

$$(3\text{-}165)$$

这两个条件的取法可以参见文献[92]的附录。

考虑一般结果后,现在考虑方程(3-155)的一阶展式。考虑方程(3-161),且选 $B_0=0$,可以获得非齐次项 $f^{(1)}$,即

$$f_1^{(1)}(\xi)=A_0\omega_1\left(\tau_0\cos\xi+\frac{1+\tau_0}{\omega_0}\sin\xi\right)$$

$$f_2^{(1)}(\xi)=A_0\omega_1\left(\frac{a_2(1+\tau_0)}{\omega_0}\sin(\omega_0\tau_0)\cos\xi+\frac{\tau_0}{a_1\sin(\omega_0\tau_0)}\sin\xi\right)\quad(3\text{-}166)$$

因此,根据条件(3-165),我们必须要求

$$-\frac{2A_0\omega_1\tau_0}{a_1\sin^2(\omega_0\tau_0)}=0,\quad-\frac{4A_0\omega_1(1+\tau_0)}{a_1\sin(2\omega_0\tau_0)}=0\qquad(3\text{-}167)$$

因此,有 $A_0=0$ 或 $\omega_1=0$。如果取 $A_0=0$,则仅获得平凡解,取 $\omega_1=0$,并且系数 A_0 还需确定,那么对于解 $V^{(1)}(\xi)$ 可由下面齐次系统的解给出,即

$$V_1^{(1)}(\xi)=A_1\cos\xi$$

$$V_2^{(1)}(\xi)=-\frac{A_1}{a_1\sin(\omega_0\tau_0)}\sin\xi$$

$$(3\text{-}168)$$

其中,A_1 在高阶项确定。

当考虑零阶和一阶结果时,展开方程(3-155)到阶 ε^2,我们可以获得如展式(3-164)的非齐次项 $f^{(2)}(\xi)$,对于第一个分量,有

$$\alpha_{1,1}^{(2)} = -\frac{A_0^3(1+\omega_0^2)}{4a_1^2\omega_0} + A_0(\omega_0 + \tau_0\omega_2)$$

$$\beta_{1,1}^{(2)} = \frac{A_0^3(1+\omega_0^2)}{4a_1^2} + \frac{A_0(1+\tau_0)\omega_2}{\omega_0} + A_0$$

$$\alpha_{1,3}^{(2)} = \frac{A_0^3(3\omega_0^2-1)}{12a_1^2}$$

$$\beta_{1,3}^{(2)} = \frac{A_0^3(3-\omega_0^2)}{12a_1^2}$$

对第二个分量,有

$$\alpha_{2,1}^{(2)} = -a_2\sin(\omega_0\tau_0)\left[\frac{A_0^3}{4} + \frac{A_0(1+\tau_0)\omega_0}{\omega_0} + A_0\right]$$

$$\beta_{2,1}^{(2)} = -a_2\sin(\omega_0\tau_0)\left[\frac{A_0^3}{4\omega_0} + A_0(\omega_0 + \tau_0\omega_2)\right]$$

$$\alpha_{2,3}^{(2)} = -a_2\sin(\omega_0\tau_0)\frac{A_0^3}{12}\left[2\cos(2\omega_0\tau_0)-1\right]$$

$$\beta_{2,3}^{(2)} = -a_2\sin(\omega_0\tau_0)\frac{A_0^3}{12\omega_0}\left[2\cos(2\omega_0\tau_0)+1\right]$$

所有其他系数为零。强制条件(3-165)于非齐次项 $f^{(2)}(\xi)$,我们可以获得方程组,即

$$A_0^2(1+a_1^2+\omega_0^2) - 8a_1^2\omega_0(\omega_0 + \omega_2\tau_0) = 0$$

$$A_0^2\omega_0(1+a_1^2+\omega_0^2) + 8a_1^2\omega_0 + 8a_1^2(1+\tau_0)\omega_2 = 0$$

它的解为

$$\omega_2 = -\frac{\omega_0 + \omega_0^3}{1+\tau_0+\tau_0\omega_0^2}$$

$$A_0 = \pm\sqrt{\frac{8a_1^2\omega_0^2}{(1+a_1^2+\omega_0^2)(1+\tau_0+\omega_0^2\tau_0)}}$$

选择 A_0 的符号为正确定性地固定零阶解的相位。这个程序容易推广到高阶情形,对于角频率 ω_n 校正和极限环 $V^{(n)}(\xi)$ 的展式仅偶数阶项导致非零项。展开方程(3-155)到阶 ε^{2n},我们可以从条件(3-155)发现 $A_{2(n-1)}$ 和 ω_{2n}。

3.6 带多个时滞的两个耦合神经元系统

3.6.1 引言

本节研究时滞不仅影响网络不动点的稳定性,而且当稳定性失去时而出现分

岔。因此,考虑包含两个相同神经元的系统,且它们用非线性时滞耦合相联接(图
3.15)。按照 Hopfield 的方法[31],每个独立单元为一个具有线性电阻和线性电容
的电路,那么一个非线性反馈项的引入将导致下面的一阶时滞微分方程,即

$$\dot{x}_j(t) = -kx_j(t) + \beta\tanh(x_j(\tau - \tau_s)) \tag{3-169}$$

其中,x_j 表示神经元的电压;k 是电容对电阻的比;β 和 τ_s 分别是反馈强度和时滞,
β 可取任意值;对于物理上的模型,k 和 τ_s 应是非负的。

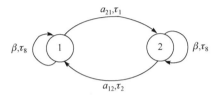

图 3.15　模型结构

方程(3-169)已由许多学者进行了研究,如文献[93],[94]的作者,他们证明
了对于 $-k < \beta < k$,平凡解是稳定的,且与时滞大小无关,对于 $\beta < -k$ 和 $\tau_s > 1/$
$\sqrt{\beta^2 - k^2}\arccos(\dfrac{k}{\beta})$,系统有一个极限环。因此,通过恰当地变化参数,这个相当简
单的模型可以产生一个神经元的两个基本状态,即静止和周期放电。

用非线性时滞联接来耦合(3-169),可以导出下面的系统,即

$$\begin{cases} \dot{x}_1(t) = -kx_1(t) + \beta\tanh(x_1(\tau - \tau_s)) + a_{12}\tanh(x_2(t - \tau_2)) \\ \dot{x}_2(t) = -kx_2(t) + \beta\tanh(x_2(\tau - \tau_s)) + a_{21}\tanh(x_1(t - \tau_1)) \end{cases} \tag{3-170}$$

我们称 τ_1 和 τ_2 为联接时滞,且 a_{12} 和 a_{21} 为联接强度。对于物理上的模型,τ_1 和 τ_2
应为非负的,但 a_{12} 和 a_{21} 无限制。当相应的联接强度为正时,我们称为联接或反馈
是兴奋的;当相应的联接强度为负时,则称联接或反馈是抑制的。

正如前面提到的,我们的目的是研究时滞耦合对系统动态行为的影响。当独
立的神经元是在静止状态或是周期放电状态时,模型允许我们研究这种影响。进
而,模型的简洁性允许深入分析,在观察行为的后面给出洞察的可能机理。

本节的安排是在 3.6.2 节,考虑方程(3-170)的线性稳定性,并给出一些关于
平凡解的稳定性域的定理。3.6.3 节讨论稳定性失去后可能出现的分岔。3.6.4
节证明这些分岔之间相互作用怎样导致系统的多稳定性。最后,讨论获得的结果
在神经网络领域里的含义。

3.6.2　线性稳定性分析

通过观察,$(x_1, x_2) = (0, 0)$ 是非线性时滞微分方程(3-170)的不动点。方
程(3-170)在平凡不动点线性化为

$$\begin{cases} \dot{\eta}_1(t) = -k\eta_1(t) + \beta\eta_1(t-\tau_s) + a_{12}\eta_2(t-\tau_2) \\ \dot{\eta}_2(t) = -k\eta_2(t) + \beta\eta_2(t-\tau_s) + a_{21}\eta_1(t-\tau_1) \end{cases} \tag{3-171}$$

系统(3-171)的特征方程为

$$[(\lambda+k) - \beta e^{-\lambda\tau_s}]^2 - a_{12}a_{21}e^{-\lambda(\tau_1+\tau_2)} = 0 \tag{3-172}$$

定义

$$\tau = \frac{\tau_1+\tau_2}{2}$$

特征方程(3-172)有效地变为平方差,且可以简化为

① 对于 $a_{12}a_{21} > 0$

$$\Delta_+(\lambda)\Delta_-(\lambda) \equiv (\lambda+k-\beta e^{-\lambda\tau_s}+\gamma e^{-\lambda\tau})(\lambda+k-\beta e^{-\lambda\tau_s}-\gamma e^{-\lambda\tau}) = 0 \tag{3-173}$$

其中,$\gamma = \sqrt{a_{12}a_{21}}$。

② 对于 $a_{12}a_{21} < 0$

$$\Delta_+(\lambda)\Delta_-(\lambda) \equiv (\lambda+k-\beta e^{-\lambda\tau_s}+i\bar{\gamma}e^{-\lambda\tau})(\lambda+k-\beta e^{-\lambda\tau_s}-i\bar{\gamma}e^{-\lambda\tau}) = 0 \tag{3-174}$$

其中,$\bar{\gamma} = \sqrt{-a_{12}a_{21}}$。

方程(3-173)与方程(3-174)的分析是相同的,因此大多数将集中于特征方程(3-173)。最后,我们讨论将获得的结果怎样扩展或修正到方程(3-174)。

众所周知,非线性时滞系统(3-170)的平凡不动点是局部渐近稳定的,特征方程(3-173)的所有根 λ 满足 $\text{Re}(\lambda) < 0$ 是否成立将依赖于参数 β、k、γ、τ_s、τ 的值。我们的目的就是描述特征方程(3-173)的特征值有负实部所依赖的参数值的这个 5 维参数空间的最大子空间,我们称这个子集为平凡不动点的稳定域。

因为方程(3-173)有无穷多个复数根,不可能研究每个根以独立确定在参数空间的哪里它有负实部。相反,我们进行下面的工作,建立关于参数的各种条件,在什么情形下方程(3-173)的任何根一定有负实部。在定理 3.9 和定理 3.10 给出的这些条件描述了完整的稳定域的一个子集。为了比较,定理 3.11 建立了参数空间的一个子集,它并不包含在稳定性域。此外,我们证明了定理 3.9 和定理 3.10 怎样扩展到给出完整的稳定域。特别地,定理 3.12 描述了完整稳定域的边界,并且定理 3.13 和定理 3.14 建立了特征方程(3-173)根的实部穿过稳定性域边界是怎样变化的。最后,定理 3.15、定理 3.16 和定理 3.17 通过描述 5 维稳定性域的各种二维部分。

1. 稳定性域的子集

下面两个定理建立了完整的稳定性域的子集。

定理 3.9　如果参数满足 $0 < \gamma < k - |\beta|$，$\tau_s \geqslant 0$ 且 $\tau \geqslant 0$，那么特征方程(3-173)的所有特征根有负实部。

证明　考虑方程(3-173)的特征方程,再写它为下面的紧凑形式,即

$$\Delta_{\pm}(\lambda)=\lambda+k-\beta e^{-\lambda_s}\pm\gamma e^{-\lambda\tau}$$

设 $\lambda=\mu+i\omega,\mu,\omega\in R$,且分离实部和虚部获得

$$\Delta_{\pm}(\lambda)=R_{\pm}(\mu,\omega)+iI_{\pm}(\mu,\omega)$$

其中

$$R_{\pm}(\mu,\omega)=\mu+k-\beta e^{-\mu\tau_s}\cos(\omega\tau_s)\pm\gamma e^{-\mu\tau}\cos(\omega\tau)\qquad(3\text{-}175)$$

$$I_{\pm}(\mu,\omega)=\omega+\beta e^{-\mu\tau_s}\sin(\omega\tau_s)\mp\gamma e^{-\mu\tau}\sin(\omega\tau)\qquad(3\text{-}176)$$

由此可以看出

$$R_{\pm}(\mu,\omega)\geqslant\mu+k-|\beta|e^{-\mu\tau_s}-\gamma e^{-\mu\tau}\qquad(3\text{-}177)$$

记方程(3-177)的右端为 $R_1(\mu)$,显然在定理的假设下有

$$R_1(0)=k-|\beta|-\gamma>0$$

进而

$$R'_1(\mu)=1+|\beta|\tau_s e^{-\mu\tau_s}+\tau\gamma e^{-\mu\tau}>0$$

因此,对于所有的 $\mu\geqslant0,R_1(\mu)>0$,且对于所有的 $\mu\geqslant0,\omega\in R,R_{\pm}(\mu,\omega)>0$。

设 $\lambda=\mu+i\omega$ 是特征方程(3-173)的任意根,那么 μ 和 ω 一定满足 $R_+(\mu,\omega)=0,I_+(\mu,\omega)=0$ 或 $R_-(\mu,\omega)=0$ 和 $I_-(\mu,\omega)=0$,但从上面的讨论蕴含 $\mu<0$,因此特征方程的所有根有负实部。　　　　　　　　■

定理 3.10　如果参数满足 $0\leqslant k<-\beta,0<\gamma<-\beta,0\leqslant\tau_s<-\dfrac{1}{2\beta}$ 且 $\tau\geqslant0$,那么特征方程(3-173)的所有根有负实部。

证明　设 $\lambda=\mu+i\omega$ 是方程(3-173)的根,分离实部与虚部可以得到

$$\mu=-k+\beta e^{-\mu\tau_s}\cos(\omega\tau_s)\mp\gamma e^{-\mu\tau}\cos(\omega\tau)\qquad(3\text{-}178)$$

$$\omega=-\beta e^{-\mu\tau_s}\sin(\omega\tau_s)\pm\gamma e^{-\mu\tau}\sin(\omega\tau)\qquad(3\text{-}179)$$

假设方程(3-178)和方程(3-179)有根 μ 和 ω,这里 $\omega\geqslant0$(不失一般性,方程(3-173)的复根是以复共轭对出现的)。由方程(3-179)并利用对 γ 强制的条件,发现 $\omega<-2\beta$,那么条件 $0\leqslant\tau_s<-\dfrac{1}{2\beta}$ 蕴含 $0\leqslant\omega\tau_s<1$。因此,$\dfrac{1}{2}<\cos(1)<\cos(\omega\tau_s)\leqslant1$ 和 $0\leqslant\sin(\omega\tau_s)<\sin(1)<1$。

在方程(3-178)和方程(3-179)中隔离最后一项,平方相加可以获得下面的必要条件,即

$$(\mu+k)^2+\omega^2-2\beta e^{-\mu\tau_s}\{(\mu+k)\cos(\omega\tau_s)-\omega\sin(\omega\tau_s)\}+\beta^2 e^{-2\mu\tau_s}-\gamma^2 e^{-2\mu\tau}=0$$

$$(3\text{-}180)$$

对于 k、ω、τ_s 和 τ 的固定值,记方程(3-180)的左边为 $M(\mu)$,并且注意

$$M(0)=k^2-2\beta k\cos(\omega\tau_s)+\beta^2+\omega^2+2\beta\omega\sin(\omega\tau_s)-\gamma^2$$

因为 $\sin(\omega\tau_s)<\omega\tau_s$ 和 $\tau_s<-\dfrac{1}{2\beta}$,所以有

$$\omega^2 + 2\beta\omega\sin(\omega\tau_s) \geqslant \omega^2(1+2\beta\tau_s) > 0$$

由 $\beta < 0, \cos(\omega\tau_s) > 0$,且 $\gamma^2 < \beta^2$,有 $M(0) > 0$,对 $M(\mu)$ 关于 μ 求导,有

$$\frac{\mathrm{d}M}{\mathrm{d}\mu} = 2\{\tau\gamma^2 e^{-2\mu\tau} - \beta\omega\tau_s e^{-\mu\tau_s}\sin(\omega\tau_s)$$

$$+ (\mu+k)[1+\beta\tau_s e^{-\mu\tau_s}\cos(\omega\tau_s)] - \beta e^{-\mu\tau_s}[\cos(\omega\tau_s)+\beta\tau_s e^{-\mu\tau_s}]\} \quad (3\text{-}181)$$

因为 $\beta < 0, \omega \geqslant 0, \gamma > 0, \tau_s \geqslant 0, \tau \geqslant 0, k \geqslant 0, \mu \geqslant 0, \sin(\omega\tau_s) \geqslant 0$ 和 $\cos(\omega\tau_s) > 0$,方程(3-181)右边的前两项是非负的。现在考虑其他的项。

① 由 $0 \leqslant \tau_s < -\dfrac{1}{2\beta}$ 和 $\mu \geqslant 0$,我们有 $0 < e^{-\mu\tau_s} \leqslant 1$,与 $\cos(\omega\tau_s) \leqslant 0$ 组合,有

$$(\mu+k)[1+\beta\tau_s e^{-\mu\tau_s}\cos(\omega\tau_s)] > (\mu+k)(1-\frac{1}{2}) \geqslant 0$$

② 由 $\beta < 0, \dfrac{1}{2} < \cos(1) < \cos(\omega\tau_s), \tau_s < -\dfrac{1}{2\beta}$ 和 $0 < e^{-\mu\tau_s} \leqslant 1$,有

$$-\beta e^{-\mu\tau_s}[\cos(\omega\tau_s)+\beta\tau_s e^{-\mu\tau_s}] > -\beta e^{-\mu\tau_s}(\cos(1)-\frac{1}{2}) > 0$$

因此,对于 $\mu \geqslant 0$,有 $\dfrac{\mathrm{d}M}{\mathrm{d}\mu} > 0$。$M(0) > 0$,如果 $\mu \geqslant 0$,我们可以得出 $M(\mu) > 0$。如果 $M(\mu) = 0$,那么 $\mu < 0$,即所有特征根有负实部。 ■

下面定理的证明类似于定理 3.10,但有 $\beta > 0$,不包含在稳定性域内,即平凡不动点对这些参数值是不稳定的。

定理 3.11 如果 $0 \leqslant k < \beta$,那么特征方程(3-173)对所有 $\gamma \geqslant 0, \tau_s \geqslant 0$ 和 $\tau \geqslant 0$ 有一个具有正实部的根。

证明 由特征方程(3-173)有 $\Delta_-(\lambda) = \lambda + k - \beta e^{-\lambda\tau_s} - \gamma e^{-\lambda\tau}$,那么在定理的假设下,对于所有 $\gamma \geqslant 0, \tau_s \geqslant 0$ 和 $\tau \geqslant 0$ 有

$$\Delta_-(0) = k - \beta - \gamma < 0$$

$$\lim_{\lambda \to +\infty} \Delta_-(\lambda) = \lim_{\lambda \to +\infty} [\lambda + k - \beta e^{-\lambda\tau_s} - \gamma e^{-\lambda\tau}] = +\infty$$

因此,$\Delta_-(\lambda)$ 是 λ 的连续函数,存在一个 $\lambda^* > 0$,使得 $\Delta_-(\lambda^*) = 0$。对于 $\gamma \geqslant 0, \tau_s \geqslant 0$ 和 $\tau \geqslant 0$,且 $k < \beta$,对于这些参数值,特征方程有一个正实根。 ■

2. 完整的稳定性域

下面的定理有助于通过描绘在参数空间的边界来确定平凡不动点的完整的稳定性域。

定理 3.12 考虑非线性时滞微分方程(3-170)的平凡不动点。当 β, k, γ, τ_s 和 τ 在参数空间变化时,具有 $\mathrm{Re}(\lambda) > 0$ 的特征值的数目(计算重数)可能变化,仅当

在复平面上特征值穿过虚轴。

　　证明　见文献[95],具有 $m=3,a_1=k,\tau_1=0,a_2=\beta,\tau_2=\tau_s,a_3=\mp\gamma$ 和 $\tau_3=\tau$。 ■

　　定理 3.12 蕴含由方程 $\lambda=0$(方程(3-173)有零根)和 $\lambda=i\omega$(方程(3-173)有一对纯虚根)形式的稳定性域边界定义的参数空间子集。下面描述这些子集。

　　$\lambda=0$ 是单重根,将 $\lambda=0$ 代入特征方程(3-173)有

$$(k-\beta+\gamma)(k-\beta-\gamma)=0$$

当 $\gamma=\gamma_0\overset{\text{def}}{=}k-\beta,k>\beta,\beta\in R$ 时,第二项是零,相应于 $\Delta_-(\lambda)$ 有零根。当 $\gamma=-\gamma_0=\beta-k,0\leqslant k<\beta$ 时,第一项是零相应于 $\Delta_+(\lambda)$ 有零根。由定理 3.11,这个子集不能形成稳定性域的边界。$\lambda=i\omega$ 的情形更为复杂,将 $\lambda=i\omega$ 代入方程(3-173),且分离实部和虚部可以得到下面的方程,即

$$k-\beta\cos(\omega\tau_s)=\pm\gamma\cos(\omega\tau) \tag{3-182}$$

和

$$-\omega-\beta\sin(\omega\tau_s)=\pm\gamma\sin(\omega\tau) \tag{3-183}$$

　　在理论上能从这些方程中消去 ω,获得关于 β,k,γ,τ_s 和 τ 的单个方程,它定义了参数空间中的超表面。然而,在实际中不可能进行,为了描述这个超表面,考虑它与空间 $k=$costant,$\beta=$costant 和 $\tau_s=$costant 相交,我们能够用参数形式来表示 γ 和 τ 为 ω 的函数。

　　首先,通过平方和方程(3-182)和方程(3-183)来求 γ,即

$$\gamma=\gamma_H(w)\overset{\text{def}}{=}\sqrt{k^2+\beta^2+\omega^2-2\beta k\cos(\omega\tau_s)+2\beta\omega\sin(\omega\tau_s)} \tag{3-184}$$

取方程(3-182)和方程(3-183)的比,并解 τ 满足涉及逆正切函数的表达式,注意 $\cos(\omega\tau)$ 的符号可以由方程(3-182)获得,我们发现对于 τ 的恰当的表达式为

$$\tau=\tau_j^{\pm}(\omega)\overset{\text{def}}{=}\begin{cases}\dfrac{1}{\omega}\left[\text{Arctan}\left(\dfrac{-\omega-\beta\sin(\omega\tau_s)}{k-\beta\cos(\omega\tau_s)}+2j\pi\right)\right], & \pm(k-\beta\cos(\omega\tau_s))>0 \\[3mm] \dfrac{1}{\omega}\left[\text{Arctan}\left(\dfrac{-\omega-\beta\sin(\omega\tau_s)}{k-\beta\cos(\omega\tau_s)}+(2j+1)\pi\right)\right], & \pm(k-\beta\cos(\omega\tau_s))<0\end{cases}$$

$$\tag{3-185}$$

其中,$\text{Arctan}(u)$ 是反正切函数的主分支。

　　显然,方程(3-185)表示无穷多族曲线。注意下面的极限对于所有 k 和 τ_s 值均成立,即

$$\lim_{\omega\to 0^+}\gamma_H=|k-\beta|, \quad \lim_{\omega\to+\infty}\gamma_H=+\infty \tag{3-186}$$

$$\lim_{\omega\to 0^+}\tau_j^{\pm}=\begin{cases}\dfrac{\beta\tau_s+1}{\beta-k}\overset{\text{def}}{=}\tau^*, & j=0 \\[3mm] +\infty, & \text{其他}\end{cases}, \quad \lim_{\omega\to+\infty}\tau_j^{\pm}=0 \tag{3-187}$$

其中,第一部分的有限极限可以通过对方程(3-185)完成 Taylor 展式来建立,这个值在参数空间中,仅当 $0 \leqslant k < \beta$ 或 $\beta < 0 \leqslant k$ 和 $\tau_s \geqslant -\dfrac{1}{\beta} \overset{\text{def}}{=} \tau_s^*$ 。我们称方程(3-184)相应于有限极限的分支为额外分支。

注 3.2　如果 $k > |\beta|$,那么在方程(3-185)中"＋"号是与方程(3-184)中的">"号相联系,类似的"—"是与"<"号相联系。

概括起来,我们已证明如下内容。

① 直线 $\gamma = \pm \gamma_0$,这里 τ 和 τ_s 是正的且任意,表示在参数空间的点的集合对于方程(3-170)的平凡不动点有零特征值。

② 由方程(3-184)和方程(3-185)定义的曲线(具有多重分支)在参数空间表示集合对于方程(3-170)的平凡不动点有一对纯虚特征值。

我们称在 $\gamma\tau$ 平面上的直线 $\gamma = \pm \gamma_0$ 为直线 $\lambda = 0$,并且由方程(3-184)和方程(3-185)定义的曲线为 $\lambda = \mathrm{i}\omega$。

我们现在给出两个定理,描述方程(3-173)根的实部,在 $\gamma\tau$ 平面上穿过直线 $\lambda = 0$ 和曲线 $\lambda = \mathrm{i}\omega$ 时是怎样变化的。

定理 3.13　考虑穿越直线 $\lambda = 0$,当在 $\gamma\tau$ 平面且在 γ 增加的方向上沿着直线 $\tau = $ 常数移动,那么方程(3-173)具有 $\mathrm{Re}\lambda > 0$ 的根的数目增加 1。除非 $\tau < \tau^*$ 在这种情况下降低 1。

证明　回忆直线 $\lambda = 0$ 是由 $\Delta_{\pm}(\lambda) = 0$ 的零根定义,即

$$\lambda + k - \beta \mathrm{e}^{-\lambda \tau_s} \pm \gamma \mathrm{e}^{-\lambda \tau} = 0$$

关于 γ 微分有

$$\frac{\mathrm{d}\lambda}{\mathrm{d}\gamma} = \frac{\mp \mathrm{e}^{-\lambda \tau}}{1 + \beta \tau_s \mathrm{e}^{-\lambda \tau_s} \mp \gamma \tau \mathrm{e}^{-\lambda \tau}}$$

如果 $\lambda = 0$ 是 $\Delta_{\pm}(\lambda) = 0$ 的根,那么 $\gamma = \pm \gamma_0 = \mp(k - \beta)$,并且导数变为

$$\frac{\mathrm{d}\lambda}{\mathrm{d}\gamma}\Big|_{\lambda=0, \gamma=\pm\gamma_0} = \frac{\mp 1}{(k-\beta)\tau + (1 + \beta\tau_s)}$$

因此,$\dfrac{\mathrm{d}\lambda}{\mathrm{d}\gamma}\Big|_{\lambda=0} \overset{>}{_<} 0$,当且仅当 $\tau \overset{>}{_<} \dfrac{\beta\tau_s + 1}{\beta - k}$。 ■

定理 3.14　考虑在 $\gamma\tau$ 平面上 γ 增加的方向上沿直线 $\tau = $ 常数移动,如果这个直线与曲线 $\lambda = \mathrm{i}\omega$ 的分支相交,这里曲线 $\lambda = \mathrm{i}\omega$ 沿 $\tau_j^{\pm}$ 是 ω 的减(增)函数,那么当这个分支穿过时,特征方程(3-173)具有 $\mathrm{Re}(\lambda) > 0$ 的根 λ 的数目增加(降低)2。

证明　由方程(3-184)和方程(3-185)定义的曲线 $\lambda = \mathrm{i}\omega$ 给出了在 $\gamma\tau$ 平面上的点,那里 λ 的实部为零。关于 ω 微分方程(3-185)有

$$\frac{\mathrm{d}\tau_j^{\pm}}{\mathrm{d}\omega} = \frac{-1}{\gamma_H^2(\omega)}\left[\tau_j^{\pm}\gamma_H^2 + k + \beta[k\tau_s - 1]\cos(\omega\tau_s) - \beta\omega\tau_s\sin(\omega\tau_s) - \beta^2\tau_s\right] \quad (3\text{-}188)$$

方程(3-173)关于 γ 的隐式微分并将 $\lambda=\mathrm{i}\omega$ 代入，对于 $\dfrac{\mathrm{d}\lambda}{\mathrm{d}\gamma}$ 的实部导出下面的表达式，即

$$\frac{\mathrm{d}\mathrm{Re}(\lambda)}{\mathrm{d}\gamma}\bigg|_{\lambda=\mathrm{i}\omega}$$

$$=\frac{\tau_j^{\pm}\gamma_H^2+k+\beta[k\tau_s-1]\cos(\omega\tau_s)-\beta\omega\tau_s\sin(\omega\tau_s)-\beta^2\tau_s}{\gamma_H\{[1+\beta\tau_s\cos(\omega\tau_s)\pm\gamma_H\tau_j^{\pm}\cos(\omega\tau_j^{\pm})]^2+[-\beta\tau_s\sin(\omega\tau_s)\mp\gamma_H\tau_j^{\pm}\sin(\omega\tau_j^{\pm})]^2\}}$$

通过观察，分母是非负的，由方程(3-188)，$\dfrac{\mathrm{d}\tau_j^{\pm}}{\mathrm{d}\omega}<0$ 蕴含 $\dfrac{\mathrm{d}\mathrm{Re}(\lambda)}{\mathrm{d}\gamma}>0$，因此当 $\tau_j^{\pm}$ 是 ω 的减函数时，λ 的实部变为正，并且特征方程(3-173)获得一对具有正实部的根。类似地，如果 $\dfrac{\mathrm{d}\tau_j^{\pm}}{\mathrm{d}\omega}>0$，那么 λ 的实部变为负，这就完成了证明。 ■

到目前为止，定理 3.9 和定理 3.10 建立了在参数空间的域，这个域形成了方程(3-170)平凡解的稳定性域的子集。对于固定的 k,τ_s 和 β，定理 3.12 证明了通过增加 γ 直到它达到直线 $\lambda=0$，那么可以获得完全的稳定性域，即由方程(3-184)和方程(3-185)定义的曲线 $\lambda=\mathrm{i}\omega$。当穿过稳定性域的边界时，定理 3.13 和定理 3.14 描述了特征方程的根为实部的变化。

本节其余部分涉及明显的描述完整的稳定性域，在 $\gamma\tau$ 平面，对于固定的 k，τ_s 和 β，必须了解直线 $\lambda=0$ 和曲线 $\lambda=\mathrm{i}\omega$ 的相对位置。这是下面两个引理的主题。

引理 3.18　如果 $k>|\beta|$，那么在直线 $\gamma=k-|\beta|$ 的左边，曲线 $\lambda=\mathrm{i}\omega$ 的根是有界的。

证明　由方程(3-182)，在 $\gamma=\gamma_H$ 时成立，我们有
$$\gamma_H\geqslant\pm\gamma_H\cos(\omega\tau)=k-\beta\cos(\omega\tau_s)\geqslant k-|\beta|$$
这就获得结果。 ■

引理 3.19　曲线 $\lambda=\mathrm{i}\omega$ 有如下性质，γ_H 作为 ω 的函数是单调增的，并且对所有 $\omega>0,\gamma_H>k-|\beta|$，如果 τ_s 满足
$$0\leqslant\tau_s\leqslant\frac{-1+\sqrt{1+\dfrac{k}{|\beta|}}}{k}$$
当 $\beta<0$ 时，反过来也成立。

证明　关于 ω 微分方程(3-184)有
$$\frac{\mathrm{d}\gamma_H}{\mathrm{d}\omega}=\frac{1}{\gamma_H}\big[\omega+\beta(1+k\tau_s)\sin(\omega\tau_s)+\beta\omega\tau_s\cos(\omega\tau_s)\big]\tag{3-189}$$

对于 $\tau_s=0$ 和 $\omega>0$，有 $\dfrac{\mathrm{d}\gamma_H}{\mathrm{d}\omega}>\dfrac{\omega}{\gamma_H}>0$。对于 $\omega\tau_s>0$，有 $\beta\cos(\omega\tau_s)\geqslant-|\beta|$ 和 $\beta\sin$

$(\omega\tau_s) > -|\beta|\omega\tau_s$。因此,对于 $\tau_s \leqslant \dfrac{-1+\sqrt{1+k/|\beta|}}{k}$,有

$$\frac{\mathrm{d}\gamma_H}{\mathrm{d}\omega} > \frac{\omega}{\gamma_H}(1-2|\beta|\tau_s - k|\beta|\tau_s{}^2)$$

$$= \frac{\omega|\beta|}{\gamma_H k}\left[\frac{k}{|\beta|} + 1 - (k\tau_s + 1)^2\right]$$

$$\geqslant 0$$

由方程(3-186)的第一个极限,对于 $\omega > 0$ 有 $\gamma_H > |k-\beta|$。

要证明逆定理,考虑 $\dfrac{\mathrm{d}\gamma_H}{\mathrm{d}\omega}$ 关于 $\omega = 0$ 的 Taylor 展式,即

$$\frac{\mathrm{d}\gamma_H}{\mathrm{d}\omega} = \omega\left\{\frac{1+2\beta\tau_s + \beta k\tau_s{}^2}{|k-\beta|}\right\} - \frac{1}{2|k-\beta|}\omega^3\left\{\frac{\beta\tau_s{}^3}{3}(4+k\tau_s) + \frac{(1+2\beta\tau_s+\beta k\tau_s{}^2)^2}{(k-\beta)^2}\right\} + O(\omega^5)$$

如果 $\tau_s > \dfrac{-1+\sqrt{1+k/|\beta|}}{k}$ 和 $\beta < 0$,那么这个表达式的第一项是负的,因此对于 ω 充分接近零,$\gamma_H(\omega)$ 是衰减的。 ■

注 3.3　我们记这个特殊值 $\tau_s = \dfrac{-1+\sqrt{1+k/|\beta|}}{k}$ 的等价形式为

$$\tau_s^{(1)} = \frac{1}{\left(1+\sqrt{1+\dfrac{k}{|\beta|}}\right)|\beta|} \tag{3-190}$$

且称它为第一次转折点。注意 $\tau_s^{(1)} \leqslant \tau_s^*$,进而引理 3.19 也应用于 $k=0$,此时 $\tau_s^{(1)} = \dfrac{1}{2|\beta|}$。

现在讨论当 $|\beta| < k$ 时的稳定性域,有下面两个定理。

定理 3.15　对于任意固定的 β, k 和 τ_s,满足 $0 < \beta < k$ 和 $\tau_s \geqslant 0$,非线性方程(3-170)的平凡不动点的稳定域是垂直带 $0 < \gamma < k-\beta, \tau \geqslant 0$。

证明　由定理 3.9,$0 < \gamma < k-|\beta|$,对于 $\tau \geqslant 0$ 和 $\tau_s \geqslant 0$ 的所有值,特征方程的所有根 λ 满足 $\mathrm{Re}\lambda < 0$。进而,由引理 3.18 可知,曲线 $\lambda = \mathrm{i}\omega$ 总是位于直线 $\gamma < k-|\beta|$ 的右边。如果 $\beta > 0$,这条直线与直线 $\lambda = 0$ 重合,$\gamma = k-\beta$,因此稳定性域边界总是这条直线。 ■

这个定理的描述如图 3.16 所示。现在考虑 $0 < -\beta < k$ 的情形,由方程(3-184),有 $\lim\limits_{\omega \to 0}\gamma_H(w) = k-\beta$。由引理 3.18 可知,$\gamma_H$ 的最小值可达到并为 $k-|\beta|$。进一步,引理 3.19 的证明说明对于 $\tau_s > \tau_s^{(1)}$,$\omega > 0$ 充分小,$\gamma_H(\omega)$ 是衰减的。结果曲线 $\lambda = \mathrm{i}\omega$ 的分支穿过 $\gamma = k-\beta$(即 $\lambda = 0$),并且 γ_H 达到最小值 $\gamma_{\min}$(依赖于 k 和 τ_s)

满足 $k-|\beta|\leqslant r_{\min}<k-\beta$。显然，$r_{\min}=r_H(\omega_{\min})$，这里 $\omega_{\min}\neq0$ 满足

$$\left.\frac{\mathrm{d}\gamma_H}{\mathrm{d}\omega}\right|_{\omega=\omega_{\min}}=0$$

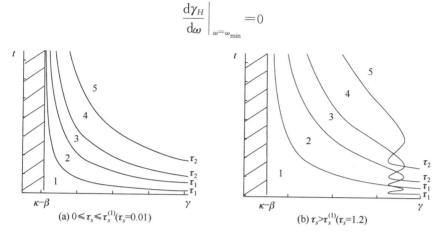

图 3.16　当 $0<\beta<k$ 时，直线 $\lambda=0$ 和曲线 $\lambda=\mathrm{i}\omega$ 的分支图（$\beta=1,k=3/2$）

定义相应的 τ 值为 $\tau_{j,\min}^{\pm}=\tau_j^{\pm}(\omega_{\min})$，我们现在阐述第二个稳定性定理。

定理 3.16　设 β,k 和 τ_s 是固定的，且 $0<-\beta<k$，并设 $\tau_j^{\pm}$ 如方程（3-185）定义，那么有

① 对于 $0\leqslant\tau_s<\tau_s^{(1)}$，稳定性域是垂直带 $0<\gamma<k-\beta,\tau\geqslant0$。

② 对于 $\tau_s^{(1)}\leqslant\tau_s\leqslant\tau_s^*$，稳定性域是 (γ,τ) 的集合满足如下条件。

第一，$0<\gamma<\gamma_{\min},\tau\geqslant0$。

第二，$\gamma_{\min}<\gamma<k-\beta$。

其一，$0<\tau\leqslant\tau_1^-\leqslant\tau_{1,\min}^-$。

其二，$\tau_{j,\min}^-\leqslant\tau_j^-<\tau<\tau_j^+<\tau_{j,\min}^+$。

其三，$\tau_{j,\min}^+\leqslant\tau_j^+<\tau<\tau_{j+1}^-<\tau_{j+1,\min}^-$（$j=1,2,\cdots$）。

③ 对于 $\tau_s\geqslant\tau_s^*$，稳定性域是点 (γ,τ) 的集合满足如下条件。

第一，$0<\gamma<\gamma_{\min},\tau\geqslant0,\gamma_{\min}\to k-|\beta|$，当 $\tau_s\to\infty$时。

第二，$\gamma_{\min}<\gamma<k-|\beta|$。

其一，$\max(\tau_0^+,0)<\tau<\tau_1^-\leqslant\tau_{1,\min}^-$。

其二，$\tau_{j,\min}^-\leqslant\tau_j^-<\tau<\tau_j^+<\tau_{j,\min}^+$。

其三，$\tau_{j,\min}^+\leqslant\tau_j^+<\tau<\tau_{j+1}^-<\tau_{j+1,\min}^-$（$j=1,2,\cdots$）。

证明　由定理 3.9，对于 $k>|\beta|$ 和 $\gamma<k-|\beta|$，特征方程（3-173）的所有根 λ 满足 $\mathrm{Re}\lambda<0$。因此，定理 3.12 扩展了稳定性域的子集到边界 $\mathrm{Re}\lambda=0$。对于 $0\leqslant\tau_s<\tau_s^{(1)}$，引理 3.19 蕴含边界是直线 $\lambda=0,\gamma=k-\beta$，这就建立了①。正如上面的讨论，对于 $\tau_s\geqslant\tau_s^1$，曲线 $\lambda=\mathrm{i}\omega$ 的部分位于直线 $\lambda=0$ 与 $\gamma=k-\beta$ 的左面，因此稳定性域的

边界一定包含曲线 $\lambda=i\omega$ 和这条直线的部分。

考虑 R_j^-,可以定义为

$$R_j^- = \{(\gamma,\tau):\gamma_{\min}<\gamma<k-\beta,\tau_{j,\min}^-\leqslant\tau<\tau_{j,\min}^+\}$$

可以证明,曲线 $\{(\gamma_H(\omega_1),\tau_j^-(\omega_1)):0\leqslant\omega\leqslant\omega_{\min}\}$ 定义了曲线 $\{(\gamma_H,\tau_j^-(\gamma_H)):\gamma_{\min}\leqslant\gamma_H\leqslant k-\beta\}$,且 τ_j^- 是 γ_H 的连续增函数。曲线 $\{(\gamma_H(\omega_2),\tau_j^+(\omega_2)):\omega_{\min}\leqslant\omega_2\}$ 定义了曲线 $\{(\gamma_H,\tau_j^+(\gamma_H)):\gamma_{\min}\leqslant\gamma_H\leqslant k-\beta\}$,且 τ_j^+ 是 γ_H 的连续减函数。因为 $\tau_j^-(\gamma_{\min})=\tau_{j,\min}^-<\tau_{j,\min}^+=\tau_j^+(\gamma_{\min})$,直接讨论证明这些曲线在域 R_j^- 的点 $(\gamma_{\mathrm{int}},\tau_{\mathrm{int}})$ 相交,并且对于 $\gamma_{\min}\leqslant\gamma_H\leqslant\gamma_{\mathrm{int}},\tau_j^-(\gamma_H)<\tau_j^+(\gamma_H)$。因此,在 R_j^- 中稳定性域边界由曲线 $\{(\gamma_H(\omega_1),\tau_j^-(\omega_1)):\omega_{1,\mathrm{int}}\leqslant\omega_1\leqslant\omega_{\min}\}$ 和 $\{(\gamma_H(\omega_2),\tau_j^+(\omega_2)):\omega_{\min}\leqslant\omega_2\leqslant\omega_{2,\mathrm{int}}\}$ 给出,这里 $\tau_j^-(\omega_{1,\mathrm{int}})=\tau_{\mathrm{int}}=\tau_j^+(\omega_{2,\mathrm{int}})$。

一个类似的结果在下面域中成立,即

$$R_j^+ = \{(\gamma,\tau):\gamma_{\min}\leqslant\gamma\leqslant k-\beta,\tau_{j,\min}^+\leqslant\tau<\tau_{j+1,\min}^-\}$$

对于 $\tau_s^{(1)}\leqslant\tau_s\leqslant\tau_s^*$,$\{(\gamma_H(\omega),\tau_1^-(\omega)):\omega_{\min}\leqslant\omega\}$ 是曲线 $\lambda=i\omega$ 最下面的分支,这就有了②。

对于 $\tau_s>\tau_s^*$,$(\gamma_H(\omega),\tau_0^+(\omega)),0\leqslant\omega\leqslant\omega_{\min}$ 是曲线 $\lambda=i\omega$ 最下面的分支,注意这个分支在 $\gamma=\bar{\gamma}\geqslant\gamma_{\min}$ 处相交于 γ 轴,并且决不与曲线 $(\gamma_H(\omega),\tau_1^-(\omega)),\omega_{\min}\leqslant\omega$ 相交,这就建立了③。

相应于这个定理的稳定性图并未给出,然而它们似乎定性地如图 3.17 和图 3.18所示。在图 3.17 中,稳定性域如阴影部分,在其他域描述了具有正实部的根的数目。

最后考虑 $0\leqslant k<-\beta$,与前面的情形相反,$\gamma_H(\omega)$ 可能为零,当这种情形出现时,下面的引理给出了结果。

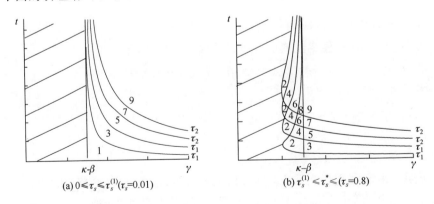

(a) $0\leqslant\tau_s\leqslant\tau_s^{(1)}(\tau_s=0.01)$ (b) $\tau_s^{(1)}\leqslant\tau_s^*\leqslant(\tau_s=0.8)$

图 3.17 对于 $0\leqslant k<-\beta(\beta=-1,k=\dfrac{1}{2})$,$\lambda=0$ 直线和 $\lambda=i\omega$ 曲线分支图

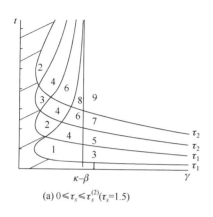

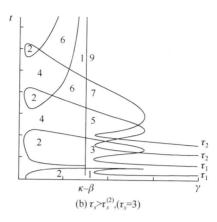

(a) $0 \leqslant \tau_s \leqslant \tau_s^{(2)}(\tau_s=1.5)$　　　　　　　　(b) $\tau_s > \tau_s^{(2)}, (\tau_s=3)$

图 3.18　对于 $0 \leqslant k < -\beta(\beta=-1, k=\frac{1}{2})$, $\lambda=0$ 直线和 $\lambda=i\omega$ 曲线分支图

在图 3.18 中,稳定性域为阴影部分,在其他域描述了具有正实部的根的数目,在图 3.18(a)中最下面的分支相应于 τ_0^+。

引理 3.20　设 k 和 β 固定,如果 $k > |\beta|$,那么对任意 $\tau_s \geqslant 0$ 和 $\omega \in (0, +\infty)$, $\gamma_H(\omega) \neq 0$,如果 $k < |\beta|$,存在一个 τ_s 的值可数无穷性,对于 $\omega \in (0, +\infty)$,有 $\gamma_H(\omega)=0$。

证明　在方程(3-182)和方程(3-183)中置 $\gamma=0$,并假设 $\omega > 0$,这就有

$$\beta\cos(\omega\tau_s)=k, \quad \beta\sin(\omega\tau_s)=-\omega \tag{3-191}$$

显然,这些方程仅当 $k < |\beta|$ 时成立。在这种情形下,平方和相加方程(3-191)有

$$\omega=\sqrt{\beta^2-k^2} \tag{3-192}$$

代入方程(3-191)的第一个方程解得 τ_s,即

$$\tau_s=\frac{1}{\sqrt{\beta^2-k^2}}\left\{\mathrm{Arccos}\left(\frac{k}{\beta}\right)+2n\pi\right\} \tag{3-193}$$

其中,Arccos 是反余弦函数的主分支,它有范围 $[0, \pi]$,因为对固定的 β 我们加 2π 的倍数,$\sin(\omega\tau_s)$ 不改变符号。

注 3.4　我们特别感兴趣曲线 $\lambda=i\omega$ 相交 τ 轴时的最小正值 τ_s,定义 τ_s 为

$$\tau_s^{(2)}=\frac{1}{\sqrt{\beta^2-k^2}}\left\{\mathrm{Arccos}\left(\frac{k}{\beta}\right)\right\}, \quad 0 \leqslant k < |\beta|$$

并且称为第二次转移点。

现在给出最后的稳定性定理,如图 3.17 和图 3.18 所示。

定理 3.17　设 β, k 和 τ_s 固定,$0 \leqslant k < -\beta$,并且设 $\tau_j^{\pm}$ 如方程(3-185)定义,那么我们有

① 对于 $0 \leqslant \tau_s \leqslant \tau_s^{(1)}$,稳定性域是垂直带 $0 < \gamma < k-\beta, \tau \geqslant 0$。

② 对于 $\tau_s^{(1)} \leqslant \tau_s \leqslant \tau_s^*$，稳定性域是点 (γ, τ) 的集合，满足如下条件。

第一，$0 < \gamma < \gamma_{\min}, \tau \geqslant 0$。

第二，$\gamma_{\min} < \gamma < k - \beta$。

其一，$0 < \tau \leqslant \tau_1^- \leqslant \tau_{1,\min}^-$。

其二，$\tau_{j,\min}^- \leqslant \tau_j^- < \tau < \tau_j^+ < \tau_{j,\min}^+$。

其三，$\tau_{j,\min}^+ \leqslant \tau_j^+ < \tau < \tau_{j+1}^- \leqslant \tau_{j+1,\min}^- (j = 1, 2, \cdots)$。

③ 对于 $\tau_s^* < \tau_s < \tau_s^{(2)}$，稳定性域是点 (γ, τ) 的集合，满足如下条件。

第一，$0 < \gamma < \gamma_{\min}$，对于所有 $\tau \geqslant 0$。

第二，$\gamma_{\min} < \gamma < k - \beta$。

其一，$\tau_{0,\min}^+ \leqslant \tau_0^+ < \tau < \tau_1^- < \tau_{1,\min}^-$。

其二，$\tau_{j,\min}^- \leqslant \tau_j^- < \tau < \tau_j^+ < \tau_{j,\min}^+$。

其三，$\tau_{j,\min}^+ \leqslant \tau_j^+ < \tau < \tau_{j+1}^- \leqslant \tau_{j+1,\min}^-$，这里当 $\tau_s \to \tau_s^{(2)}$ 时，$\gamma_{\min} \to 0, j = 1, 2, \cdots$。

④ $\tau_s \geqslant \tau_s^{(2)}$，没有稳定性域。

证明　在定理 3.16 可以建立①～③。事实上，当 $\tau_s \to \tau_s^{(2)}$ 时，$\gamma_{\min} \to 0$ 可直接从引理 3.20。要建立④，考虑直线 $\gamma = 0$，沿这条直线 $\Delta_+(\lambda) = \Delta_-(\lambda) = 0$ 是方程 (3-170) 平凡解的特征方程。直接从文献[94]的方程可得特征方程 (3-173) 有两对具有负实部的复共轭根。应用定理 3.12、定理 3.13 和定理 3.14，直线 $\lambda = 0$ 的次序和曲线 $\lambda = i\omega$ 的分支证明当 γ 增加时这个数目决不能减少到 3。∎

对于 $a_{12}a_{21} < 0$，当我们取相应于线性时滞微分方程 (3-171) 的特征方程时，可以列出两个不同特征方程的集合，我们还未讨论 $a_{12}a_{21} < 0$ 时的情形，特征方程 (3-171) 为

$$\Delta_+(\lambda)\Delta_-(\lambda) = (\lambda + k - \beta e^{-\lambda \tau_s} + i\bar{\gamma}e^{-\lambda \tau})(\lambda + k - \beta e^{-\lambda \tau_s} - i\bar{\gamma}e^{-\lambda \tau}) = 0$$

其中，$\bar{\gamma} = \sqrt{-a_{12}a_{21}}$。

我们不详细讨论这种情形。定理 3.9～定理 3.11 轻微的改变使结论在这种情形是相同的。进而，γ_H 可以用相同方式恰当地定义，如 γ_H，因此相对于 γ_H 的所有定理和引理成立，在这种情形 $\tau_j^\pm$ 的定义类似于方程 (3-185)，主要差别是反正切函数的幅角。

注意没有直线 $\lambda = 0$，因为定理 3.14 的应用，穿过曲线 $\lambda = i\omega$ 平凡不动点的特征方程可以获得一对复共轭特征值。因此，由定理 3.6，稳定性域的边界总是在曲线 $\lambda = i\omega$ 上。平凡不动点的稳定性域是在 τ 轴和曲线 $\lambda = i\omega$ 之间的域，这里曲线 $\lambda = i\omega$ 经历了各种定性变化，这种变化依赖于参数值。

总之，对于 $a_{12}a_{21} < 0$ 情形，我们有下面的结论。

① 对于 $\beta > 0, 0 \leqslant k < \beta$，对于所有 $\gamma \geqslant 0, \tau \geqslant 0$ 和 $\tau_s \geqslant 0$ 没有稳定性域。

② 对于 $\beta>0, k>\beta$，稳定性域是由 τ 轴和曲线 $\lambda=\mathrm{i}\omega$ 曲线之间的域定义，它经历了一个转移。

第一，对于 $0\leqslant\tau_s\leqslant\tau_s^{(1)}$，曲线 $\lambda=\mathrm{i}\omega$ 的分支是套叠在一起的。

第二，对于 $\tau_s^{(1)}\leqslant\tau_s$，曲线 $\lambda=\mathrm{i}\omega$ 的分支相交。

③ 对于 $\beta<0, 0\leqslant k<-\beta$，稳定性域是由 τ 轴和曲线 $\lambda=\mathrm{i}\omega$ 之间的域定义，它经历了两个转移。

第一，对于 $0\leqslant\tau_s\leqslant\tau_s^{(1)}$，曲线 $\lambda=\mathrm{i}\omega$ 的分支是套叠在一起的。

第二，对于 $\tau_s^{(1)}\leqslant\tau_s\leqslant\tau_s^{(2)}$，曲线 $\lambda=\mathrm{i}\omega$ 的分支是相交的，且对于 $\tau_s>\tau_s^*$ 一个额外的分支出现。

第三，对于 $\tau_s\geqslant\tau_s^{(2)}$，平凡不动点没有稳定性域。

④ 对于 $\beta<0, k>-\beta$，曲线 $\lambda=\mathrm{i}\omega$ 经历了一个转移。

第一，对于 $0\leqslant\tau_s<\tau_s^{(1)}$，$\lambda=\mathrm{i}\omega$ 的分支是套叠在一起的。

第二，对于 $\tau_s^{(1)}\leqslant\tau_s$，曲线 $\lambda=\mathrm{i}\omega$ 的分支是相交的，并且对于 $\tau_s>\tau_s^*$，一个额外的分支出现。

3.6.3　分岔分析

上面我们确定了参数空间的所有点，特征方程(3-172)有具有零实部的根，即方程(3-170)的平凡不动点具有零实部的特征值。在系统(3-170)中，变化一个或更多的参数以便通过这样的点产生分岔，即在时滞微分方程允许解的类型的定性变化，这样的点是重要的。特别是，当它们位于平凡不动点的稳定性域的边界，因为它们确定了系统的整体行为。

本节的目的是研究方程(3-170)中当一个单独参数变化时出现分岔，有两个这样的余维 1 分岔：一个稳定性分岔出现是当特征方程有单个零特征值，并且 Hopf 分岔出现是当特征方程有一对纯虚根特征值。从上节的结果显然这两个分岔当 $a_{12}a_{21}>0$ 时可能出现，但当 $a_{12}a_{21}<0$ 时仅 Hopf 分岔出现，对于后者的分析也是类似的。

对于 $a_{12}a_{21}>0$ 情形，我们选择参数 γ 作为一个可变化的参数来产生分岔，而基于上一节的结果这似乎是自然的。特别地，图 3.16～图 3.18，这个参数并不明显地出现在方程(3-170)中，因此某些额外的假设是需要的，在假设参数 a_{12} 和 a_{21} 也许写作参数 γ 的连续可微函数时，这节其余部分的讨论将发生其他情况，即

$$a_{12}=f(\gamma), \quad a_{21}=g(\gamma) \tag{3-194}$$

其中，$f(\gamma)g(\gamma)=\gamma^2$。

在这些假设下，分岔的标准理论可以应用于方程(3-170)具有 γ 作为明显的参数，因为我们并不需要明显地具体变化 f 和 g。关于分岔，我们将能够作出相当一般的断言。注意上面的两个特殊情况，即

$$f(\gamma)=\gamma=g(\gamma) \tag{3-195}$$

$$f(\gamma)=\text{costant}, \quad g(\gamma)=\frac{\gamma^2}{\text{costant}} \tag{3-196}$$

对于 $a_{12}a_{21}<0$ 的情形,选择 γ 作为变化参数,且 $a_{12}=\text{costant}$ 和 $a_{21}=-\gamma^2/\text{cost}$-ant。

1. 静态分岔(steady state bifurcation)

在本节,我们研究方程(3-170)在直线 $\lambda=0$ 附近的行为,回忆对所有参数值平凡不动点存在,并且对于固定的 β,k,τ_s 和 τ 满足 $\tau>\tau^*$,当 γ 增加,通过直线 $\lambda=0$ 时,特征方程(3-173)有一个正实根(定理 3.13),因此期望在这些参数值出现静态分岔。下面证明,当 γ 通过 $\pm\gamma_0$ 时,确实在时滞微分方程(3-170)中相应于 Pitch-fork 分岔行为出现。

下面两个性质建立了对于静态分岔的标准非退化条件。

定理 3.18　方程(3-173)的根 $\lambda=0$ 对于几乎所有参数值是单重的。

证明　由特征方程(3-173),我们发现 $\Delta_{\pm}(\lambda)$ 关于 λ 的导数为

$$\Delta'_{\pm}(\lambda)=1+\beta\tau_s e^{-\lambda\tau_s}\mp\tau\gamma e^{-\lambda\tau}$$

在 $\lambda=0$ 处,计算并回忆这些零根在参数空间的位置,有

$$\Delta'_{\pm}(\lambda)|_{\lambda=0}=1+\beta\tau_s+\tau(k-\beta)$$

因此,只要 $\tau\neq\tau^*$,那么 $\Delta'_{\pm}(\lambda)|_{\lambda=0}\neq0$,如方程(3-187)。对于 $\beta>0$ 和 $k>\beta,\tau\geqslant0$ 和 $\tau_s\geqslant0$ 有 $\Delta'_{\pm}(\lambda)|_{\lambda=0}>0$。考虑点 $(\pm\gamma_0,\tau)$ 在直线 $\lambda=0$,如果 $\tau\neq\tau^*$,且点并不相应于与曲线 $\lambda=i\omega$ 相交点,那么仅有一个根具有 $\text{Re}(\lambda)=0$。

定理 3.19　对于固定 $k\geqslant0,\beta,\tau\geqslant0$ 和 $\tau_s\geqslant0$,有

$$\left.\frac{d\text{Re}(\lambda)}{d\gamma}\right|_{\lambda=0,\gamma=\pm\gamma_0}\neq0$$

证明　结果可以从定理 3.13 的证明中获得。

定理 3.18 和定理 3.19 描述了沿 $\gamma=\pm\gamma_0$ 静态分岔的可能性,要确定出现哪种分岔类型,我们研究方程(3-170)非平凡不动点的存在性,这个不动点对于 $k>0$ 必须满足

$$x_1=\frac{\beta}{k}\tanh(x_1)+\frac{a_{12}}{k}\tanh(x_2) \text{ 和 } x_2=\frac{a_{21}}{k}\tanh(x_1)+\frac{\beta}{k}\tanh(x_2)$$

反过来,x_1 和 x_2 的分离满足下面等价方程组,即

$$x_2=\frac{1}{a_{12}}\left[\beta x_1+\frac{\gamma^2-\beta^2}{k}\tanh(x_1)\right]\equiv f(x_1) \tag{3-197}$$

$$x_1=\frac{1}{a_{21}}\left[\beta x_2+\frac{\gamma^2-\beta^2}{k}\tanh(x_2)\right]\equiv g(x_2) \tag{3-198}$$

其中，$\gamma = \sqrt{a_{12}a_{21}}$。

仔细研究这些方程可以导出下面的定理。

定理 3.20　如果 $\gamma > |k - \beta|$，那么时滞微分方程（3-170）有两个非平凡不动点 (x_1^*, x_2^*) 和 $(-x_1^*, -x_2^*)$。

证明　考虑函数，即

$$h(x_1) \equiv x_1 - g(f(x_1)) \tag{3-199}$$

由方程（3-197）～方程（3-199），对于 $k > 0$，有

$$h(x_1) = \left(\frac{\gamma^2 - \beta^2}{k\gamma^2}\right)\left[kx_1 - \beta\tanh(x_1) - a_{12}\tanh\left\{\frac{1}{a_{12}}\left(\beta x_1 + \frac{\gamma^2 - \beta^2}{k}\tanh(x_1)\right)\right\}\right]$$

直接计算，有

$$\lim_{x_1 \to 0^+}\frac{h(x_1)}{x_1} = \frac{(\gamma^2 - \beta^2)\left[(k - \beta)^2 - \gamma^2\right]}{k^2\gamma^2}$$

和

$$\lim_{x_1 \to +\infty}\frac{h(x_1)}{x_1} = \frac{\gamma^2 - \beta^2}{\gamma^2}$$

因此，如果 $\gamma > |k - \beta|$，那么我们有

$$\left(\lim_{x_1 \to 0^+}\frac{h(x_1)}{x_1}\right)\left(\lim_{x_1 \to +\infty}\frac{h(x_1)}{x_1}\right) < 0 \tag{3-200}$$

因为 $h(x_1)$ 是连续函数，方程（3-200）蕴含 $h(x_1)$ 有一正根，称它为 x_1^*。定义 $x_2^* = f(x_1^*)$，那么 (x_1^*, x_2^*) 是方程（3-197）和方程（3-198）的非平凡解，因为 $h(x_1)$ 和 $h(x_2)$ 是奇函数，$(-x_1^*, -x_2^*)$ 也是方程（3-197）和方程（3-198）的解。∎

定理 3.21　如果 $\beta < 0$，$k \geq 0$ 和 $\gamma < k - \beta$，那么 $(0, 0)$ 是时滞系统（3-170）的唯一不动点。

证明　如在定理 3.20 定义 $h(x_1)$，那么

$$h'(x_1) \equiv 1 - g'(f(x_1))f'(x_1)$$

且利用方程（3-197）和方程（3-198）可以发现

$$h'(x_1) = \frac{\gamma^2 - \beta^2}{k^2\gamma^2}\{k^2 - \beta k[\text{sech}^2(x_1) + \text{sech}^2(f(x_1))]$$
$$- (\gamma^2 - \beta^2)\text{sech}^2(x_1)\text{sech}^2(f(x_1))\}$$

注意 $h(0) = 0$，且 $h'(0) = \frac{\gamma^2 - \beta^2}{k^2\gamma^2}\left[(k - \beta)^2 - \gamma^2\right]$。显然，如果 $\gamma^2 < \beta^2$，那么对于所有 $x_1 \geq 0$，有 $h'(x_1) < 0$。因为 $h(0) = 0$，对于 $x_1 > 0$，有 $h(x_1) \neq 0$。现在考虑当 $\gamma^2 > \beta^2$ 的情形，即

$$h'(x_1) > \frac{\gamma^2 - \beta^2}{k^2\gamma^2}\{k^2[1 - \text{sech}^2(f(x_1))\text{sech}^2(x_1)]$$

$$-\beta k[\text{sech}^2(x_1)+\text{sech}^2(f(x_1))]-2\text{sech}^2(f(x_1))\text{sech}^2(x_1)\}$$

$$>\frac{\gamma^2-\beta^2}{k^2\gamma^2}\{k^2[1-\text{sech}^2(f(x_1))\text{sech}^2(x_1)]$$

$$-\beta k[\text{sech}(f(x_1))-\text{sech}^2(x_1)]^2\}$$

对于 $x_1\geqslant0$，有 $h'(x_1)>0$，因为 $h(0)=0$。对 $x_1>0$，我们有 $h(x_1)\neq0$。进一步，因为 $h(x_1)$ 是奇的，在两种情形下对于 $x_1<0$，有 $h(x_1)\neq0$。■

定理 3.22　如果 $\beta>0,k>2\beta$ 和 $\gamma<k-\beta$，那么 $(0,0)$ 是系统(3-170)的唯一不动点。

证明　证明类似于定理 3.21，这里省略。■

注 3.5　对于给定的参数值集合，通过画方程(3-197)和方程(3-198)的曲线，并寻找相交点，可能研究方程(3-170)非平凡不动点的存在性。利用这个程序，对于参数值满足 $0<\gamma<k-\beta$，我们没有观察到非平凡不动点，并且对于参数值 $0<\gamma<\beta-k$，可以观察到 4 个非平凡不动点。

2. Hopf 分岔

下面考虑非线性时滞微分方程(3-170)在曲线 $\lambda=i\omega$ 附近的行为，在 3.6.2 中证明了相应于平凡不动点的特征方程沿这条曲线有一对复共轭虚根，因此我们期望方程(3-170)沿这条曲线展示 Hopf 分岔。下面借助定理 3.23 和定理 3.24 证明，当 $a_{12}a_{21}>0$ 时，沿这条曲线 Hopf 分岔并不出现。在 $a_{12}a_{21}<0$ 的情形也有类似讨论。

我们从建立关于特征方程根的非退化条件开始。

定理 3.23　考虑特征方程(3-173)的纯虚根 $\lambda_c=i\omega_c$，那么对于几乎所有参数的选择 λ_c 是单重的，且所有根是 λ，而不是 λ_c 和 $\overline{\lambda_c}$，对于任意整数 m 满足 $\lambda=m\lambda_c$。

证明　要证明 $\lambda_c=i\omega_c$ 是单重的，我们需要证明 $\Delta'_{\pm}(\lambda_c)\neq0$，这里

$$\Delta'_{\pm}(\lambda)=1+\beta\tau_s e^{-\lambda\tau_s}\mp\tau\gamma e^{-\lambda\tau} \tag{3-201}$$

假设 $\Delta'_{\pm}(\lambda_c)=0$，将 $\lambda_c=i\omega_c$ 代入方程(3-201)，并分离实部和虚部，有

$$\begin{cases}\beta\tau_s\cos(\omega_c\tau_s)+1=\pm\tau\gamma_H\cos(\omega_c\tau)\\ \beta\tau_s\sin(\omega_c\tau_s)=\pm\tau\gamma_H\sin(\omega_c\tau)\end{cases} \tag{3-202}$$

考虑方程(3-202)两等式的比，即

$$\tan(\omega_c\tau)=\frac{\beta\tau_s\sin(\omega_c\tau_s)}{\beta\tau_s\cos(\omega_c\tau_s)+1} \tag{3-203}$$

进而，ω_c 必须满足

$$\tan(\omega_c\tau)=\frac{\beta\sin(\omega_c\tau_s)+\omega_c}{\beta\cos(\omega_c\tau_s)-k} \tag{3-204}$$

当 $\gamma=\gamma_H$ 和 $\lambda_c=i\omega_c$ 时的实部和虚部，它的比等于方程(3-203)和方程(3-204)，有

$$\frac{\beta\sin(\omega_c\tau_s)+\omega_c}{\beta\cos(\omega_c\tau_s)-k}=\frac{\beta\tau_s\sin(\omega_c\tau_s)}{\beta\tau_s\cos(\omega_c\tau_s)+1}$$

交叉相乘,我们可以获得

$$\omega_c+\beta\omega_c\tau_s\cos(\omega_c\tau_s)+\beta\sin(\omega_c\tau_s)=-\beta k\tau_s\sin(\omega_c\tau_s)$$

定义 $\underline{\gamma}(\omega_c)=\omega_c+\beta\omega_c\tau_s\cos(\omega_c\tau_s)+\beta(1+k\tau_s)\sin(\omega_c\tau_s)$。$\underline{\gamma}(\omega_c)$ 与方程(3-189)

的分子相同。因此,由引理 3.19,对于所有 $\tau_s<\tau_s^{(1)}$,有 $\underline{\gamma}(\omega_c)>0$。当 $\dfrac{\mathrm{d}\gamma_H}{\mathrm{d}\omega}\bigg|_{\omega=\omega_c=0}$

时,$\underline{\gamma}(\omega_c)$ 的零点出现。当 $\Delta'_{\pm}(\lambda)=0$ 时,ω_c 的这些值相应于满足 $\dfrac{\mathrm{d}\gamma_H}{\mathrm{d}\omega}\bigg|_{\omega=\omega_c=0}$ 的点,

因此排除 ω_c 满足 $\dfrac{\mathrm{d}\gamma_H}{\mathrm{d}\omega}\bigg|_{\omega=\omega_c=0}$ 的值;$\lambda_c=\mathrm{i}\omega_c$ 是方程(3-173)的单重根。

进而,如果在 $\gamma\tau$ 平面上的点 (γ_H,τ) 并不相应于曲线 $\lambda=\mathrm{i}\omega$ 的两个分支相交点,也不相应于曲线 $\lambda=\mathrm{i}\omega$ 和直线 $\lambda=0$ 的相交点,那么在这点仅有一对具有 $\mathrm{Re}(\lambda)=0$ 的特征值。因此,对于任意 $m\in Z$ 和任意根 $\lambda\neq\pm m\mathrm{i}\omega_c$。∎

定理 3.24 $\dfrac{\mathrm{dRe}(\lambda)}{\mathrm{d}\gamma}\bigg|_{\lambda_c=\mathrm{i}\omega_c}=0$,当且仅当 ω_c 满足 $\dfrac{\mathrm{d}\tau_j^{\pm}}{\mathrm{d}\omega}\bigg|_{\omega=\omega_c}=0$,$\gamma_H(\omega_c)\neq0$ 和

$\dfrac{\mathrm{d}\gamma}{\mathrm{d}\omega}\bigg|_{\omega\neq\omega_c}\neq0$。

证明 由定理 3.14 的证明可得结果。∎

注 3.6 因为 $\dfrac{\mathrm{dRe}(\lambda)}{\mathrm{d}\gamma}$ 的零点相应于 $\dfrac{\mathrm{d}\tau}{\mathrm{d}\omega}\bigg|_{\omega=\omega_c}=0$ 和 $\dfrac{\mathrm{d}\gamma}{\mathrm{d}\omega}\bigg|_{\omega=\omega_c}\neq0$ 的点,那么

$\dfrac{\mathrm{dRe}(\lambda)}{\mathrm{d}\gamma}$ 的零点出现,这里曲线 $\lambda=\mathrm{i}\omega$ 有水平切线。

定理 3.25 假设 $\beta,k\geqslant0,\tau_s\geqslant0$ 和 $\tau=\tau_c\geqslant0$ 是固定的,并且 (γ_c,τ_c) 是曲线 $\lambda=\mathrm{i}\omega$ 上的点,这个点并不对应曲线 $\lambda=\mathrm{i}\omega$ 分支相交点,也不对应曲线 $\lambda=\mathrm{i}\omega$ 和直线 $\lambda=0$ 的相交点。记 $\mathrm{i}\omega_c$ 是方程(3-173)的纯虚根,它使得对某个 j,$\gamma_c=\gamma_H(\omega_c)$ 和 $\tau_c=\tau_j^{\pm}(\omega_c)$,这里 $\gamma_H(\omega)$ 和 $\tau_j^{\pm}(\omega)$ 由方程(3-184)和方程(3-185)定义,假设 ω_c 既不是 $\dfrac{\mathrm{d}\gamma_H}{\mathrm{d}\omega}$ 的零点,也不是 $\dfrac{\mathrm{d}\tau_j^{\pm}}{\mathrm{d}\omega}$ 的零点,那么非线性时滞微分方程(3-170)在 $\gamma=\gamma_c$ 处经历了 Hopf 分岔。

证明 将方程(3-173)写成标准形式,即

$$\dot{x}(t)=F(\gamma,x_t) \tag{3-205}$$

其中,$x_t(t)\in C$;$F:R\times C,C=C([-h,0],R^2)$。

$$F(\gamma, x_t) = \begin{bmatrix} -kx_{1t}(0) + \beta\tanh(x_{1t}(-\tau_s)) + a_{12}\tanh(x_{2t}(-\tau)) \\ -kx_{2t}(0) + \beta\tanh(x_{2t}(-\tau_s)) + a_{21}\tanh(x_{1t}(-\tau)) \end{bmatrix}$$

并设 a_{12} 和 a_{21} 由方程(3-194)给定。那么可以直接证明 F 关于 γ 和 ϕ 有连续一阶和二阶导数。定理 3.23 和定理 3.24 蕴含方程(3-205)满足 Hopf 分岔定理[4] 的条件,因此可以获得结果。■

众所周知[4],诸如方程(3-170)的时滞微分方程在 Hopf 分岔点附近的行为由下面的常微分方程组(用极坐标)确定,即

$$\dot{\gamma} = \mu\gamma + a\gamma^3$$
$$\dot{\theta} = \omega$$

特别地,如果 $a>0$,Hopf 分岔是上临界的;如果 $a<0$,Hopf 分岔是下临界的。利用中心流形和规范形式技巧,这个系数也许与时滞微分方程的参数有关[69,72,95]。

3.6.4　分岔的相互作用

在前几节,我们在 $\gamma\tau$ 参数空间确定了各种分岔,提供了解析证明 Pitchfork 分岔出现在沿直线 $\lambda=0$,并且 Hopf 分岔出现在沿 $\lambda=i\omega$ 曲线的各种分支,即方程(3-184)和方程(3-185)在情形 $a_{12}a_{21}>0$ 时,它显然从 3.6.2 的结果,例如在图 3.18 中这些各种直线和曲线可能出现,这些相交点相应于分岔相交点,也可看做余维 2 分岔点。本节我们描绘分岔相交,也可出现在方程(3-170)中,并且证明这些相交怎样影响观察系统中的行为。

有三种主要方式分岔曲线可以相交导致下面三种类型的分岔相交点。

① Hopf-Hopf 相交,出现在曲线 $\lambda=i\omega$ 的两个分支横截相交,相应特征方程(3-173)有两对纯虚根。

② Hopf-Pitchfork 相交,出现在曲线 $\lambda=i\omega$ 横截相交于直线 $\lambda=0$,相应特征方程(3-173)有一对纯虚根和一个零根。

③ Takens-Bogdanov 相交,出现在曲线 $\lambda=i\omega$ 的额外分支,且在直线 $\lambda=0$ 结束,相应于特征方程(3-173)有双重零根。

3.6.2 节的各种引理和定理描述了在参数空间这些相交可能出现,概括如下。

① $a_{12}a_{21}>0, \beta>0$,相交出现在平凡不动点的稳定性域的外面,并且因此并不影响系统可观察的动态。

② $a_{12}a_{21}>0, \beta<0$,相交 1 和 2 出现当且仅当 $\tau_s \geqslant \tau_s^{(1)}$,相交 3 出现,当且仅当 $\tau_s > \tau_s^*$。

③ $a_{12}a_{21}<0$,相交出现当且仅当 $\tau_s \geqslant \tau_s^{(1)}$,相交 2 和 3 并不出现。

对于 τ_s,这些相交可能出现,有类型 1 和类型 2 的相交点的可数无限性,但对于类型 3 之一成立。

利用中心流形缩减[4],能够证明诸如方程(3-170)的时滞微分方程在分岔相交

点的动态可由常微分方程组来确定,它的维数相应于在相交点特征方程具有零实部的根的个数。利用规范形式分析,常微分方程组的行为相应于由上面描述的相交类型,已在文献[11]中进行研究。在本节的其余部分,利用文献[4]的程序来预测系统(3-170)在上面描述的三种类型的相交点的附近的行为,并用数值模型时滞方程来比较其预测。

1. Hopf-Hopf 相交

在系统(3-170)中,Hopf 分岔出现在不动点稳定性域的边界,并且大部分是上临界的。正如文献[11],两个这种上临界 Hopf 分岔相交导致一个 2 环面产生的次 Hopf 分岔。应用上面描述的 Maple 程序于稳定域边界的几个 Hopf-Hopf 相交点,如图 3.17(b)和 3.18(a)所示。在所有情形中,我们发现参数值使环面不稳定,并且有两个稳定极限环强制存在。这可由方程(3-170)在参数值接近这些相交点之一处数值模拟而得到证实。如图 3.19 所示,这里参数值相应于图 3.17(b)中曲

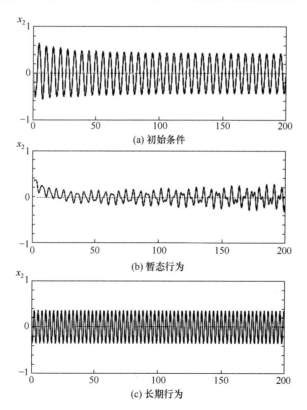

(a) 初始条件

(b) 暂态行为

(c) 长期行为

图 3.19　方程(3-170)具有 $\beta=-1, k=\dfrac{1}{2}, \tau_s=0.8, \tau_1=\tau_2=2.5, a_{12}=1, a_{21}=1.39$

线 $\lambda=\mathrm{i}\omega$ 最下面两个分支的相交点。当初始值为 $x_1(t)=-0.3,x_2(t)=0.6,-h$ $\leqslant t \leqslant 0$ 时,系统趋于一个极限环(图 3.19(a))。然而,当初始值为 $x_1(t)=0.4,x_2$ $(t)=0.3,-h \leqslant t \leqslant 0$ 时,系统初始行为为拟周期(图 3.19(b)),并且最终停留在第二个极限环(图 3.19(c))。

2. Hopf-Pitchfork 相交

这种相交也在文献[11]中进行了讨论,证明当两个分岔是上临界的,导致并不围绕原点的两个极限环产生的一个次分岔出现。再利用 Mapple 程序[72] 于几个相交点满足相同的定性结果,参数使这些新的极限环是不稳定的,并且具有两个稳定的非平凡不动点和包含原点的极限环强制存在。这些结果由方程(3-170)的数值模拟得到证实,一个例子如图 3.20 所示,对于 $x_1(t)=0.4,x_2(t)=0.3,-h \leqslant t \leqslant$ $0;x_1(t)=-0.4,x_2(t)=-0.3,-h \leqslant t \leqslant 0;x_1(t)=-0.3,x_2(t)=0.6,-h \leqslant t \leqslant 0$ 的三个解给出在 x_1 和 x_2 平面。

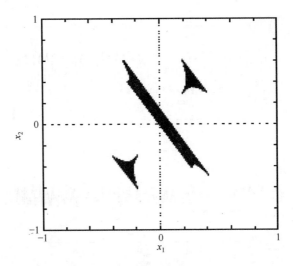

图 3.20　方程(3-170)具有 $\beta=-1,k=\dfrac{1}{2},\tau_s=0.8,\tau_1=\tau_2=0.7,a_{12}=1,$

$a_{21}=2.28$ 相应于初始条件

3. Takens-Bogdanov 相交

在文献[11]中,当 Takens-Bogdanov 相交涉及上临界 Hopf 分岔和上临界 Pitchfork 分岔时,人们期望发现参数空间的域,非平凡不动点是稳定的,并且具有大振幅稳定的极限环强制存在。我们观察这个行为在方程(3-170)的数值模拟中,如图 3.21 所示。

在图 3.20 的三种初值条件下的解如图 3.21 所示。

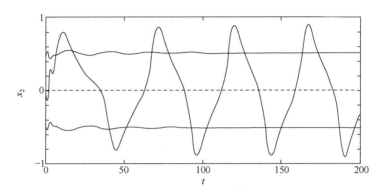

图 3.21　方程(3-170)具有 $\beta=-1, k=\dfrac{1}{2}, \tau_s=1.5, \tau_1=\tau_2=0.2, a_{12}=1, a_{21}=2.34$ 的数值模拟

3.6.5　结论

在本节,我们给出了时滞微分方程(3-170)数学性质的详细分析,强调了带时滞的含义。下面评述一些重要的理论结果,并讨论它们在神经网络中的意义。

在 3.6.2 节也许平凡解的稳定性最为有趣的方面是所有的结果依赖于联接参数,即仅通过联接强度的积 $a_{12}a_{21}$ 和时滞的和 $\tau_1+\tau_2$。特别地,这意味着带两个抑制联接系统的稳定性结果等同于带相同大小的两个兴奋性联接系统的稳定性结果,类似的结果已在具有偶数元胞的环形神经网络中观察到[96]。

关于稳定性结果的反馈影响归纳为时滞的某个临界值 $\tau_s^{(1)}$,它由电路参数 k 和反馈强度 β 确定,如果反馈时滞 τ_s 比这个值小,系统的行为类似于无反馈的系统行为,这已在文献[73],[95]中研究,即它的行为是以大的且与联接时滞无关的稳定性域和平凡不动点的全局稳定性域为特征,并且仅其他解是周期的或非平凡不动点;如果反馈时滞比这个值大,更为复杂的行为也许出现。

在 3.6.3 节,证明了增加联接强度 a_{ij} 之一的大小可能产生平凡不动点失去稳定性,即借助 Pitchfork 分岔导致稳定的非平凡不动点或借助 Hopf 分岔导致稳定的周期解,后一种解支配了参数空间。在图 3.16～图 3.18 的所有域存在,它既不在稳定性域,也不在标记为“1”的域,这些解在我们的模型中出现主要是由于时滞的出现,而没有时滞的类似模型证明是全局稳定的[97],从图 3.16～图 3.18 可以清楚看到通过改变联接时滞之一 τ_1 和 τ_2 的大小也许产生 Hopf 分岔。因此,普遍认为时滞可去稳定化一个稳定不动点导致一个周期解。与这个观点相反,在我们的模型中增加联接时滞也可稳定化平凡不动点(这可在图 3.17(b)和图 3.18(a)中看到)。这些现象在具有多个时滞系统[48]和单时滞高阶系统中是相当普遍的[69,95]。

在 3.6.4 节,我们证明当反馈时滞比临界值 $\tau_s^{(1)}$ 大时,各种分岔相互作用,导致了多稳定性。一个 Pitchfork 分岔与 Hopf 分岔相交导致了一对非平凡不动点与一个周期解之间的多稳定性。当参数在这种状态时,对变量的小扰动可使系统出现或结束振荡。这种振荡器死亡已在许多系统包括某个实验的神经元中观测到。两个 Hopf 分岔相交导致不同频率的两个极限环之间的双稳定性,这是有趣的,因为人们一般相信在神经系统中为了传输信息周期放电是一种机理。因此,在两个极限环之间的双稳定性对于相同的参数值提供了一种机理——对于传输两个不同的"消息"对应不同刺激的系统。

3.7　带分布时滞两个神经元系统的 Hopf 分岔

3.7.1　模型的引入、局部稳定性与 Hopf 分岔的存在性

考虑带分布时滞的神经网络模型[98],即

$$
\begin{cases}
\dfrac{\mathrm{d}x_1(t)}{\mathrm{d}t} = -x_1(t) + a_1^* f\left[x_2(t) - b_2 \displaystyle\int_0^\infty F(s) x_2(t-s)\mathrm{d}s - c_1\right] \\[3mm]
\dfrac{\mathrm{d}x_2(t)}{\mathrm{d}t} = -x_2(t) + a_2^* f\left[x_1(t) - b_1 \displaystyle\int_0^\infty F(s) x_1(t-s)\mathrm{d}s - c_2\right]
\end{cases}
\tag{3-206}
$$

其中,a_i^*,b_i 和 c_i($i=1,2$)是非负数;x_i($i=1,2$)是神经元的平均膜电位;a_i^* 是相应于连续变量 x_i 的范围;b_i 是过去历史的抑制影响的测度;c_i 是神经元阈值;在函数 f 的分量中项 x_i 表示局部正反馈。

按生物学文献,这种反馈可看作回复记忆,而在人工神经网络中,它可看成来自其他神经元的兴奋,权函数 $F(s)$ 是定义于$[0,+\infty)$上的非负有界函数,反映了过去状态对当前动态行为的影响。

本节仅考虑弱核情形,对强核运用频率方法进行讨论[99],因此有

$$
F(s) = \alpha \mathrm{e}^{-\alpha s}, \quad \alpha > 0
\tag{3-207}
$$

为了方便起见,置 $c_1 = c_2 = 0$,对于 $c_1 \neq 0$,$c_2 \neq 0$,可获得类似地结果,设

$$
\begin{cases}
y_1(t) \triangleq x_1(t) - b_1 \displaystyle\int_0^\infty F(s) x_1(t-s)\mathrm{d}s \\[3mm]
y_2(t) \triangleq x_2(t) - b_2 \displaystyle\int_0^\infty F(s) x_2(t-s)\mathrm{d}s
\end{cases}
\tag{3-208}
$$

因此,系统(3-206)等价于下面的模型,即

$$
\begin{cases}
\dfrac{\mathrm{d}y_1(t)}{\mathrm{d}t} = -y_1(t) + a_1^* f[y_2(t)] - a_1^* b_1 \displaystyle\int_{-\infty}^0 F(-s) f[y_2(t+s)]\mathrm{d}s \\[3mm]
\dfrac{\mathrm{d}y_2(t)}{\mathrm{d}t} = -y_2(t) + a_2^* f[y_1(t)] - a_2^* b_2 \displaystyle\int_{-\infty}^0 F(-s) f[y_1(t+s)]\mathrm{d}s
\end{cases}
$$

$$
\tag{3-209}
$$

假设当 $u \neq 0$ 时,有

$$f \in C^4(R), \quad f(0) = 0, \quad uf(u) > 0 \tag{3-210}$$

如果 $a_1^* a_2^* \mid (1-b_1)(1-b_2) \mid < 1/[f'(0)]^2$，那么方程(3-209)的平衡点$(0,0)$存在。

方程在原点附近展成一阶、二阶、三阶和高阶项，我们有下面的矩阵形式，即

$$\frac{\mathrm{d}y(t)}{\mathrm{d}t} = Ly(t) + \int_{-\infty}^{0} K(s)y(t+s)\mathrm{d}s + H(y) \tag{3-211}$$

其中

$$L = \begin{bmatrix} -1 & a_1 \\ a_2 & -1 \end{bmatrix}, \quad K(s) = \begin{bmatrix} 0 & -a_1 b_1 F(-s) \\ -a_2 b_2 F(-s) & 0 \end{bmatrix} \tag{3-212}$$

$H(y) =$

$$\begin{bmatrix} a_1^{(2)} y_2^{(2)}(t) + a_1^{(3)} y_2^{(3)}(t) - a_1^{(2)} b_1 \int_{-\infty}^{0} F(-s) y_2^2(t+s)\mathrm{d}s - a_1^{(3)} b_1 \int_{-\infty}^{0} F(-s) y_2^3(t+s)\mathrm{d}s + \cdots \\ a_2^{(2)} y_1^{(2)}(t) + a_2^{(3)} y_1^{(3)}(t) - a_2^{(2)} b_2 \int_{-\infty}^{0} F(-s) y_1^2(t+s)\mathrm{d}s - a_2^{(3)} b_2 \int_{-\infty}^{0} F(-s) y_1^3(t+s)\mathrm{d}s + \cdots \end{bmatrix}$$
$$\tag{3-213}$$

其中，$a_i = a_i^* f'(0)$；$a_i^{(2)} = \frac{1}{2} a_i^* f''(0)$；$a_i^{(3)} = \frac{1}{6} a_i^* f'''(0)$，$i = 1, 2$。

线性化系统相应的特征方程是

$$(\lambda+1)^2 - a_1 a_2 \left[1 - b_1 \int_{-\infty}^{0} F(-s) e^{\lambda s} \mathrm{d}s\right]\left[1 - b_2 \int_{-\infty}^{0} F(-s) e^{\lambda s} \mathrm{d}s\right] = 0 \tag{3-214}$$

首先考虑 $b_2 = 0$ 的情形，如果 $F(s) = \alpha e^{-\alpha s} (\alpha > 0)$，那么特征方程(3-214)变为

$$\lambda^3 + m_1(\alpha)\lambda^2 + m_2(\alpha)\lambda + m_3(\alpha) = 0 \tag{3-215}$$

其中

$$m_1(\alpha) = 2+\alpha, \quad m_2(\alpha) = 1+2\alpha - a_1 a_2, \quad m_3(\alpha) = \alpha[1 - a_1 a_2(1-b_1)] \tag{3-216}$$

Routh-Hurwitz 准则要求 $m_1(\alpha) > 0, m_2(\alpha) > 0$ 和 $m_3(\alpha) > 0$，然而上面三个不等式成立，当且仅当 $1 - a_1 a_2(1-b_1) > 0$ 和 $a_1 a_2 < 1 + 2\alpha$。设 $\varphi_1 : (0, +\infty) \rightarrow R$ 是连续可微函数，定义为

$$\varphi_1(\alpha) = m_1(\alpha)m_2(\alpha) - m_3(\alpha) \tag{3-217}$$

Routh-Hurwitz 准则蕴含的系统(3-209)平衡点是局部渐近稳定的，如果 $\varphi_1(\alpha) > 0$，即

$$\varphi_1(\alpha) = 2\alpha^2 + (4 - a_1 a_2 b_1)\alpha + 2(1 - a_1 a_2) \tag{3-218}$$

那么，方程 $\varphi_1(\alpha) = 0$ 的两个根是

$$\alpha_{\pm} = \frac{1}{4}\left[(a_1 a_2 b_1 - 4) \pm \sqrt{a_1 a_2(16 - 8b_1 + a_1 a_2 b_1^2)}\right] \tag{3-219}$$

在下面的讨论中,考虑两种情形。

① 如果 $a_1a_2 < 1$,因为 $\alpha > 0$,由方程(3-217)有

$$b_1 < \frac{2\alpha}{a_1a_2} + \frac{4}{a_1a_2} + \frac{2(1-a_1a_2)}{a_1a_2\alpha} \equiv g(\alpha) \tag{3-220}$$

当 α 从 0 变化到 $+\infty$ 时,上述不等式右边的函数 $g(\alpha)$ 从 $+\infty$ 衰减到最小值 $(4/a_1a_2)(1+\sqrt{1-a_1a_2})$,此时 $\alpha = \sqrt{1-a_1a_2}$,然后再增加。因此,如果 $b_1 < (4/a_1a_2)(1+\sqrt{1-a_1a_2})$ 对所有的 α 不等式(3-220)成立。如果 $b_1 > (4/a_1a_2)(1+\sqrt{1-a_1a_2})$,不等式对于小的 α 和大的 α 成立(即 $\alpha < \alpha_-$ 或 $\alpha > \alpha_+$,这里 $\alpha_\pm$ 由方程(3-219)给出),但有一个区间 $\alpha \in (\alpha_-, \alpha_+)$ 不等式在此区间不成立。在这种情形下,当 α 变化时,有一个从稳定到不稳定再到稳定的变化。

② 如果 $1 \leqslant a_1a_2 < 1+2\alpha$,那么 $m_1(\alpha) > 0$,$m_2(\alpha) > 0$ 和 $m_3(\alpha) > 0$。显然,$\alpha_+ > 0$ 和 $\alpha_- < 0$,因此当 $\alpha \in (\alpha_+, +\infty)$ 时,我们有 $\varphi_1(\alpha) > 0$,即系统(3-209)是局部渐近稳定的。

在上面的讨论中,如果存在 $\alpha_0 > 0$,使得 $\varphi_1(\alpha_0) = 0$,那么特征方程有一对纯虚根 $\lambda_{1,2} = \pm \omega_0 i (\omega_0 = \sqrt{m_2\alpha})$ 和一个实根 $\lambda_3 = -m_1(\alpha) < 0$。

下面通过对方程(3-215)两边的 α 隐含微分可以在点 $\alpha = \alpha_0$ 计算 $\dfrac{d}{d\alpha}[Re\lambda_1]$ 的值,经过计算,有

$$\frac{d}{d\alpha}[Re\lambda_1]_{\alpha_0} = -\frac{1}{2(m_1^2+m_2)}\frac{d\varphi_1(\alpha)}{d\alpha}\bigg|_{\alpha_0}$$
$$= -\frac{1}{2(m_1^2+m_2)}[4\alpha_0 + (4-a_1a_2b_1)] \tag{3-221}$$

因此,我们有下面的结果。

定理 3.26(稳定性转换与 Hopf 分岔的存在性)

① 如果 $b_2 = 0$,$a_1a_2 < 1$ 和 $b_1 < (4/a_1a_2)(1+\sqrt{1-a_1a_2})$,那么系统(3-206)对于所有 $\alpha \in (0, +\infty)$ 是渐近稳定的。

② 如果 $b_2 = 0$,$a_1a_2 < 1$ 和 $b_1 > (4/a_1a_2)(1+\sqrt{1-a_1a_2})$,那么系统(3-206)对于 $\alpha \in (0, \alpha_-)$ 和 $\alpha \in (\alpha_+, +\infty)$ 是渐近稳定的。然而,在区间 $\alpha \in (\alpha_-, \alpha_+)$,系统(3-206)是不稳定的。

③ 如果 $\alpha_0 = \alpha_-$ 或 $\alpha_0 = \alpha_+$,使得 $\varphi_1(\alpha_0) = 0$ 和 $\left(\dfrac{d\varphi_1(\alpha_0)}{d\alpha}\right)_{\alpha_0} = \pm\sqrt{a_1a_2(16-8b_1+a_1a_2b_1^2)} \neq 0$,即 $b_1 \neq \dfrac{4}{a_1a_2}(1\pm\sqrt{1-a_1a_2})$,$\alpha$ 通过 α_0 时在 $(y_1^*, y_2^*) = (0,0)$ 出现 Hopf 分岔。

定理 3.27　如果 $b_2=0,1+2\alpha>a_1a_2>1,\alpha\in(\alpha_+,+\infty)$，系统(3-209)是局部渐近稳定的；当 $\alpha\in(0,\alpha_+)$ 时，系统(3-209)在 $(y_1^*,y_2^*)=(0,0)$ 处是不稳定的；如果 $\alpha_0=\alpha_+$ 使得 $\varphi_1(\alpha_0)=0$，且 $\dfrac{\mathrm{d}\varphi_1(\alpha_0)}{\mathrm{d}\alpha}\neq0$，那么当 α 通过 α_0 时，在 $(y_1^*,y_2^*)=(0,0)$ 处出现 Hopf 分岔。

如果 $b_2\neq0$，且 $F(s)$ 是弱核，即 $F(s)=\alpha\mathrm{e}^{-\alpha s},\alpha>0$，并且定义

$$n_1(\alpha)=2(1+\alpha)>0$$
$$n_2(\alpha)=(1+\alpha)^2+2\alpha-a_1a_2>0$$
$$n_3(\alpha)=2\alpha(1+\alpha)-\alpha a_1a_2(2-b_1-b_2)>0 \quad\quad (3\text{-}222)$$
$$n_4(\alpha)=\alpha^2[1-a_1a_2(1-b_1)(1-b_2)]>0$$

那么特征方程为

$$\lambda^4+n_1(\alpha)\lambda^3+n_2(\alpha)\lambda^2+n_3(\alpha)\lambda+n_4(\alpha)=0 \quad\quad (3\text{-}223)$$

对于方程(3-223)所有根有负实部的充分必要条件由 Routh-Hurwitz 准则提供，即

$$D_1(\alpha)\equiv n_1(\alpha)=2(1+\alpha)>0$$
$$D_2(\alpha)\equiv n_1(\alpha)n_2(\alpha)-n_3(\alpha)$$
$$=2(1+\alpha)^3+2(1+\alpha)^2-[2+a_1a_2(b_1+b_2)](1+\alpha)-a_1a_2(2-b_1-b_2)>0$$
$$D_3(\alpha)\equiv n_3(\alpha)D_2(\alpha)-n_1^2(\alpha)n_4(\alpha)$$
$$=4(1+\alpha)^5+d_4(1+\alpha)^4+d_3(1+\alpha)^3+d_2(1+\alpha)^2+d_1(1+\alpha)+d_0>0$$
$$D_4(\alpha)\equiv n_4(\alpha)D_3(\alpha)=\alpha^2[1-a_1a_2(1-b_1)(1-b_2)]D_3(\alpha)>0 \quad\quad (3\text{-}224)$$

其中

$$d_4=-2[2+a_1a_2(b_1+b_2-2b_1b_2)]$$
$$d_3=-2a_1a_2(4-3b_1-3b_2+4b_1b_2)$$
$$d_2=4a_1a_2(2-b_1-b_2+b_1b_2)+(a_1a_2)^2(2-b_1-b_2)(b_1+b_2) \quad (3\text{-}225)$$
$$d_1=2(a_1a_2)^2(2-b_1-b_2)(1-b_1-b_2)$$
$$d_0=-[a_1a_2(2-b_1-b_2)]^2$$

显然，$D_1(\alpha)>0$。如果 $D_3(\alpha)>0$，那么 $D_4(\alpha)>0$，容易获得 $D_2(\alpha)>0$，当且仅当 $a_1a_2<1$ 和 $b_1+b_2<8$。$D_3(\alpha)>0$，当且仅当下面的不等式成立，即

$$d_4+20>0$$
$$4d_4+d_3+40>0$$
$$6d_4+3d_3+d_2+40>0 \quad\quad (3\text{-}226)$$
$$4d_4+3d_3+2d_2+d_1+20>0$$

设 $\lambda_i(i=1,2,3,4)$ 是特征方程(3-223)的根，那么有

$$\lambda_1 + \lambda_2 + \lambda_3 + \lambda_4 = -n_1(\alpha)$$
$$\lambda_1\lambda_2 + \lambda_1\lambda_3 + \lambda_1\lambda_4 + \lambda_2\lambda_3 + \lambda_2\lambda_4 + \lambda_3\lambda_4 = n_2(\alpha)$$
$$\lambda_1\lambda_2\lambda_3 + \lambda_1\lambda_3\lambda_4 + \lambda_2\lambda_3\lambda_4 + \lambda_1\lambda_2\lambda_4 = -n_3(\alpha) \qquad (3\text{-}227)$$
$$\lambda_1\lambda_2\lambda_3\lambda_4 = n_4(\alpha)$$

如果存在 $\alpha_0 \in R^+$，使得 $D_3(\alpha_0) = 0$，由 Routh-Hurwitz 准则，至少一个根(如 λ_1)有实部等于 0。由式(3-227)的第四个方程有 $\mathrm{Im}\,\lambda_1 = \omega_0 \neq 0$，因此存在另外一个根，如 λ_2，使得 $\lambda_2 = \bar{\lambda}_1$。因为 $D_3(\alpha)$ 是它的根的连续函数，所以 λ_1 和 λ_2 对于 α 在包含 α_0 的开区间是复共轭的，因此方程(3-227)在 α_0 处有

$$\lambda_3 + \lambda_4 = -n_1, \quad \omega_0^2 + \lambda_3\lambda_4 = n_2, \quad \omega_0^2(\lambda_3 + \lambda_4) = -n_3, \quad \omega_0^2\lambda_3\lambda_4 = n_4 \quad (3\text{-}228)$$

如果 λ_3 和 λ_4 是复共轭的，那么从式(3-228)的第一个方程有 $2\mathrm{Re}\,\lambda_3 = -n_1 < 0$。如果 λ_3 和 λ_4 是实的，从式(3-228)的第一个方程和第四个方程有 $\lambda_3 < 0$ 和 $\lambda_4 < 0$。经过一些计算，有

$$\frac{\mathrm{d}}{\mathrm{d}\alpha}[\mathrm{Re}\lambda_1]_{\alpha_0} = -\frac{n_1}{2[n_1^3 n_3 + (n_1 n_2 - 2n_3)^2]}\frac{\mathrm{d}D_3(\alpha)}{\mathrm{d}\alpha}\bigg|_{\alpha_0} \qquad (3\text{-}229)$$

因此，我们有下面的结果。

定理 3.28　如果 $D_3(\alpha) > 0$，那么系统(3-206)的平衡点是局部渐近稳定的。如果存在 $\alpha_0 \in R^+$，使得 $D_3(\alpha_0) = 0$ 和 $\dfrac{\mathrm{d}D_3(\alpha)}{\mathrm{d}\alpha}\bigg|_{\alpha_0} \neq 0$，那么当 α 通过 α_0 时，在 $(0,0)$ 处出现 Hopf 分岔。

3.7.2　分岔周期解的稳定性

下面，我们利用 1.1 节的方法研究分岔周期解的稳定性，并考虑核 $F(s) = \alpha e^{-\alpha s}$，$\alpha > 0$ 的情形。经过繁琐的计算，我们可以获得下面的量，即

$$C_1(0) = \frac{\mathrm{i}}{2\omega_0}\left(g_{20}g_{11} - 2|g_{11}|^2 - \frac{1}{3}|g_{02}|^2\right) + \frac{g_{21}}{2}$$

$$\mu_2 = -\frac{\mathrm{Re}\{C_1(0)\}}{\mathrm{Re}\lambda'(0)}$$

$$T_2 = -\frac{\mathrm{Im}\{C_1(0)\} + \mu_2\,\mathrm{Im}\lambda'(0)}{\omega_0}$$

$$\beta_2 = 2\mathrm{Re}\{C_1(0)\} \qquad (3\text{-}230)$$

定理 3.29　在式(3-230)中，μ_2 决定了 Hopf 分岔的方向：如果 $\mu_2 > 0(<0)$，那么 Hopf 分岔是上临界的(下临界的)，并且对于 $\alpha > \alpha_0(<\alpha_0)$ 分岔周期解存在；β_2 决定了分岔周期解的稳定性：如果 $\beta_2 < 0(>0)$，那么分岔周期解是轨道稳定的(不稳定的)；T_2 决定了分岔周期解的周期：如果 $T_2 > 0(<0)$，那么周期是增加的(减少的)。

对于系统(3-209),根据函数 $\tanh(u)$ 的性质有 $a_1^{(2)}=0$ 和 $a_2^{(2)}=0$,因此在方程(3-230)中有

$$g_{20}=0,\quad g_{11}=0,\quad g_{02}=0$$

$$\frac{g_{02}}{2}=\bar{E}\Big[3\,|B|^2 a_1^{(3)}\frac{1+\mathrm{i}\omega_0}{a_1}+3a_2^{(3)}\frac{1-\mathrm{i}\omega_0}{a_2}\Big]$$

设 $E=E_R+\mathrm{i}E_I$,那么有

$$C_1(0)=\frac{g_{21}}{2}=2\frac{f'''(0)}{f'(0)}\{[(1+|B|^2)E_R+(|B|^2-1)\omega_0 E_I]+\mathrm{i}(|B|^2-1)(\omega_0 E_R-E_I)\}$$

因此

$$\mathrm{Re}(C_1(0))=2\frac{f'''(0)}{f'(0)}\{[(1+|B|^2)E_R+(|B|^2-1)\omega_0 E_I]\equiv\Delta$$

推论 3.1　假设 $b_2\neq0$,则有如下结论。

① $\mathrm{Re}(\lambda'(0))>0$。如果 $\Delta>0$,那么 $\mu_2<0$ 和 $\beta_2>0$,因此 Hopf 分岔是下临界的,并且分岔周期解是不稳定的;如果 $\Delta<0$,那么 $\mu_2>0$ 和 $\beta_2<0$,因此 Hopf 分岔是上临界的,且分岔周期是稳定的。

② $\mathrm{Re}(\lambda'(0))<0$。如果 $\Delta>0$,那么 $\mu_2>0$ 和 $\beta_2>0$,因此 Hopf 分岔是上临界的,且分岔周期是不稳定的;如果 $\Delta<0$,那么 $\mu_2<0$ 和 $\beta_2<0$,因此 Hopf 分岔是下临界的,且分岔周期是稳定的。

对于系统(3-206)的数值例子及仿真可见文献[98],对于系统(3-206)带弱核用频域方法的讨论可见文献[100],对于系统(3-206)带强核用频域方法的讨论可见文献[99],这里不再赘述。

3.8　带两个时滞调和振荡器的分岔

3.8.1　引言

在非线性动力学中,调和振荡器是最为广泛深入研究的系统之一[11,24],在物理、电子、生物、神经学和其他领域,充当自兴奋振荡的基本模型,已作出了巨大的努力来发现它的近似解[11,24],或构造简单的映射来定性描述它的动态特征。对这些非线性振荡器,如果我们有关于各个周期解存在性的知识,那么它可能是非常有用的。众所周知,一个非常数周期解能够产生的最简单方法之一是从 Hopf 分岔产生。当两个特征值从左到右穿过虚轴时,作为一个实参数通过一个临界值,并且出现 Hopf 分岔[2,4,11]。

另一方面,在许多生物研究主题及工程的几个分支中已经研究了时滞的系统。在工程例子中,时滞通常是离散的,这是因为 t 时刻系统的状态变化受时刻 $t-T$ ($T>0$) 系统状态变化的影响。本节研究具有两个离散时滞的调和振荡器。首先,通过分析该系统线性化方程相应的超越特征方程,研究该系统零解的局部稳定性,

获得涉及时滞和系统参数的一些一般稳定性准则。其次,通过选择时滞之一作为分岔参数,证明带两个时滞调和振荡器展示了 Hopf 分岔序列,然后通过应用规范形式理论和中心流形定理,讨论分岔周期解的稳定性。最后,在某种情形下,我们指出相应于线性化方程的特征方程有两对纯虚根 $\pm i\omega_1$ 和 $\pm i\omega_2$,且 $\omega_1 \neq \omega_2$。因为这些点普遍出现在两个 Hopf 分岔曲线相交的位置,我们称它们为双重 Hopf 分岔点。双重 Hopf 分岔点是共振的,即 Hopf 分岔的频率满足 $\omega_1 : \omega_2 = m : n$,这里 $m, n \in Z^+$(Z^+ 是正整数集合)。

　　在 3.8.2 节引入带两个离散时滞的调和振荡器,基于 Nyquist 准则讨论其局部稳定性,通过选时滞之一作为分岔参数,获得 Hopf 分岔存在性的一些充分条件。在 3.8.3 节利用规范形式理论和中心流形定理[1],分析 Hopf 分岔的方向,获得分岔周期解的稳定性的一些准则。在 3.8.4 节发现参数空间的位置,确定该系统共振双重 Hopf 分岔点。

3.8.2　局部稳定性和 Hopf 分岔的存在性

　　考虑带两个时滞调和振荡器方程,即

$$m\ddot{x}(t)+c\dot{x}(t)+kx(t)=s_1 f(x(t-\tau_1))+s_2 f(\dot{x}(t-\tau_2)),\quad t\geqslant t_0 \quad (3\text{-}231)$$

其中,$m>0$、$c\geqslant 0$ 和 $k\geqslant 0$ 是质量、阻尼和系统的不易弯曲性;τ_1 和 τ_2 是时滞;s_1 和 s_2 是正反馈增益;f 是非线性力的输入函数。

　　为了方便,设 $u_1(t)=x(t)$ 和 $u_2(t)=\dot{x}(t)$,那么系统(3-231)可写为

$$\begin{cases} \dot{u}_1(t)=u_2(t) \\ \dot{u}_2(t)=-au_2(t)-bu_1(t)+pf(u_1(t-\tau_1))+qf(u_2(t-\tau_2)) \end{cases} \quad (3\text{-}232)$$

其中,$a=\dfrac{c}{m}$;$b=\dfrac{k}{m}$;$p=\dfrac{s_1}{m}$;$q=\dfrac{s_2}{m}$。

　　假设函数 f 满足下面的条件,即

$$f\in C^4(R),\quad f(0)=0,\quad uf(u)>0,\quad u\neq 0 \quad (3\text{-}233)$$

显然,$E_0=(0,0)$ 是系统(3-232)在条件(3-233)成立时的唯一平衡点。要研究平衡点的局部稳定性,在平衡点处线性化系统(3-232),设 $v_1(t)$ 和 $v_2(t)$ 是线性化系统变量,系统(3-232)可以表示为

$$\begin{cases} \dot{v}_1(t)=v_2(t) \\ \dot{v}_2(t)=-av_2(t)-bv_1(t)+pdv_1(t-\tau_1)+qdv_2(t-\tau_2) \end{cases} \quad (3\text{-}234)$$

其中,$d=f'(0)$。

　　相应于系统(3-234),特征方程为

$$\lambda^2+a\lambda+b-pd\mathrm{e}^{-\tau_1\lambda}-qd\lambda\mathrm{e}^{-\tau_2\lambda}=0 \quad (3\text{-}235)$$

其中,$\lambda=0$ 是方程(3-235)的根,当且仅当 $b=pd$。

　　如果 $\lambda=\mu+i\omega$ 满足方程(3-235),那么 μ 和 ω 是下面方程的实数解,即

$$\begin{cases} \mu^2 - \omega^2 + a\mu + b - pd e^{-\tau_1\mu}\cos\tau_1\omega - qd\mu e^{-\tau_2\mu}\cos\tau_2\omega - qd\omega e^{-\tau_2\mu}\sin\tau_2\omega = 0 \\ 2\mu\omega + a\omega + pd e^{-\tau_1\mu}\sin\tau_1\omega + qd\mu e^{-\tau_2\mu}\sin\tau_2\omega - qd\omega e^{-\tau_2\mu}\cos\tau_2\omega = 0 \end{cases}$$

$$(3\text{-}236)$$

因为时滞 τ_1 和 τ_2 是有限的,特征方程是时滞函数,因此特征方程(3-235)的根也是时滞函数。当时滞长度变化时,平凡解的稳定性可能变化。利用文献[53]研究的技巧,我们现在来研究线性化系统的稳定性。

众所周知,如果相应于线性时滞微分方程的特征方程仅有负实部的根,并且所有远离虚轴的根是一致有界的,那么平凡解是一致渐近稳定的。我们现在来确定由方程(3-235)满足这些需要的条件。

假设 $b \neq pd$,如果无时滞,即 $\tau_1 = \tau_2 = 0$,$E_0 = (0,0)$ 是局部渐近稳定的。如果下面条件满足,即

$$a - qd > 0, \quad b - pd > 0 \tag{3-237}$$

下面估计时滞的长度来保持稳定性,首先注意条件(3-237)在无时滞情形系统(3-232)的唯一平衡态,$E_0 = (0,0)$ 是局部渐近稳定的。然而,如果 $b = pd$,那么 $\lambda = 0$ 是方程(3-235)的根,因此在系统(3-231)中存在一个 Pitchfork 分岔。

由连续性,对于充分小的 $\tau_1 + \tau_2 > 0$,假如 $\tau_1 + \tau_2$ 从零增加时(这是可能发生的,因为这是一个时滞系统),方程(3-235)没有具有正实部的根从无穷处分岔,因此方程(3-235)的所有根有负实部,可以用 Nyquist 准则来估计 $\tau_1 + \tau_2$ 的范围以使平衡态 $E_0 = (0,0)$ 保持渐近稳定。考虑方程(3-235),在 $[-(\tau_1 + \tau_2), +\infty)$ 定义满足初始条件 $v_1(t) = v_2(t) = 0(t < 0)$ 的实值连续函数空间,设 $\tilde{v}_1(s)$ 和 $\tilde{v}_2(s)$ 分别为 $v_1(t)$ 和 $v_2(t)$ 的 Laplace 变换,方程(3-234)取 Laplace 变换后为

$$\begin{cases} s\tilde{v}_1(s) - v_1(0) = \tilde{v}_2(s) \\ s\tilde{v}_2(s) - v_2(0) = -a\tilde{v}_2(s) - b\tilde{v}_1(s) \\ \qquad\qquad + pd\{\tilde{v}_1(s) + k_1(s)\}e^{-s\tau_1} + qd\{\tilde{v}_2(s) + k_2(s)\}e^{-s\tau_2} \end{cases}$$

$$(3\text{-}238)$$

其中

$$\begin{cases} k_1(s) = \displaystyle\int_{-\tau_1}^{0} e^{-s\tau_1} v_1(t)\,\mathrm{d}t \\ k_2(s) = \displaystyle\int_{-\tau_2}^{0} e^{-s\tau_2} v_2(t)\,\mathrm{d}t \end{cases} \tag{3-239}$$

由方程(3-238)和方程(3-239)有

$$[s^2 + as + b - pde^{-s\tau_1} - qdse^{-s\tau_2}]\tilde{v}_1(s)$$
$$= pdk_1(s)e^{-s\tau_1} + qdk_2(s)e^{-s\tau_2} + [s + a - qde^{-s\tau_1}]v_1(0) + v_2(0)$$

$$(3\text{-}240)$$

如果 $\tilde{v}_1(s)$ 有具有正实部的极点,那么 $\tilde{v}_1(s)$ 的逆 Laplace 变换将有随时间指数增加的项。为了使稳定态 $E_0 = (0,0)$ 是局部渐近稳定的,$\tilde{v}_1(s)$ 的所有极点有负实部是充分必要的。Nyquist 定理阐明 s 是沿围绕右半平面的一条曲线的弧长,那么曲

线 $\tilde{v}_1(s)$ 围绕原点的次数等于在右半平面 $\tilde{v}_1(s)$ 的极点数目与零点数目的差。我们发现唯一稳定态 $E_0=(0,0)$ 的局部渐近线稳定性条件为

$$\mathrm{Im}F(\mathrm{i}\omega_0)>0 \tag{3-241}$$

$$\mathrm{Re}F(\mathrm{i}\omega_0)=0 \tag{3-242}$$

其中, $F(s)=s^2+as+b-pde^{-s\tau_1}-qdse^{-s\tau_2}$ 和 ω_0 是方程(3-242)的最小正根。

应用方程(3-242)于我们的情形。Nyquist 准则蕴含了如果 ω_0 是方程(3-236)具有 $\mu=0$ 的解,那么

$$\omega_0^2-b+pd\cos\tau_1\omega_0+qd\omega_0\sin\tau_2\omega_0=0 \tag{3-243}$$

进而,方程(3-241)描述了下面的不等式一定满足,即

$$\phi(\tau_1,\tau_2,\omega_0)>\psi(\tau_1,\tau_2,\omega_0) \tag{3-244}$$

其中

$$\phi(\tau_1,\tau_2,\omega_0)=a\omega_0-qd\omega_0\cos(\tau_2\omega_0) \tag{3-245}$$

$$\psi(\tau_1,\tau_2,\omega_0)=-pd\sin\tau_2\omega_0 \tag{3-246}$$

利用方程(3-241)可以发现 ω_0 的一个上界 ω_+,即

$$\omega_0^2=b-pd\cos\tau_1\omega_0-qd\omega_0\sin\tau_2\omega_0\leqslant b+p|d|+q|d|\omega_0 \tag{3-247}$$

结果 ω_+ 是下面方程的正解,即

$$\omega^2-q|d|\omega-(b+p|d|)=0 \tag{3-248}$$

并且给为

$$\omega_+=\frac{1}{2}\{q|d|+\sqrt{(qd)^2+4(b+p|d|)}\} \tag{3-249}$$

显然, $\omega_0<\omega_+$,如果 $\tilde{\phi}(\tau_1,\tau_2)$ 和 $\tilde{\psi}(\tau_1,\tau_2)$ 使得

$$\frac{\phi(\tau_1,\tau_2,\omega_0)}{(\tau_1+\tau_2)\omega_0}\geqslant\tilde{\phi}(\tau_1,\tau_2)>\tilde{\psi}(\tau_1,\tau_2)\geqslant\frac{\psi(\tau_1,\tau_2,\omega_0)}{(\tau_1+\tau_2)\omega_0} \tag{3-250}$$

对于 $\tau_1+\tau_2<T,0<\omega_0<\omega_+$,以及 τ_1 和 τ_2 的值(T 将在下面估计),Nyquist 准则成立。

由方程(3-246),我们有

$$\frac{\psi(\tau_1,\tau_2,\omega_0)}{(\tau_1+\tau_2)\omega_0}\leqslant p|d|$$

因此,选择 $\tilde{\psi}(\tau_1,\tau_2)=p|d|$ 。

注意 $0<\tau_2\omega_+<\pi$,且在这个范围 $\cos\tau_2\omega$ 是 $\tau_2\omega$ 的减函数,由方程(3-245)有

$$\frac{\phi(\tau_1,\tau_2,\omega_0)}{(\tau_1+\tau_2)\omega_0}=\frac{a-qd\cos(\tau_2\omega_0)}{(\tau_1+\tau_2)}>\begin{cases}\dfrac{a-qd\cos(\tau_2\omega_+)}{(\tau_1+\tau_2)}, & d<0 \\[3mm] \dfrac{a+qd\cos(\tau_2\omega_+)}{(\tau_1+\tau_2)}, & d>0\end{cases}$$

因此,我们可以选择

$$\tilde{\varphi}(\tau_1,\tau_2)=\frac{a+q|d|}{(\tau_1+\tau_2)}$$

由上面的不等式和方程(3-250),我们可以得到

$$\tau_1 + \tau_2 < \frac{a + q|d|}{p|d|} \equiv T$$

这就给出 $\tau_1 + \tau_2$ 的一个上界,在这个范围内平衡态 $E_0 = (0,0)$ 保持渐近稳定。

下面研究方程(3-232)具有 $a > 0$ 情形时 Hopf 分岔的存在性,通过选择时滞之一作为分岔参数,即取 τ_1 作为分岔的参数,首先我们知道方程(3-235)在 $\tau_1 = \tau_1^0$ 处有纯虚根 $\pm i\omega_0 (\omega_0 > 0)$。

注意

$$\begin{cases} \omega_0^2 - b + pd\cos\tau_1^0\omega_0 + qd\omega_0\sin\tau_2\omega_0 = 0 \\ a\omega + pd\sin\tau_1^0\omega_0 - qd\omega_0\cos\tau_2\omega_0 = 0 \end{cases} \tag{3-251}$$

它蕴含

$$\sin(\tau_1^0 - \tau_2)\omega_0 = -\frac{\omega_0^4 - (q^2d^2 - a^2 + 2b)\omega_0^2 + (b^2 - p^2d^2)}{2pqd^2\omega_0} \equiv g(\omega_0)$$

由方程(3-247),我们能够计算

$$g'(\omega) = -\frac{3\omega^4 - (q^2d^2 - a^2 + 2b)\omega^2 + (b^2 - p^2d^2)}{2pqd^2\omega^2} < 0$$

因此,$g(\omega)$ 在 $[0, +\infty)$ 是严格单调递减的,且 $\lim\limits_{\omega \to 0} g(\omega) = -\infty$ 和 $\lim\limits_{\omega \to +\infty} g(\omega) = +\infty$。显然,$g(\omega)$ 与 $\sin(\tau_1 - \tau_2)\omega$ 仅在一点相交,因此 $\lambda = i\omega_0$ 是方程(3-235)的单根。我们继续计算在 $\tau_1 = \tau_1^0$ 处,$\mathrm{Re}[d\lambda/d\tau_1]$ 在方程(3-235)两端隐含关于 τ_1 的微分,有

$$\frac{d\lambda}{d\tau_1} = \frac{pd\lambda e^{-\tau_1\lambda}}{2\lambda + a + pd\tau_1 e^{-\tau_1\lambda} - qd(1 - \tau_2\lambda)e^{-\tau_2\lambda}} \tag{3-252}$$

然后,在 $\lambda = i\omega_0$ 和 $\tau_1 = \tau_1^0$ 处计算下式,即

$$\mathrm{Re}\left[\frac{d\lambda}{d\tau_1}\right]_{\substack{\lambda = i\omega_0 \\ \tau_1 = \tau_1^0}} = \frac{-p^2d^2 + pqd^2\tau_2\omega_0^2\cos(\tau_1^0 - \tau_2)\omega_0 + pd(\omega_0^2 - b)\cos\tau_1^0\omega_0}{l_1^2 + l_2^2} \neq 0$$

$$\tag{3-253}$$

其中

$$\begin{cases} l_1 = a + pd\tau_1^0\cos\tau_1^0\omega_0 - qd\cos\tau_2\omega_0 + qd\tau_2\omega_0\sin\tau_2\omega_0 \\ l_2 = 2\omega_0 - pd\tau_1^0\sin\tau_1^0\omega_0 + qd\sin\tau_2\omega_0 + qd\tau_2\omega_0\cos\tau_2\omega_0 \end{cases}$$

从上面的分析和标准的 Hopf 分岔理论,我们有下面的定理。

定理 3.30　在条件(3-237)下,如果

$$\tau_1 + \tau_2 < \frac{a + q|d|}{p|d|}, \quad \tau_1 \geq 0, \quad \tau_2 \geq 0 \tag{3-254}$$

那么系统(3-231)的平衡态 E_0 是渐近稳定的。

如果条件(3-254)不成立,但存在 $\tau_1 = \tau_1^0$,使得方程(3-251)成立,并且

$$\mathrm{Re}\left[\frac{\mathrm{d}\lambda}{\mathrm{d}\tau_1}\right]_{\substack{\lambda=i\omega_0 \\ \tau_1=\tau_1^0}} \neq 0$$

那么当 τ_1 通过 τ_1^0 时,在 $E_0 = (0,0)$ 处,Hopf 分岔出现。

3.8.3　Hopf 分岔的方向和稳定性

前面我们获得了某些条件来保证在 $\tau_1 = \tau_1^0$ 处带两个时滞的调和振荡器经历了 Hopf 分岔。下面研究分岔周期解的方向、稳定性和周期,方法是由 Hassard 等[54]引入的基于规范形式理论和中心流形定理的方法,即 1.1 节的方法。经过繁琐的计算,我们有如下定理。

定理 3.31　在式(3-230)中,μ_2 确定 Hopf 分岔的方向,如果 $\mu_2 > 0 (< 0)$,那么 Hopf 分岔是上临界的(下临界的),对于 $\tau_1 > \tau_1^0 (< \tau_1^0)$ 分岔周期解是存在的;β_2 确定分岔周期解的稳定性,如果 $\beta_2 < 0 (> 0)$,分岔周期解轨道是稳定的(不稳定的);T_2 确定分岔周期解的周期,如果 $T_2 > 0 (< 0)$,那周期是增加的(减小的)。

3.8.4　共振余维 2 分岔

为了方便,在系统(3-231)中,设 $\tau_1 = \tau_2 = \tau$,那么特征方程(3-235)变为

$$\lambda^2 + a\lambda + b = pd\mathrm{e}^{-\tau\lambda} + qd\lambda\mathrm{e}^{-\tau\lambda} \tag{3-255}$$

在某些情形下,可以证明特征方程在某些点有两对纯虚根 $\pm i\omega_1$ 和 $\pm i\omega_2$ 出现,因为这些点普遍出现在两个 Hopf 分岔曲线的相交处,我们称它们为双重 Hopf 分岔点。对于 $m, n \in Z^+$,这两条曲线拥有双重 Hopf 分岔点是共振的,即虚部(Hopf 分岔的频率)满足 $\omega_1 : \omega_2 = m : n$。

众所周知,当系统有零特征值或一个纯虚根时,稳定性会变化,前者在方程(3-255)中当 $x = 0$ 时出现或 $b = pd$,后者在方程(3-255)中当 $\lambda = \pm i\omega$ 时出现,或(分离实部和虚部)

$$\begin{cases} b - \omega^2 = pd\cos\tau\omega + qd\omega\sin\tau\omega \\ a\omega = -pd\sin\tau\omega + qd\omega\cos n\tau\omega \end{cases} \tag{3-256}$$

如果 $b > p|d|$ 和 $q^2 d^2 - a^2 + 2b - 2\sqrt{b^2 - p^2 d^2} > 0$,存在两簇曲线满足下式,即

$$\begin{cases} \omega = \sqrt{\dfrac{q^2 d^2 - a^2 + 2b}{2} + \dfrac{1}{2}\sqrt{(q^2 d^2 - a^2)^2 + 4b(q^2 d^2 - a^2) + 4p^2 d^2}} \\ \tau = \begin{cases} \dfrac{1}{\omega}\left[(2j+1)\pi + \theta + \arcsin\dfrac{pd}{\sqrt{(b-\omega^2)^2 + a^2\omega^2}}\right], & d > 0 \\ \dfrac{1}{\omega}\left[2j\pi + \theta + \arcsin\dfrac{p|d|}{\sqrt{(b-\omega^2)^2 + a^2\omega^2}}\right], & d > 0 \end{cases} \end{cases} \tag{3-257}$$

或

$$\begin{cases} \omega = \sqrt{\dfrac{q^2 d^2 - a^2 + 2b}{2} - \dfrac{1}{2}\sqrt{(q^2 d^2 - a^2)^2 + 4b(q^2 d^2 - a^2) + 4p^2 d^2}} \\[2mm] \tau = \begin{cases} \dfrac{1}{\omega}\left[(2j+1)\pi + \theta + \arcsin \dfrac{pd}{\sqrt{(b-\omega^2)^2 + a^2\omega^2}}\right], \quad d>0 \\[4mm] \dfrac{1}{\omega}\left[2j\pi + \theta + \arcsin \dfrac{p|d|}{\sqrt{(b-\omega^2)^2 + a^2\omega^2}}\right], \quad d>0 \end{cases} \end{cases} \quad (3\text{-}258)$$

其中，$\theta = \arcsin \dfrac{b-\omega^2}{\sqrt{(b-\omega^2)^2 + a^2\omega^2}}$。

显然，方程(3-257)和方程(3-258)在闭形式下不能求解，除非当对系统参数值有某些限制时。因此，下面考虑几个简单的情形。如果在系统(3-232)中 $a=0$，$q=0$，那么由方程(3-257)和方程(3-258)，有

$$\begin{cases} \omega = \sqrt{b+pd}, \quad \tau = \dfrac{(2j+1)\pi}{\sqrt{b+pd}}, \quad -b < pd \\[4mm] \omega = \sqrt{b-pd}, \quad \tau = \dfrac{2j\pi}{\sqrt{b-pd}}, \quad b > pd \end{cases} \quad (3\text{-}259)$$

对于 $j=0,1,2,\cdots$，我们有下面的方程。

定理 3.32　如果在系统(3-232)中 $a=0$，$q=0$，那么我们有

① 在下面域内不动点仅是局部稳定的，即

$$-b < pd < 0, \quad \frac{(2j-1)\pi}{\sqrt{b+pd}} < \tau < \frac{2j\pi}{\sqrt{b-pd}}, \quad j=1,2,\cdots$$

$$0 < pd < b, \quad \frac{2j\pi}{\sqrt{b-pd}} < \tau < \frac{(2j+1)\pi}{\sqrt{b+pd}}, \quad j=0,1,2,\cdots$$

② 在方程(3-255)中，每个双重 Hopf 分岔点是共振的，即

$$d = \frac{(2k-1)^2 - (2l)^2}{(2k-1)^2 + (2l)^2}\frac{b}{p}$$

方程(3-255)拥有两对纯虚根 $\pm i\omega_1$，$\pm i\omega_2$ 具有频率比 $\omega_1 : \omega_2 = (2k-1) : 2l$，对所有 $k,l \in Z^+$。

证明　① 设 $s(d)$ 是特征方程(3-255)根的实部的上确界，对于 $d=0$，根 $\lambda = \pm\sqrt{b}\,i$，因此 $s(0)=0$。考虑特征值的实部关于 d 沿着 $d=0$ 的变化速度，即

$$\frac{\mathrm{d}\mathrm{Re}(\lambda)}{\mathrm{d}d}\bigg|_{d=0} = -\frac{p\sin\sqrt{b}\tau}{2\sqrt{b}} \begin{cases} >0, \quad \dfrac{(2j-1)\pi}{\sqrt{b}} < \tau < \dfrac{2j\pi}{\sqrt{b}}, \quad j=1,2,\cdots \\[4mm] <0, \quad \dfrac{2j\pi}{\sqrt{b}} < \tau < \dfrac{(2j+1)\pi}{\sqrt{b}}, \quad j=0,1,2,\cdots \end{cases}$$

因此,我们有

$$\lim_{d\to 0^-} s(d)=0^- , \quad \frac{(2j-1)\pi}{\sqrt{b}}<\tau<\frac{2j\pi}{\sqrt{b}}, \quad j=1,2,\cdots$$

$$\lim_{d\to 0^+} s(d)=0^- , \quad \frac{2j\pi}{\sqrt{b}}<\tau<\frac{(2j+1)\pi}{\sqrt{b}}, \quad j=0,1,2,\cdots$$

所有实部将保持负的,直到参数穿过由方程(3-259)给出的曲线之一。在方程(3-259)中,$\lambda=\mathrm{i}\omega$ 由线与 $d=0$ 轴相交,可以看到,在

$$\tau=\frac{(2j-1)\pi}{\sqrt{b}} \quad \text{or} \quad \tau=\frac{2j\pi}{\sqrt{b}}, \quad j=1,2,\cdots$$

处,不动点是局部稳定的。

考虑特征值的实部关于 d 沿着曲线(3-259)变化的速度,即

$$\frac{\mathrm{dRe}(\lambda)}{\mathrm{d}d}\bigg|_{d=\frac{b}{p}}=\frac{p}{b\tau}>0$$

或者

$$\frac{\mathrm{dRe}(\lambda)}{\mathrm{d}d}\bigg|_{\lambda=\pm\mathrm{i}\omega}=\frac{pd\tau}{p^2d^2\tau^2+4\omega^2}\begin{cases}>0, & d>0 \\ <0, & d<0\end{cases}$$

这就证明脱离这个域不动点不可能再稳定。

② 这种情形由方程(3-259)给出 Hopf 分岔曲线,当 τ 在两个曲线上有相同值时,这些曲线的相交点(双重 Hopf 点)出现,即

$$\frac{(2k-1)}{\sqrt{b+pd}}=\frac{2l}{\sqrt{b-pd}} \tag{3-260}$$

对于某些 $k,l\in Z^+$。重新安排这个方程证明频率是以比例 $\omega_1:\omega_2=\sqrt{b+pd}:\sqrt{b-pd}=(2k-1):2l$。平方方程(3-260)两边,然后求 d,当

$$d=\frac{(2k-1)^2-(2l)^2}{(2k-1)^2+(2l)^2}\frac{b}{p} \tag{3-261}$$

时相交出现。这就完成了定理的证明。　■

在图 3.22 中,黑色部分给出了稳定域($b=1,p=5$ 时),在图 3.22 中也给出了最初几个共振双重 Hopf 点。注意这些点的某些出现在不动点的稳定性域边界,因此它们会影响系统可观察的行为。

在系统(3-262)中,假设 $a=0,q=0$,由方程(3-257)和方程(3-258)沿着不动点有一对纯虚根的特征值,我们有下面两簇曲线,即

$$\begin{cases}\omega=\frac{1}{2}\left[\sqrt{q^2d^2+4b}-qd\right], & \tau=\frac{(4j-3)\pi}{\sqrt{q^2d^2+4b}-qd}, \quad j=1,2,\cdots \\[2mm] \omega=\frac{1}{2}\left[\sqrt{q^2d^2+4b}+qd\right], & \tau=\frac{(4j-1)\pi}{\sqrt{q^2d^2+4b}+qd}, \quad j=1,2,\cdots\end{cases} \tag{3-262}$$

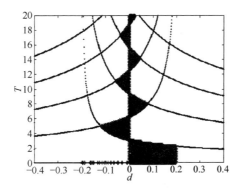

图 3.22　系统(3-232)在 $a=0,q=0$ 时,不动点的局部稳定性域(黑色部分)

在这种情形,我们有下面结果。

定理 3.33　在系统(3-232)中,$a=0,p=0$,那么我们有

① 在下面域中不动点是局部稳定的,即

$$d<0,\quad \begin{cases} 0<\tau<\dfrac{\pi}{\sqrt{q^2d^2+4b}-qd} \\ \dfrac{(4j-1)\pi}{\sqrt{q^2d^2+4b}+qd}<\tau<\dfrac{(4j+1)\pi}{\sqrt{q^2d^2+4b}-qd} \end{cases},\quad j=1,2,\cdots$$

$$d>0,\quad \dfrac{(4j-3)\pi}{\sqrt{q^2d^2+4b}-qd}<\tau<\dfrac{(4j-1)\pi}{\sqrt{q^2d^2+4b}+qd},\quad j=1,2,\cdots$$

② 方程(3-259)的每个双重 Hopf 点式共振的,当

$$d=-\dfrac{2(2l-2k+1)}{\sqrt{16kl-4k-12l+3}}\dfrac{\sqrt{b}}{q}$$

方程(3-259)拥有两对纯虚根 $\pm i\omega_1$ 和 $\pm i\omega_2$,且具有频率比 $\omega_1 : \omega_2 = (4k-3):(4l-1)$ 对于所有 $k,l\in Z^+$。

证明　类似于定理 3.32 的证明方法,$s(d)$ 是方程(3-255)的根的实部的上确界,对于 $d=0$,它的根是 $\lambda=\pm\sqrt{b}i$,因此 $s(0)=0$。考虑特征根的实部关于 d 沿 $d=0$ 的变化速度,即

$$\dfrac{\mathrm{dRe}(\lambda)}{\mathrm{d}d}\bigg|_{d=0}=\dfrac{q}{2}\cos\sqrt{b}\tau\begin{cases} >0,\quad 0<\tau<\dfrac{\pi}{2\sqrt{b}} \\ >0,\quad \dfrac{(4j-1)\pi}{2\sqrt{b}}<\tau<\dfrac{(4j+1)\pi}{2\sqrt{b}} \\ <0,\quad \dfrac{(4j-3)\pi}{2\sqrt{b}}<\tau<\dfrac{(4j-1)\pi}{2\sqrt{b}} \end{cases}$$

因此,我们有

$$\lim_{d\to 0^-} s(d)=0^-, \quad 0<\tau<\frac{\pi}{2\sqrt{b}}\text{或}\frac{(4j-1)\pi}{2\sqrt{b}}<\tau<\frac{(4j+1)\pi}{2\sqrt{b}}, \quad j=1,2,\cdots$$

$$\lim_{d\to 0^+} s(d)=0^-, \quad \frac{(4j-3)\pi}{2\sqrt{b}}<\tau<\frac{(4j-1)\pi}{2\sqrt{b}}, \quad j=1,2,\cdots$$

所有实部将保持负的,直到参数轨迹穿过方程(3-262),注意这些曲线与 $d=0$ 轴相交,即

$$\tau=\frac{(4j-1)\pi}{2\sqrt{b}}\text{或}\tau=\frac{(4j-3)\pi}{2\sqrt{b}}, \quad j=1,2,\cdots$$

我们可以看到,不动点在定理描述的域中是局部渐近稳定的,考虑实部关于 d 沿曲线(3-262)变化速度,即

$$\frac{\mathrm{dRe}(\lambda)}{\mathrm{d}d}\bigg|_{\lambda=\pm\mathrm{i}\omega}=\frac{q^2\omega^2 d\tau}{4b+q^2 d^2(1+\omega^2\tau^2)}\begin{cases}>0, & d>0 \\ <0, & d<0\end{cases}$$

它证明不动点沿这些曲线不能稳定化。

这种情形是由方程(3-262)给出的 Hopf 分岔曲线,当 τ 在这两条曲线上有相同道,这些曲线的相交点(双重 Hopf 点)出现,即对于 $k,l\in Z^+$,有

$$\frac{(4k-3)\pi}{\sqrt{4b+q^2 d^2}-qd}=\frac{(4l-1)\pi}{\sqrt{4b+q^2 d^2}+qd} \tag{3-263}$$

重新安排这个方程,给出频率比为

$$\omega_1:\omega_2=\left[\sqrt{\frac{b+(qd)^2}{4}}-\left(\frac{qd}{2}\right)\right]:\left[\sqrt{\frac{b+(qd)^2}{4}}+\left(\frac{qd}{2}\right)\right]=(4k-3):(4l-1)$$

再安排并平方方程(3-263)两边,然后解出 d,当

$$d=-\frac{2(2l-2k+1)}{\sqrt{16kl-4k-12l+3}}\frac{\sqrt{b}}{q} \tag{3-264}$$

时相交出现,这就完成了定理的证明。　■

稳定性域在图 3.23 中由黑色区域给出,共振双倍 Hopf 点也可以由图 3.23

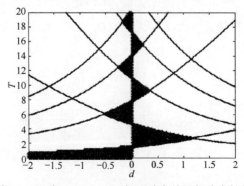

图 3.23　系统(3-232)在 $a=0,q=0$ 时,不动点的局部稳定性域(黑色部分)

给出。当不动点在局部稳定性域内时,这些点是没有意义的,对系统可观察的动态行为没有影响。对于系统(3-231)的数值例子可以参见文献[101]。

3.9 时滞微分方程中余维 2 和余维 3 的零奇异性

3.9.1 引言

许多学者已经研究了余维 1 和两个线性奇异性的分岔[11],然而很少有学者研究余维 3 和高维问题,这可能由于在高余维奇异性的微分方程模型中还相对很少。在时滞微分方程中,高余维奇异性似乎更经常出现。特别的,在时滞模型中已研究了 Bogdanov-Takens(BT)奇异[29,89,102,103],并且三重零奇异出现在具有 Z_2 对称性的时滞平面摆模型中[104]。

本节的目的是获取一个数学框架来研究在一族具有两个时滞的时滞微分方程中具有几何对称性的双重和三重零奇异性。其目的是确定这些奇异性和存在性的条件,并分析时滞微分方程的参数是怎样影响从这些点发射出的次分岔。在一般的时滞系统中已研究了 BT[29],但这些研究还未涉及上述的具体问题,带三重零奇异性的时滞微分方程的研究还很少涉及。我们的方法是用中心流形理论来缩减时滞微分方程的无穷维系统为常微分方程的有限维系统,然后应用标准的规范形式缩减。

在 3.9.2 节给出一些背景材料,并获取带指标 1[72]、带 BT 或三重零奇异性的一般时滞微分方程的中心流形。然后,给出这些奇异性的规范形式。在 3.9.3 节,我们应用这些结果到一类时滞微分方程中。特别的,确定规范形式的系统是怎样依赖于时滞微分方程的参数。

3.9.2 一般方法

定义 $u_t(\theta) = u(t+\theta)$, $-h \leqslant \theta \leqslant 0$, $C = C([-h, 0], R^n)$,并考虑时滞微分方程,即

$$\dot{u}(t) = F(u_t, \alpha) \tag{3-265}$$

其中,$u \in R^n$;$F \in C^r(C, R^n)$,$r > 1$;$\alpha \in R^m$ 是一个参数。

方程(3-265)的平衡解是一个解 $u_t(\theta) = u^*$,$-h \leqslant \theta \leqslant \theta$,假设系统有一个平衡解,即存在 $u^* \in R^n$,使得 $F(u^*, \alpha) = 0$。

在平衡解附近线性化方程(3-265),有

$$\dot{x} = L(x_t) \tag{3-266}$$

其中,$x_t = u_t - u^*$;L 是一个线性算子,可以表示为

$$Lx_t = \int_{-h}^{0} \mathrm{d}\eta(\theta) x(t+\theta)$$

其中,$\eta(\theta)$是一个有界变差函数。

1. 线性方程的结果

我们从线性时滞方程(3-266)解的一些相关结果开始,这个讨论按照文献[4]进行。在上述方程中,通过考虑线性算子 L 的特征值可以研究平衡点的局部稳定性,已证明特征值 λ 是下面特征方程的根,即

$$P(\lambda) = \det\Delta(\lambda) = 0 \tag{3-267}$$

其中

$$\Delta(\lambda) = \lambda I - \int_{-h}^{0} e^{\lambda\theta} d\eta(\theta) \tag{3-268}$$

如果下面的条件满足,那么不动点 u^* 的 BT 分岔点(双重零奇异性)出现。

① 特征方程有双重零根,即

$$P(0) = 0, \quad P'(0) = 0, \quad P''(0) \neq 0 \tag{3-269}$$

② 特征方程没有其他根有零实部,对于任意 $\omega \in R$,有

$$P(i\omega) \neq 0 \tag{3-270}$$

如果特征方程有三重零根,这意味着

$$P(0) = P'(0) = P''(0) = 0, \quad P''' \neq 0 \tag{3-271}$$

并且条件(3-271)成立,这就导出了三重零奇异性。

2. 中心流形分析

考虑非线性时滞微分方程(3-265),如果它充分光滑,我们能够用 Taylor 级数在平衡点 u^* 展开方程的右端,即

$$\dot{x} = Lx_t + G(x_t) \tag{3-272}$$

其中,x_t, L 如上;$G: C \to R^n$,满足 $G(0) = DG(0) = 0$。

由上面给出的条件(方程(3-269)和方程(3-270)或方程(3-270)和方程(3-271)),可以证明[4]空间 C 可以分解成 $C = P \oplus Q$,这里 P 是相应于 m 个零实部特征值方程(3-266)的解张成的 m 维($m = 2$ 或 3)子空间(有时称为中心特征空间),Q 是补空间,且 P 和 Q 在相应于方程(3-266)流下是不变的,进而对非线性方程(3-272)在 C 内存在一个中心流形,是有限维的($m = 2$ 或 3)不变流形。我们记中心流形为

$$M_f = \{\phi \in C : \phi = \Phi(\theta)z + g(z, \theta), z \text{ 在 } R^m \text{ 中零的附近}\}$$

其中,$\Phi = [\phi_1, \phi_2, \cdots, \phi_m]$ 是子空间 P 的一组基;g 是在子空间 Q 的函数,是 $O(\|z\|^2)$ 阶的。

如果特征方程(3-267)具有非零实部的所有特征值有负实部,那么中心流形将吸引且对于非线性方程(3-272)的解的长期行为在这个流形上由流良好的逼

近。这个流为

$$x_t(\theta) = \Phi(\theta)z(t) + g(z(t) + \theta) \tag{3-273}$$

其中,$z \in R^m$ 满足常微分方程[4],即

$$\dot{z} = Bz + bG(\Phi z + g(z, \theta)) \tag{3-274}$$

式中,$\Phi'(\theta) = \Phi(\theta)B$;$B$ 是具有 m 个零特征值的 $m \times m$ 阶常数矩阵;b 由下面的描述确定。

考虑伴随于式(3-266)的方程,它也有 m 个零特征值,设 $\psi = [\phi_1, \phi_2, \cdots, \phi_m]^T$ 是相应这些特征值由伴随方程的解张成的不变子空间的一组基,那么 $b = \psi(0)$。ψ 的基本函数形式可以通过 $-\psi'(s) = B\psi$ 求得[29]。需要 ψ 满足下面的规范化条件来具体化积分常数,即

$$<\psi, \Phi> = I \tag{3-275}$$

其中,I 是 $m \times m$ 阶单位矩阵;$<\Psi, \Phi>_{ij} = <\phi_i, \phi_j>$,$<\psi, \phi> = \psi(0)\phi(0) - \int_{-h}^{0}\int_{0}^{\theta}\psi(\xi - \theta)\mathrm{d}\eta(\theta)\phi(\xi)\mathrm{d}\xi$ 是相应于方程(3-266)的双曲线形式。

在 3.9.3 节,考虑仅带离散时滞的系统,矩阵值函数 $\eta(\theta)$ 的分量是时滞值的阶梯步函数的和。

总之,如果能知道有限维常微分方程(3-274)解的行为,那么可以描述在平衡解 u^* 附近时滞常微分方程(3-265)的解的长期行为。

(1) BT 奇异性

为了更精确,设 P 是一个二维子空间,具有如下构造的一组基。在 R^n 中考虑线性方程,即

$$\Delta(0)v = 0 \tag{3-276}$$

由条件(3-269),显然这个方程的一个非平凡解 v_1 存在,在 BT 奇异性情形,特征值 0 的几何重性为 1,蕴含方程(3-276)的解空间是一维的。在这种情形下,由文献 [4]的定理 4.2 给出对于 P 的一组基,即

$$\Phi = [\phi_1, \phi_2] = [v_1, v_2 + \theta v_1]$$

其中,v_2 是下面线性方程的解,即

$$\Delta(0) + \Delta'(0) = 0 \tag{3-277}$$

式中,$\Delta'(0) = \Delta'(\lambda)|_{\lambda=0}$ 是矩阵函数 $\Delta(\lambda)$ 在 $\lambda = 0$ 关于 λ 的导数。

(2) 三重零奇异性

设 P 是一个三维不变子空间,集中于方程(3-276)的解空间是一维情形,设 v_2 和 v_3 是下面线性方程的解,即

$$\Delta'(0)v_1 + \Delta(0)v_2 = 0$$
$$\frac{1}{2}\Delta''v_1 + \Delta'(0)v_2 + \Delta(0)v_3 = 0 \tag{3-278}$$

其中,$\Delta''(0)=\Delta''(\lambda)|_{\lambda=0}$是矩阵函数$\Delta(\lambda)$在$\lambda=0$处关于$\lambda$的二阶导数,那么对于$P$的基可选择为[43]

$$\Phi=[\phi_1,\phi_2,\phi_3]=\left[v_1,v_2+\theta v_1,v_3+v_2\theta+v_1\frac{\theta^2}{2}\right] \tag{3-279}$$

3. 规范形式缩减

在规范形式中,当仅需要最低阶项时,中心流形函数g不需要计算规范形式。为此,再写方程(3-274)为

$$\dot{z}=Bz+\psi(0)[G_2(\Phi z+g(z,\theta))+G_3(\Phi z+g(z,\theta))+\text{h.o.t}] \tag{3-280}$$

其中,G_j表示在G中阶为j的项;Φz可以用Taylor级数展开每个G_j,即

$$\dot{z}=Bz+\psi(0)[G_2(\Phi z)+\text{h.o.t}] \tag{3-281}$$

这里高阶项是关于z的立方,因此在规范形式的二次项计算中并不起作用。

近似恒等变换,即$z=w+\hat{F}_2$对于$\hat{F}_2$的恰当选择,那么可以使系统(3-281)为一个更简单的规范形式。对于BT奇异,这个形式为

$$\dot{w}=B_1w+A_{20}\begin{bmatrix}0\\w_1^2\end{bmatrix}+A_{11}\begin{bmatrix}0\\w_1w_2\end{bmatrix}+\text{h.o.t} \tag{3-282}$$

对于三重奇异性,规范形式为

$$\dot{w}=B_2w+A_{200}\begin{bmatrix}0\\0\\w_1^2\end{bmatrix}+A_{110}\begin{bmatrix}0\\0\\w_1w_2\end{bmatrix}+A_{101}\begin{bmatrix}0\\0\\w_1w_3\end{bmatrix}+A_{020}\begin{bmatrix}0\\0\\w_2^2\end{bmatrix}+\text{h.o.t} \tag{3-283}$$

其中,$B_1=\begin{bmatrix}0&1\\0&0\end{bmatrix}$;$B_2=\begin{bmatrix}0&1&0\\0&0&1\\0&0&0\end{bmatrix}$;$A_{ij}$或$A_{ijk}$可以根据方程(3-281)的系数表示。

当F是x_t的奇函数时,G包含x_t的奇数次幂的项,并且在方程(3-282)和方程(3-283)中二阶项的系数$A_{ij}(A_{ijk})$将为零,那么必须计算规范形式到三阶项。对于BT奇异性,有

$$\dot{w}=B_1w+A_{30}\begin{bmatrix}0\\w_1^3\end{bmatrix}+A_{21}\begin{bmatrix}0\\w_1^2w_2\end{bmatrix}+\text{h.o.t} \tag{3-284}$$

对于三重奇异性,有

$$\dot{w}=B_2w+A_{300}\begin{bmatrix}0\\0\\w_1^3\end{bmatrix}+A_{210}\begin{bmatrix}0\\0\\w_1^2w_2\end{bmatrix}+A_{120}\begin{bmatrix}0\\0\\w_1w_2^2\end{bmatrix}$$

$$+A_{030}\begin{bmatrix}0\\0\\w_2^3\end{bmatrix}+A_{201}\begin{bmatrix}0\\0\\w_1^2w_3\end{bmatrix}+A_{102}\begin{bmatrix}0\\0\\w_1w_3^2\end{bmatrix}+\text{h.o.t} \tag{3-285}$$

3.9.3　一般的两维系统

考虑系统,即

$$\begin{cases}\dot{x}_1(t)=f_1(x_1(t),x_2(t))+g_1(x_1(t-\tau_s),x_2(t-\tau))\\\dot{x}_2(t)=f_2(x_1(t),x_2(t))+g_2(x_1(t-\tau),x_2(t-\tau_s))\end{cases} \tag{3-286}$$

假设方程有一个平衡解 $x^*=(x_1^*,x_2^*)$,即 $f_i(x_1^*,x_2^*)+g_i(x_1^*,x_2^*)=0$,并且假设 $f_i,g_i\in C^3,i=1,2$。我们写函数 f_i,g_i 关于 x^*,并达到 m 阶项的 Taylor 展式为

$$f_i(x_1(t),x_2(t))=\sum_{n=1}^{m}\sum_{j+k=n}a_{ijk}x_1^j(t)x_2^k(t)$$

$$g_1(x_1(t-\tau_s),x_2(t-\tau))=\sum_{n=1}^{m}\sum_{j+k=n}b_{1jk}x_1^j(t-\tau_s)x_2^k(t-\tau) \tag{3-287}$$

$$g_2(x_1(t-\tau),x_2(t-\tau_s))=\sum_{n=1}^{m}\sum_{j+k=n}b_{2jk}x_1^j(t-\tau)x_2^k(t-\tau_s)$$

那么方程(3-286)在 x^* 处线性化为

$$\begin{cases}\dot{u}_1(t)=a_{110}u_1(t)+a_{101}u_2(t)+b_{110}u_1(t-\tau_s)+b_{101}u_2(t-\tau)\\\dot{u}_2(t)=a_{210}u_1(t)+a_{201}u_2(t)+b_{210}u_1(t-\tau)+b_{201}u_2(t-\tau_s)\end{cases} \tag{3-288}$$

可以得出特征矩阵为

$$\Delta(\lambda)=\begin{bmatrix}\lambda-a_{110}-b_{110}\mathrm{e}^{-\tau_s\lambda}&-a_{101}-b_{101}\mathrm{e}^{-\tau\lambda}\\-a_{210}-b_{210}\mathrm{e}^{-\tau\lambda}&\lambda-a_{201}-b_{201}\mathrm{e}^{-\tau_s\lambda}\end{bmatrix}$$

并且特征方程是

$$\begin{aligned}P(\lambda)&=\det\Delta(\lambda)\\&=(\lambda-a_{110}-b_{110}\mathrm{e}^{-\tau_s\lambda})(\lambda-a_{201}-b_{201}\mathrm{e}^{-\tau_s\lambda})\\&\quad-(a_{101}+b_{101}\mathrm{e}^{-\tau\lambda})(a_{210}+b_{210}\mathrm{e}^{-\tau\lambda})\\&=0\end{aligned} \tag{3-289}$$

系统(3-286)到 m 阶的非线性部分有下面的形式,即

$$G_m\begin{bmatrix}\varphi_1\\\varphi_2\end{bmatrix}=\begin{bmatrix}\sum\limits_{n=2}^{m}\sum\limits_{j+k=n}a_{1jk}\varphi_1^j(0)\varphi_2^k(0)+\sum\limits_{n=2}^{m}\sum\limits_{j+k=n}b_{1jk}\varphi_1^j(\tau_s)\varphi_2^k(-\tau)\\\sum\limits_{n=2}^{m}\sum\limits_{j+k=n}a_{2jk}\varphi_1^j(0)\varphi_2^k(0)+\sum\limits_{n=2}^{m}\sum\limits_{j+k=n}b_{2jk}\varphi_1^j(\tau)\varphi_2^k(-\tau_s)\end{bmatrix}$$

在本节,我们集中于特征方程(3-289)零根具有重数 2 和 3 的两种奇异性情形。

1. BT 奇异性

由方程(3-269),如果下面的条件满足,那么在方程(3-286)就出现 BT 奇异性,即

$$(a_{110}+b_{110})(a_{201}+b_{201})-(a_{201}+b_{101})(a_{210}+b_{210})=0 \qquad (3\text{-}290)$$

$$-(1+\tau_s b_{110})(a_{201}+b_{201})-(1+\tau_s b_{201})(a_{110}+b_{110})$$
$$+\tau[b_{101}(a_{210}+b_{210})+b_{210}(a_{101}+b_{101})]=0 \qquad (3\text{-}291)$$

并且 $P''(0)\neq 0$,即

$$\tau_s^2(a_{201}b_{110}+4b_{110}b_{201}+a_{110}b_{201})+2\tau_s(b_{201}+b_{110})$$
$$-\tau^2(a_{210}b_{101}+4b_{101}b_{210}+a_{101}b_{210})+2\neq 0$$

正如上面的讨论,相应于零根的不变子空间是具有基 $\Phi_1=[v_1,v_2+\theta v_1]$ 的二维空间,为了方便,我们取

$$v_1=\begin{bmatrix}1\\m_1\end{bmatrix}, \quad v_2=\begin{bmatrix}0\\m_2\end{bmatrix} \qquad (3\text{-}292)$$

其中

$$m_1=-\frac{a_{110}+b_{110}}{a_{101}+b_{101}}, \quad m_2=\frac{1+\tau_s b_{110}+\tau b_{101}m_1}{a_{101}+b_{101}} \qquad (3\text{-}293)$$

对于伴随问题相应的基 Ψ_1 一定有如下形式,即

$$\psi_1(s)=\begin{bmatrix}-d_1 s+d_3 & -d_2 s+d_4\\d_1 & d_2\end{bmatrix}$$

满足 $-\psi_1'=B_1\psi_1$,利用 $<\psi_1,\Phi_1>=I$,我们能够确定常数 $d_i(i=1,2,3,4)$,这里忽略对 d_i 的表达式,这是由于它们的长度 $\psi_1(0)=\begin{bmatrix}d_3 & d_4\\d_1 & d_2\end{bmatrix}$。

关于这点,我们已变换原始的无穷维时滞微分系统为二维常微分系统,即

$$\dot{z}=B_1 z+\psi_1(0)G_2(\Phi_1 z)+\text{h.o.t} \qquad (3\text{-}294)$$

其中,$z=\begin{bmatrix}z_1\\z_2\end{bmatrix}$。

方程(3-282)到二阶的一个规范形式为

$$\dot{w}_1=w_2$$
$$\dot{w}_2=A_{20}w_1^2+A_{11}w_1 w_2+\text{h.o.t} \qquad (3\text{-}295)$$

要发现方程(3-294)和方程(3-295)系数之间的关系,我们需要与其相关的近似恒等变换的形式,这个变换在文献[28]中给出,利用这个变换和

$$\Phi_1 z = \begin{bmatrix} z_1 + \theta z_2 \\ m_1 z_1 + (m_2 + \theta m_1) z_2 \end{bmatrix}$$

我们发现

$$A_{20} = d_1 E_1 + d_2 E_2$$
$$A_{11} = d_1 T_1^1(\tau_s, \tau) + d_2 T_1^2(\tau, \tau_s) + 2(d_3 E_1 + d_4 E_2) \tag{3-296}$$

其中

$$E_i = a_{i20} + a_{i11} m_1 + a_{i02} m_1^2 + b_{i20} + b_{i11} m_1 + b_{i02} m_1^2 = \sum_{j+k=2} (a_{ijk} + b_{ijk}) m_1^k$$
$$T_1^i(\tau_s, \tau) = a_{i11} m_2 + 2a_{i02} m_1 m_2 + 2b_{i20} n_1(\tau_s) + b_{i11}[m_1 n_1(\tau_s) + n_2(\tau)]$$
$$+ 2b_{i02} m_1 n_2(\tau) \tag{3-297}$$

式中，$i=1,2$；$n_1(\tau_s) = -\tau_s$；$n_2(\tau) = m_2 - \tau m_1$。

我们分别记 $n_1(\tau_s)$ 和 $n_2(\tau_s)$ 为 n_1 和 n_2，并且 $T_1^1(\tau_s, \tau)$ 和 $T_1^2(\tau_s, \tau)$ 为 T_1^1 和 T_1^2。对于 n_3, n_4 和 $T_j^i(i=1,2, j=2,3,\cdots,10)$ 也用相同的简化记号，它们将在以后引入。

对于 $i+k=2$，当 $\dfrac{\partial^2 f_i(x_1^*, x_2^*)}{\partial x_1^i \partial x_2^k} = 0$ 和 $\dfrac{\partial^2 g_i(x_1^*, x_2^*)}{\partial x_1^i \partial x_2^k} = 0$，$A_{20} = A_{11} = 0$，并且在中心流形的流变为

$$\dot{z} = B_1 z + \psi_1(0) G_3(\Phi_1 z) + \text{h.o.t}$$

达到三阶项的规范形式为

$$\dot{w}_1 = w_2$$
$$\dot{w}_2 = A_{30} w_1^3 + A_{21} w_1^2 w_2 + \text{h.o.t} \tag{3-298}$$

对于二次情形按照类似的程序，我们发现有

$$A_{30} = d_1 F_1 + d_2 F_2$$
$$A_{21} = d_1 T_2^1 + d_2 T_2^2 + 3(d_3 F_1 + d_4 F_2) \tag{3-299}$$

其中

$$F_i = \sum_{j+k=3} (a_{ijk} + b_{ijk}) m_1^k$$
$$T_2^i = a_{i21} m_2 + 2a_{i12} m_1 m_2 + 3a_{i03} m_1^2 m_2 + 3b_{i03} n_1$$
$$+ b_{i21}(2m_1 n_1 + n_2) + b_{i12} m_1(m_1 n_1 + 2n_2) + 3b_{i03} m_1^2 n_2, \quad i=1,2 \tag{3-300}$$

2. 三重零奇异性

由方程(3-271)，如果方程(3-290)和方程(3-291)，以及下面的条件满足，那么在方程(3-286)中三重零奇异性能出现，即

$$\tau_s^2(a_{201} b_{110} + 4b_{110} b_{201} + a_{110} b_{201}) + 2\tau_s(b_{201} + b_{110})$$
$$- \tau^2(a_{210} b_{101} + 4b_{101} b_{210} + a_{101} b_{210}) + 2 = 0 \tag{3-301}$$

并且 $P'''(0) \neq 0$,由于它的长度,这里忽略 $P'''(0)$ 的表达式。在这种情形下,相应于零根的不变子空间 P 是三维的,且具有基 Φ_2(方程(3-279))。为了方便,我们选择 v_1 和 v_2,如对 BT 奇异性(方程(3-292))和 $v_3 = \begin{bmatrix} 0 \\ m_3 \end{bmatrix}$,这里 $m_3 = -\dfrac{b_{110}\tau_s^2 + b_{101}\tau^2 m_1 - b_{101}\tau m_2}{a_{101} + b_{101}}$。

对于伴随问题相应的基 ψ_2,一定有如下形式,即

$$\psi_2(s) = \begin{bmatrix} e_1 \dfrac{s^2}{2} - e_3 s + e_5 & e_2 \dfrac{s^2}{2} - e_4 s + e_6 \\ -e_1 s + e_3 & -e_2 s + e_4 \\ e_1 & e_2 \end{bmatrix}$$

满足 $-\psi_2' = B_2\psi_2$,常数 $e_i(i=1,2,\cdots,6)$ 可由 $<\psi_2, \Phi_2> = I$ 确定,这给出

$$\psi_2(0) = \begin{bmatrix} e_5 & e_6 \\ e_3 & e_4 \\ e_1 & e_2 \end{bmatrix}$$

应用中心流形投影于时滞微分系统(3-286),可以得到三维常微分系统,即

$$\dot{z} = B_2 z + \psi_2(0)G_2(\Phi_2 z) + \text{h.o.t} \tag{3-302}$$

其中

$$z = \begin{bmatrix} z_1 \\ z_2 \\ z_3 \end{bmatrix}$$

这个方程的规范形式是

$$\dot{w}_1 = w_2$$
$$\dot{w}_2 = w_3 \tag{3-303}$$
$$\dot{w}_3 = A_{200}w_1^2 + A_{110}w_1 w_2 + A_{101}w_1 w_3 + A_{020}w_2^2 + \text{h.o.t}$$

要发现方程(3-302)和方程(3-303)系数之间的关系,我们需要知道关于它们的近似恒等变换的形式。这个变换的形式在文献[105]给出。

利用这个变换,即

$$\Phi_2 z = \begin{bmatrix} z_1 + \theta z_2 + \dfrac{1}{2}\theta z_3 \\ m_1 z_1 + (m_2 + \theta m_1)z_2 + (m_3 + \theta m_2 + \dfrac{1}{2}\theta m_1)z_3 \end{bmatrix}$$

我们发现

$$A_{200} = e_1 E_1 + e_2 E_2$$

$$A_{110}=e_1 T_1^1+e_2 T_1^2+2(e_3 E_1+e_4 E_2)$$

$$A_{101}=e_1 T_3^1+e_2 T_3^2+e_3 T_1^1+e_4 T_1^2+2(e_5 E_1+e_6 E_2)$$

$$A_{020}=e_1 T_4^1+e_2 T_4^2+e_3 T_1^1+e_4 T_1^2+2(e_5 E_1+e_6 E_2) \tag{3-304}$$

E_i 和 $T_1^i(i=1,2)$ 在方程 (3-297) 中给出，并且

$$T_3^i=a_{i11}m_3+2a_{i02}m_1 m_3+2b_{i20}n_3+b_{i11}(m_1 n_3+n_4)+2b_{i02}m_1 n_4$$

$$T_4^i=a_{i02}m_2^2+b_{i20}n_1^2+b_{i11}n_1 n_2+b_{i02}n_2^2 \tag{3-305}$$

其中，$i=1,2;n_3(\tau_s)=\dfrac{\tau_s^2}{2};n_4(\tau)=m_3-m_2+m_1\dfrac{\tau^2}{2}$。

类似于 BT 奇异性，对于 $j+k=2$，如果有 $\dfrac{\partial^2 f_i(x_1^*,x_2^*)}{\partial x_1^j \partial x_2^k}=0$ 和 $\dfrac{\partial^2 g_i(x_1^*,x_2^*)}{\partial x_1^j \partial x_2^k}=0$，那么 $A_{200}=A_{110}=A_{101}=A_{020}=0$。达到三阶项的规范形式为

$$\dot{w}_1=w_2$$

$$\dot{w}_2=w_3$$

$$\dot{w}_3=A_{300}w_1^3+A_{210}w_1^2 w_2+A_{120}w_1 w_2^2+A_{030}w_2^3+A_{201}w_1^2 w_3+A_{102}w_1 w_3^2+\text{h.o.t}$$

$$\tag{3-306}$$

正如二次情形的处理，我们发现

$$A_{300}=e_1 F_1+e_2 F_2$$

$$A_{210}=e_1 T_2^1+e_2 T_2^2+3(e_3 F_1+e_4 F_2)$$

$$A_{120}=e_1 T_5^1+e_2 T_5^2+2(e_3 T_2^1+e_4 T_2^2)+6(e_5 F_1+e_6 F_2)$$

$$A_{030}=\frac{e_1}{3}(3T_6^1-T_7^1)+\frac{e_2}{3}(3T_6^2-T_7^2)+\frac{e_3}{3}(T_5^1-2T_8^1)+\frac{e_4}{3}(T_5^2-2T_8^2)$$

$$A_{201}=e_1 T_8^1+e_2 T_8^2+e_3 T_2^1+e_4 T_2^2+3(e_5 F_1+e_6 F_2)$$

$$A_{102}=\frac{e_1}{2}(2T_9^1-T_{10}^1)+\frac{e_2}{2}(2T_9^2-T_{10}^2)+\frac{e_3}{2}(T_7^1-3T_6^1)+\frac{e_4}{2}(T_7^2-3T_6^2)$$

$$+\frac{e_5}{2}(2T_8^1-T_5^1)+\frac{e_6}{2}(2T_8^2-T_5^2)$$

$$\tag{3-307}$$

和

$$T_5^i=a_{i12}m_2^2+3a_{i02}m_2^2 m_1+3b_{i30}n_1^2+b_{i21}n_1(m_1 n_1+2n_2)+b_{i12}n_2(2m_1 n_1+n_2)$$

$$+3b_{i03}m_1 n_2^2$$

$$T_6^i=a_{i03}m_2^3+b_{i30}n_1^3+b_{i21}n_1^2 n_2+b_{i12}n_1 n_2^2+b_{i03}n_2^3$$

$$T_7^i=2[a_{i12}m_2 m_3+3a_{i03}m_1 m_2 m_3+3b_{i30}n_1 n_3+b_{i21}(m_1 n_1 n_3+n_1 n_4+n_2 n_3)$$

$$+b_{i12}(m_1 n_2 n_3+m_1 n_1 n_4+n_2 n_4)+3b_{i03}m_1 n_1 n_4]$$

$$T_8^i=a_{i21}m_3+2a_{i12}m_1 m_3+3a_{i03}m_1^2 m_3+3b_{i30}n_3+b_{i21}(2m_1 n_3+n_4)$$

$$+b_{i12}m_1(m_1n_3+2n_4)+3b_{i03}m_1^2n_4$$

$$T_9^i=a_{i21}m_3^2+3a_{i03}m_3^2m_1+3b_{i30}n_3^2+b_{i21}n_3(m_1n_3+2n_4)+b_{i12}n_4(2m_1n_3+n_4)$$
$$+3b_{i03}m_1n_4^2$$

$$T_{10}^i=3a_{i03}m_2^2m_3+3b_{i30}n_1^2n_3+b_{i21}n_1(n_1n_4+2n_2n_3)+b_{i12}n_2(n_2n_3+2n_1n_4)$$
$$+3b_{030}n_2^2n_4 \tag{3-308}$$

其中,$i=1,2$。